좋은 부모 콤플렉스

좋은 부모 콤플렉스

초판1쇄 발행 | 2013년 4월 30일

지은이 | 최명기
펴낸이 | 이은성
펴낸곳 | 필로소픽
편집 | 김은미
교정 | 이상복
디자인 | 드림스타트

주소 | 서울시 동작구 상도2동 184-21 2층
전화 | (02) 883-3495
팩스 | (02) 883-3496
이메일 | philosophik@hanmail.net
등록번호 | 제379-2006-000010호

ISBN 978-89-98045-18-0 03590

필로소픽은 푸른커뮤니케이션의 출판브랜드입니다.

좋은 부모 콤플렉스

최명기 지음

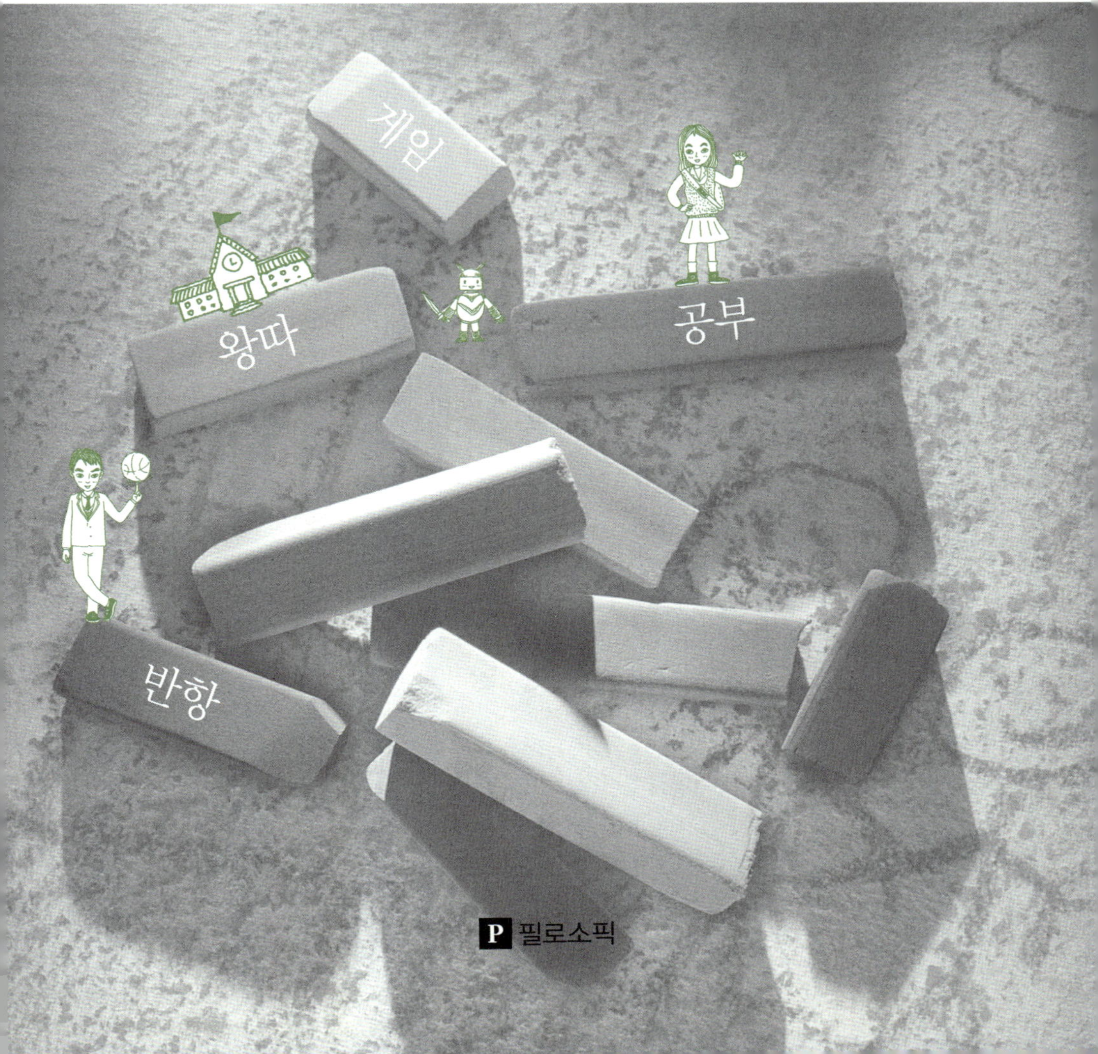

P 필로소픽

좋은 부모 콤플렉스

15가지 마음의 감옥에 대한 《심리학 테라피》, 8가지 마음의 상처에 대한 《트라우마 테라피》를 쓰고 난 후 다음에는 무슨 책을 쓸까 고민했었다. 고민을 거듭하다 부모와 자식에 대한 책을 써보자는 생각을 했다. 그래서 작년부터 만 1년 동안 준비해서 이번에 책이 나오게 되었다.

우리나라 학부모들은 유달리 자녀 교육에 관심이 많다. 과거에는 주로 공부에 대해 관심이 많았지만 지금은 자존감, 정서, 사회성 등에 대해서도 관심이 많아졌다. 이미 시중에도 다양한 책들이 많이 나와 있기 때문에 굳이 내가 또 책을 낼 필요가 있을까 싶었다. 하지만 기존의 책들을 보니 대부분 아이가 공부를 잘하게 하는 법, 아이를 잘 키우는 법에 대한 책이었다.

그러나 2000년에 정신과 전문의가 되어 10년 넘게 환자를 보면서 느낀 것은 아이를 잘 키우는 법이란 없다는 것이다. 부모가 아이에게 끼치는 영향이라는 것은 극히 제한적이다. 그나마 아이에게 미치는 영향도 긍정적 영향이 아니라 부모가 아이를 때리고, 굶기고, 욕하고, 학대하는 등의 부정적인 상황에서다. 부모들은 어떻게 하면 공부 잘 시킬까, 어떻게 하면 잘 키울까 고민하지만 사실 대부분 헛수고라는 의미이다.

하버드 대학교 교수이며 저명한 심리학자인 스티븐 핑커Steven Pinker는 그의 책 《마음은 어떻게 작동하는가》에서 성격과 지능의 50%는 유전에서 비롯된다고 기술했다. 아이가 부모 밑에서 학대받지 않고 기본적인 양육을 받으며 자란다고 가정하면 어느 부모 밑에서 자라느냐가 아이에게 미치는 영향은 5% 내외다. 나머지 45%는 질병, 사고, 범죄와 같은 불행과 또래 집단에 의해서 좌우된다. 부모는 자신이 최선을 다해서 노력하면 아이가 어른이 되어서 성공할 수 있다고 믿고 동화책을 읽어주고, 모차르트의 음악을 들려주고, 영어 유치원에 보내고, 사교육을 시키고, 사립학교에 넣고, 조기 유학을 보내는 등의 방법을 동원하지만 별 소용이 없다.

이처럼 아이를 위해서라면 뭐든지 하는 부모와 얘기해보면 아이에게 잘해줘도 정작 자신은 여전히 부족하다고 느끼는 경우가 많다. 자신이 아이에게 해주는 것보다 더 많은 것을 자식에게 해주는 다른 부모와 자신을 비교하는 것이다. 최근에는 TV, 언론, 인터넷 기사를 통해서 아이의 양육과 관련된 엄청난 양의 정보가 쏟아지고 있다. 그것을 보며 부모는 자신이 아주 게으르고 멍청하며 나쁜 부모라고 느낀다. 하지만 완벽하게 좋은 부모란 존재하지 않는다. 완벽하게 아이를 키운다는 것은 불가능하다. 이러한 '좋은 부모 콤플렉스'를 벗어나야만 한다. 그래서 나는 좋은 부모 콤플렉스를 날려버리는 청개구리 부모 지침서를 쓰기로 마음먹었다. 이렇게 하면 아이에게 좋다, 저렇게 하면 아이에게 좋다는 내용을 담는 대신 이렇게 해도 소용이 없다, 저렇게 해도 소용이 없다는 내용을 가지고 책을 써보자고 생각했다.

그러면서 나는 우리나라 부모들이 자녀에 대해서 가장 많이 고민하는 것이 무엇인지 아내와 함께 내 주위의 부모들에게 물었다. 아이들의 반항, 공부, 왕따, 게임이라는 네 가지가 부모들의 고민 가운데 대부분을 차지했다. 그래서 시중에는 이러한 고민에 대해 어떤 책들이 있나 살펴봤다. 대부분의 책들은 저자가 제시하는 대로 하면 이러한 문제를 한 번에 해결해줄 수 있다는 내용이었다.

하지만 의사의 처방전이라는 종이가 환자를 치료해주는 것이 아니고 처방전을 통해서 받은 약이 환자를 치료해주는 것이다. 전문가들은 처방전, 즉 해결책을 그럴듯하게 쓰지만 실제로 보통의 부모는 그대로 시행하는 것이 불가능한 경우가 많다. 그래서 필자는 아이의 문제를 한판승으로 해결할 수 있는 방법이란 없다는 것을 솔직히 밝히기로 했다. 이 책은 단번에 문제가 완전히 해결되었으면 하는 부모의 헛된 바람을 마음속에서 죽이는 책이다.

그리고 자녀가 원하지 않고, 자녀에게 도움이 되지 않는 것들을 부모가 자녀에게 일방적으로 제공하는 것을 중단하는 데 도움이 될 것이다. 부모의 헛된 희망, 헛된 기대, 헛된 노력을 죽이는 대신 아이의 입장에 대한 동정, 합리적인 단념, 오랜 기다림으로 부모의 마음을 채우고자 했다.

이 책을 쓰는 데 필자에게 결정적인 도움을 준 이가 두 명 있다. 우선 아내인 은애가 큰 도움을 주었다. 주로 진료실에서 마음에 어려움이 있는 아이들과 그 부모를 만나기 때문에 필자가 파악하고 있는 측면은 아주 일부에 불과하다. 아내는 실제로 부모들이 어떻게 아이들을 대하고 공부시키는지에 대한 상세한 정보를 줬다. 특히 아이 사교육에 모든 것을 투자하는 대전족(대치동 전세족) 친구와 강남에서 내로라하는 과탐 개인 교사인 친구로부터 듣고 옮겨준 생생한 교육 스토리가 없었다면 이 책은 아주 밋밋했을 것이다. 그리고 작년에 아내가 아동미술심리 치료를 공부하면서 한 많은 질문은 정신과 전문의를 마치고 가물가물하던 기억을 다시 찾게 해주었다. 십대 자녀를 둔 엄마이기에 아동심리 치료를 배우면서 접하게 된 사례에 대해서도 정신과 의사인 필자와는 또 다른 시각을 많이 제공해주었다.

그리고 중학생인 내 딸 지원이. 인소(인터넷 소설)에 푹 빠진 딸은 실제로 자기 주위에서 일어나는 이야기를 들려주며 너무나 재미있는 줄거리를 네 개나 만들어주었다. 자신의 상상력이 가미된 사례를 현실감 있게 수정하니 재미가 반감되었다며 불만이지만 말이다. 왕따에 대해서 글을 쓸 때 현재 십대가 어떻게 생각하고 행동하는지 너무 캐물어 지원이를 힘들게 했다. 왕따 부분은 지원이의 도움이 없었다면 완성하지 못했을 것이다. 책을 집필하는 과정에서 지원이에게 항상 묻고 답하면서 서로에 대해 더 잘 이해하게 되어 기쁘다.

이 책은 필자의 여덟 번째 책이다. 지난번 《무엇이 당신을 일하게 만드는가》에 이어서 부모들의 기대와 바람에 역행하는 괴짜 양육서 《좋은 부모 콤플렉스》의 출판을 결정해준 출판사 필로소픽에도 감사드린다.

청담하버드심리센터
연구소장 최명기

왕따
게임
공부

01

반항

　　민호는 어렸을 때는 활발한 아이였다. 가끔 아이들과 치고받으며 싸우기는 했지만 부모는 아이가 크는 과정이려니 했다. 맞고 들어오는 것보다는 때리는 것이 낫다고 생각하기도 했다. 왜 그랬냐고 물으면 나름대로 이유도 있었다. 고집이 세서 순순히 물러서지는 않았지만 야단을 치면 자신의 잘못을 인정을 했기에 큰 문제가 될 것이라고 생각하지 않았다.

　하지만 중학교에 들어가면서 민호는 조금씩 달라졌다. 아버지가 얘기할 때는 조금 어려워했지만 어머니가 얘기하면 잔소리로 여기면서 건성으로 들었다. 그리고 부모의 눈에는 아직은 착한 아이였으나 외식을 하러 나가자고 하거나 어딘가 함께 가자고 하면 그냥 집에 있겠다고 할 때가 점점 늘었다. 어렸을 때처럼 부모님 앞에서 밝게 웃는 것을 볼 수 없게 되었다. 부모님 앞에서는 항상 말이 없고 어떻게든 빨리 벗어나려고 했다. 남자아이이고 사춘기라서 그러려니 했다. 주위에서도 뭐라고 하면 할수록 더욱 엇나간다고 충고했고 일단은 지켜보기로 했다.

중학교 1학년 2학기가 되었을 때 민호는 교복이 너무 커 불편하니 줄여야겠다고 했다. 그러면서 굳이 자기가 교복 수선을 맡기겠다고 했다. 바지를 찾아왔는데 거의 스키니 진처럼 되었다. 야단을 치자 민호는 요즘은 다 이렇게 입는다고 하며 너무 얌전하게 입으면 범생이라고 왕따가 된다는 핑계를 댔다.

그리고 얼마 지나서 민호가 머리를 자르겠다며 미용실에 가서는 살짝 노란색으로 염색을 하고 왔다. 어머니가 야단을 치자 요새 애들은 모두 염색을 한다고 하면서 살짝만 했을 뿐이라고 은근슬쩍 넘어가려고 했다. 아버지가 당장 염색을 풀라고 해도 민호는 알았다고 하면서 차일피일 미뤘다. 민호는 조금 있으면 방학이니까 좀 봐달라고 하면서 다시는 안 그러겠다고 평소에 안 하던 아양을 부렸다. 민호 또래의 남자아이를 둔 집과 얘기를 해보면 그 정도는 큰 문제가 아니니까 일단 참는 것이 낫다고 했다. 뭐라고 해도 바뀌지는 않고 사이만 틀어진다는 것이다.

방학이 되었다. 민호는 완전히 빨간색으로 머리를 물들이고 귀에는 커다란 피어싱을 했다. 민호 아버지는 절대 매를 들지 않는다는 철칙이 있었지만 매를 들게 되었다. 생전 처음 아버지가 매를 들자 민호는 눈물을 뚝뚝 흘리면서 다시는 그러지 않겠다고 했다. 그러나 미용실에 다녀온 민호의 머리에는 여전히 살짝 염색한 기운이 있었다. 민호는 그것을 없애려면 검정색으로 염색해야 하는데 검정색이 빠지면 중간에 갈색으로 염색을 한 것처럼 보인다고 했다. 귀의 피어싱 구멍도 줄어들지 않는 것을 보아 부모가 보는 곳에서는 하지 않았지만 밖에서는 하고 다니는 것 같다는 의심이 갔다.

학원에 간다고는 하는데 과연 가기는 것인지, 친구 집에서 놀고 온다며 늦는 날은 엉뚱한 곳에 있는 것은 아닌지 한번 신뢰에 금이 가자 사사건건 신경이 쓰였다. 그래서 그동안은 동네 앞 학원이었기 때문에 민호를 믿고 혼자 보냈지만 추위를 핑계로 어머니가 라이드를 해줬다. 여러 핑계를 대며 친구 집에서 놀고 오겠다고 하는 것도 못 하게 했다. 그렇게 꼼짝도 못 하게 하자 부모에게 거의 한마디도 하지 않고 눈도 안 마주쳤다. 밥을 먹으면서도 말이 없었다. 어머니가 해주는 밥도 먹는 둥 마는 둥이었다. 그저 자기 방에 들어가서는 꼼짝도 하지 않았다. 컴퓨터를 마루에 내놓으니 하루 종일 스마트폰만 만지작거렸고 어머니가 스마트폰을 내놓으라고 하자 아이는 절대로 빼앗기지 않겠다고 고래고래 소리를 질렀다. 결국 아버지까지 나서서 스마트폰을 빼앗고 보니 야동으로 가득 차 있었다.

버릇을 고쳐야겠다고 생각했다. 용돈도 줄이고 이것저것 사달라는 것도 모두 무시했다. 하루는 아이가 사주지도 않았는데 노스페이스 패딩을 입고 왔다. 어디서 났냐고 물으니 친구가 빌려줬다고 했다. 친구 이름을 대라고 하니까 민호가 절대로 입을 열지 않았다. 아버지가 매를 들자 진짜라니까 왜 나를 믿어주지 않느냐면서 울었다. 그냥 자신을 믿어주면 안 되냐는 말에 어머니가 마음이 약해졌다. 어머니는 설마 도둑질을 했겠냐며 혹시라도 말 못 할 사정이 있을 수 있지 않느냐고 아버지를 말렸다. 아버지는 당장 그 패딩을 친구한테 돌려주라고 하고 민호도 그러겠다고 했다. 하지만 그 패딩을 계속 입고 다녔다. 어머니는 민호가 어디에서 훔친 것이 아닌가 하는 의심이 들기 시작했다. 하지만 그 일을 다시 들추기는 싫었다.

그러다 하루는 여자아이 부모한테 전화가 왔다. 민호가 자신의 딸을 성폭행했으니 고발하겠다고 했다. 도저히 믿기지 않은 민호의 부모는 민호가 오면 얘기를 해봐야겠다고 생각했다. 그런데 민호가 들어오지 않았다. 아무리 전화를 해도 받지 않았다. 혹시라도 아이가 가출한 것인가 걱정이 되었다. 그래서 민호의 친구들한테 전화를 걸었더니 그중 한 명이 전화를 받아서 민호와 같이 있다고 했다. 그러나 민호를 바꿔준다고 하더니 전화가 끊겼다. 어쩌다 아이가 이렇게 되었을까? 자신들이 무슨 잘못을 했기에 아이가 이렇게 되었나 잠을 잘 수가 없었다.

나쁜 부모만
되지 말자

필자가 존경하는 정신과 의사 중 브루노 베텔하임Bruno Bettelheim이 있다. 그의 대표작인 《옛이야기의 매력》은 풍부한 임상 경험과 정신분석에 대한 깊은 지식을 옛이야기를 통해서 풀어낸 명작이다. 1939년 히틀러의 유대인 박해를 피해 미국으로 건너간 그는 다른 병원에서 치료하다가 포기한 소아 청소년 정신과 환자를 전문적으로 치료하며 미국 소아정신과 발전에 큰 기여를 했다.

그런데 그는 어머니의 성격이 너무 냉정한 경우 자폐아가 생길 수 있다고 주장했다. 그런 주장을 펼친 것은 베텔하임뿐만이 아니었다. 그 당시에는 인간은 백지상태에서 태어나며 어떻게 자라느냐에 따라서 모든 것이 좌우된다는 이론이 우세했다. 아동 상담을 한다면 누구나 읽어봤을 버지니아 M. 액슬린Virginia M. Axline의 《딥스》 역시 이러한 이론에 근거했다. 지금은 의학적으로 자폐아는 뇌의 문제이지 부모의 양육 태도가 잘못되어 발생하는 것이 아니라고 밝혀졌다. 하지만 아직도 책이나 강의를 통해서 부모의 양육 태도가 아이의 모든 것을 좌우한다는 양육 이론이 유포되고 있다. 그래서 많은 부모는 여전히 아이가 잘못된 것은 자신들 탓이라는 부당한 죄책감 때문에 괴로워한다.

아이에게 문제가 있으면 그것은 부모 탓이라는 통념을 확산시키는 데 한몫하는 이들은 육아 및 교육 관련 산업에서 일하는 소위 전문가들이다. 아이의 행복과 불행이 부모에 의해서 좌우되고 아이의 정신적 문제가 잘못된 양육 태도에 의한 것이어야 해결책을 팔며 사업을 유지할 수 있다. 정신과 의사나 심리 치료사 중에는 "아이가 이 지경이 될 때까지 뭘 했느냐"고 일단 부모를 야단치고 보는 경우도 있다고 한다. 그리고 죄책감에 사로잡힌 부모는 아이가 잘못되면 어떻게 하나 하는 조급함과 그동안의 잘못을 보상하고자 하는 마음 때문에 판단력이 흐려져 의사가 하자는 대로 무조건 하게 된다.

방송의 영향도 무시할 수 없다. 방송은 흥미를 유발해야 하기 때문에 아이가 바뀌는 모습을 보여줘야 한다. 폭력적인 아이가 나오고 그 아이가 본성을 그렇게 타고 태어났기 때문이라는 식으로 방송을 한다면 아무도 그 방송을 보지 않을 것이다. 또한 아이가 약을 먹고 좋아졌다면 진료실에서 의사와 면담을 하는 모습 외에는 방송 분량이 나오지 않는다. 따라서 부모가 극적으로 변하면서 아이도 변했다는 내용을 만들어내야 한다. 그렇다면 방송에서 보이는 그 놀라운 변화는 어떻게 가능한 것일까?

우선 변화가 일어난 가정만 방송에 나간다. 제보가 들어왔지만 개입을 해도 좋아지지 않고 악화가 되는 경우는 방송에 나오지 않는다. 그리고 아이는 카메라를 든 촬영자가 쫓아다니면서 자신의 행동을 계속 촬영하고 감시하기 때문에 남들에게 좋은 모습을 보이고자 행동이 평소와 다르게 변한다. 또한 방송에 나간다는 것 자체가 커다란 관심이자 아이들 세계에서 유명해진다는 것을 의미한다. 당연히 기분이 좋아진 아이는 평소에는 짜증 나게 하던 부모의 잔소리와 지루한 일상도 어느 정도 기분 좋게 느낀다. 부모의 태도가 바뀌었기 때문이 아니라 카메라에 찍히고 방송에 나가기 때문에 좋아지는 것이다. 물론 부모의 달라진 태도가 아이의 변화에 한몫하는 것은 부정할 수 없다. 하지만 부모가 달라질 수 있었던 이유 역시 카메라와 방송 출연 때문이다.

문제는 그렇게 짧은 시간에 의도적으로 바뀐 태도는 오래 갈 수 없다는 데 있다. 부모가 몇십 년을 살아오면서 가진 태도는 육아에도 반영된다. 부모의 태도가 며칠은 바뀔 수 있지만 그것이 오래 지속되기란 불가능하다. 환경도 무시할 수 없다. 아빠는 비정규직으로 야근을 밥 먹듯이 해야 하고, 엄마 역시 비정규직으로 가게에서 일을 해야 하며, 허리가 아픈 할아버지 할머니가 쉬지도 못하고 낮에 아이를 돌봐야 하는 노동, 생활 현실이 바뀌지 않는 한 어른들은 아이의 행동에 웃으며 무한 관심과 무한 인내를 보이기 쉽지 않다.

편집도 있다. 아이의 나쁜 짓을 방송에 내보내지 않으면 그날은 착하게 행동한 날이다. 사실 방송을 통해서 나오는 교과서적인 육아 상식은 누구나 알아두면 좋은 지식이다. 하지만 그 지식대로 따르지 않으면 나쁜 부모가 되고, 자식의 나쁜 행동은 모두 나쁜 부모 탓이라는 방송의 기저에 깔린 논리는 문제가 많다. 이런 방송을 통해서 부모는 자신이 못난 부모이기 때문에 아이가 엉망이 되었다는 잘못된 믿음을 가지게 된다.

물론 부모는 아이에게 영향을 준다. 하지만 중요한 것은 부모가 잘해주는 만큼 아이가 더 잘 자라는 것은 아니라는 점이다. 부모가 조금 짜증 낸다고 해서 아이의 인생에 엄청난 변화를 가져오지 않는다. 좋은 부모가 되려고 노력한다고 해서, 혹은 좋은 부모가 아니었다고 해도 아이에게 미치는 영향은 매우 제한적이다. 아이를 때리고, 굶기고, 욕하는 등 부모의 나쁜 행동이 거의 아동 학대 수준일 때만 아이에게 나쁜 영향을 미칠 뿐이다. 이때는 아무리 아이가 우수한 두뇌와 훌륭한 성품을 지니고 태어났더라도 올바르게 자라지 못한다.

아이가 부모의 말을 듣지 않고, 다른 아이와 싸우고, 공부를 못하는 이유가 아빠가 놀아주지 않아서, 엄마가 가끔씩 화를 내서는 아니다. 나쁜 아이는 어느 정도 타고 태어난다.

말 안 듣는 아이가 어느 정도 타고 태어난다는 것은 불편한 진실이다. 일본에서는 가족 중 한 명이 흉악한 범죄를 저지르면 사람들이 범죄자의 집에 가서 욕을 하고 낙서를 해 이사를 하는 경우가 있다고 한다. 범죄학자들에 따르면 범죄자에게 가장 영향을 많이 주는 요소 중 하나가 주변 환경이라고 한다. 범죄자들이 많은 곳에서 자라다 보면 범죄에 익숙해지고, 아이를 범죄로 이끄는 누군가가 나타나기 마련이다. 부모가 안 된다고 아무리 말려도 소용이 없다. 경제적, 사회적 능력이 부족해서 어쩔 수 없이 범죄가 많은 곳에서 아이를 자라게 한 것도 부모의 탓이라면 부모도 어떤 의미에서는 죄인이라고 할 수 있다. 하지만 분명한 것은 부모의 양육 태도 자체가 자식을 범죄자로 만드는 것은 아니라는 것이다. 가정교육을 제대로 받지 못해서 누군가가 범죄를 저지르는 것이 아니다. 일단 범죄자의 길로 들어서게 되면 아무리 가정에서 바로잡으려 해도 소용없다.

범죄자와 같은 극단적인 예는 아니더라도 아이에게 친구가 없거나 성격이 충동적이고 아이들과 자주 다투면 부모들은 자신이 잘못한 것이 무엇인가 생각하게 된다. 이때 자신의 양육 문제를 찾아서 교정하려는 것이 아이의 태도를 교정하려는 욕구와 동반하는 경우가 많다. 부모 자신의 태도가 바뀌면 아이가 바뀔 것이라고 기대하는 부모는 아이에 대해서도 아이 본인이 노력하면 태도를 바꿀 수 있다고 생각하는 경향이 있다. 하지만 아이는 백지상태로 태어나는 것이 아니다. 모든 아이가 얼굴이 다르게 생기고, 몸무게가 다르고, 키가 다르듯이 뇌도 다르다. 따라서 성격도 다르다. 예를 들어 타인에 대해서 동정적이냐 아니냐는 어느 정도 뇌의 공감 능력과 정서적 능력이 다른 데서 기인한다. 부모는 따뜻한 사람이더라도 아이는 냉담하고 타인의 고통에 둔감하게 태어날 수 있다. 항상 남을 배려하고 봉사하는 부모 밑에서 타인의 고통을 즐기는 괴물 같은 아이가 태어나는 것도 가능하다.

결코 부모의 정성과 관심이 부족해서 아이가 나쁜 길로 가지는 않는다. 함께 식사를 자주 못 하고 서로 바빠서 대화를 나누지 못하는 정도의 무관심이 아이를 나쁜 길로 이끄는 것이 아니다. 아이에게 필요한 학용품은 사주지 않으면서 그 돈으로 아버지가 술을 마시거나 어머니가 옷을 사는 정도는 되어야 아이를 나쁜 길로 이끌게 된다. 나쁜 아이는 부모가 아이의 태도를 바꾸기 위해서 정성과 관심을 기울이면 기울일수록 더욱 반항적이 된다. 이처럼 아이의 반응이 부적절한 것일 뿐인데 부모는 자신이 아이를 자극하고 있다고 착각을 하기도 한다.

아이는 부모를 밀어내지만 부모가 밀리지 않고 비뚤어지는 것을 막으려고 하다 보면 싸움이 일어나기도 한다. 그러한 싸움은 아이보다 부모에게 더 상처를 주며, 아이를 교정하는 데 도움이 되지 못한다는 것을 알게 된 부모는 아쉬움과 걱정 속에서 겉으로는 거리를 두게 된다. 그것이 그나마 서로에게 상처를 주지 않는다는 것을 알기 때문이다. 사정도 모르는 주변 사람들은 "이렇게 해봐라", "저렇게 해봐라", "애가 이 지경인데 부모가 나 몰라라 하면 어떻게 하나"라면서 충고를 늘어놓는다. 하지만 그렇게 충고를 하는 이들도 막상 같은 상황에 놓이게 되면 자신들도 비슷하게 움직이게 될 것이다. 부모도 사람이다. 그렇기에 부모도 화를 내게 될 때도 있고 자기 자식이지만 질려버릴 때도 있다. 그리고 안타깝지만 자식을 포기하게 될 때도 있다는 것을 받아들이자.

부모와 자식
달라도 너무 다를 때

부모는 논리적인데 자식은 감성적인 경우가 있다. 감성적인 자식이 우울하거나 짜증을 내면 논리적인 부모는 '왜 그럴까?' 하고 생각한다. 그 이유를 알게 되면 그에 맞춰서 아이를 잘 설득하고 방법을 찾아내 부모가 원하는 대로 아이를 이끌 수 있다고 생각하는 것이다.

그런데 아이는 자신의 입으로 왜 그런지 이미 얘기했다. 부모만 논리적으로 이해하지 못하는 것이다. "공부를 해도 성적이 잘 안 나와서 하고 싶지 않다", "아무것도 잘하는 것이 없어서 앞으로 어른이 되어도 그저 그런 인생을 살 것 같다", "집에 들어와도 재미있는 것이 없다. 너무 갑갑해서 밖에서 친구들과 늦게까지 놀다 보니 집에 늦게 들어오게 된다", "나에게 아무런 강요도 하지 않고 그냥 내버려두었으면 좋겠다" 등 부모에게 왜 짜증이 나고 우울한지 다 얘기했다. 부모는 있는 그대로 받아들이고 아이가 원하는 것을 해주면 된다. 하지만 대부분 그러지 못한다.

아이가 "오늘 너무 짜증 나고 힘든 하루였어"라고 하면 논리적인 부모는 무슨 일이 있었는지 물어보고 왜 그렇게 힘들었는지를 얘기하라고 한다. 그리고 아이의 상황을 자신의 논리로 해석하여 다음에는 이렇게 하라고 지침을 내린다. 그런데 감성적인 아이가 원하는 것은 그러한 논리적인 분석과 설명이 아니다. "오늘 학교에서 너무 힘들었어"라고 얘기했을 때 "많이 힘들었구나. 일단 가방 내려놓고 좀 쉬어라. 혹시 배고프니? 엄마가 뭐 해줄까?"라는 반응을 원하는 것이다.

감성적인 아이가 "엄마, 공부 잘하는 아이들은 타고 태어나는 것 같아. 조금만 공부해도 성적이 오르는 애들이 있는데 나는 공부를 해도 시험이 엉망이야"라고 말했을 때 논리적인 엄마들은 "네가 개네들만큼 공부에 시간을 투자한 다음에 그런 얘기를 해야지", "능력이 모자라니까 더 노력을 해야지"라며 시험을 못 보는 원인을 분석하고 계획을 세워서 아이에게 지키라고 한다. 하지만 이때 감성적인 아이들이 원하는 대답은 단 하나 "네 말이 맞아"이다. 엄마로부터 자신이 옳다는 말을 들음으로써 나를 이해하고 사랑한다는 것을 확인하고 싶은 것이다. 다음과 같이 말이 이어지면 더 좋다. "공부한 만큼 성적이 나오지 않지만 열심히 한 네가 얼마나 자랑스러운지 몰라. 설혹 네가 이번에 성적은 좋지 못하더라도 엄마는 네가 열심히 하는 모습을 보면서 얼마나 대견스러웠는데. 애썼다. 뭐 필요한 것 없니?"

아이에게 아무리 백만 원짜리 과외를 해줘도 아이들은 그것을 사랑으로 느끼지 못한다. 하기 싫은 것을 억지로 부모가 시키는 것일 뿐이다. 그리고 비싼 과외를 받고도 성적이 오르지 않으니 부모가 자신을 미워할지도 모른다고 걱정한다. 아이가 평소에 사고 싶었으나 사지 못했던 십만 원짜리 옷이나 신발을 사주어야 부모가 자신을 사랑한다고 생각한다. 초등학생이든 중고등학생이든 대학생이든 부모의 품을 떠나 스스로 벌어서 생활을 하기 전까지는 자식은 이렇게 단순하다. 논리적인 부모는 감성적인 자식의 단순함을 받아들이고 이해해야 한다. 예능 프로그램에 나오는 연예인 정도는 아니더라도 아이가 기뻐하는 일, 슬퍼하는 일, 분노하는 일, 속상해하는 일에 대해서 꽤 강한 리액션을 보여줘야 한다. 논리적인 부모는 나름 감정적인 리액션을 해도 보통 사람보다 못한 경우가 대부분이다.

그리고 논리적인 부모가 감성적인 아이를 대할 때 지켜야 할 점은 절대로 길게 말하면 안 된다는 것이다. 길게 말하면 말할수록 자식을 질리게 할 뿐이다. 아울러 무조건 칭찬하자. 아이가 뭔가를 말하면 질문하지 말고 공감하는 첫 멘트를 던져야 한다. 아이가 앞에 있다고 생각하고 "진짜 속이 상했겠다", "진짜 화가 났겠다"라고 연습해야 한다. 아이가 재미있어서 말을 시작하면 웃으면서 "그래서?"라고 재촉하는 것을 연습해야 한다.

반대의 경우도 서로 이해하지 못한다. 논리적인 자식은 부모를 주책이라고 생각하고 감성적인 부모는 자식이 쌀쌀맞다고 생각한다. 부모가 걱정되어서 뭐라고 한마디 하면 논리적인 자식은 "알았어"라고 쏘아붙이고, 부모가 "그래도…"라고 말을 붙이려고 하면 "나도 다 생각이 있어서 그러는 거야"라면서 자신의 주장을 펼치기 시작한다.

이런 경우 부모가 아무리 지극정성으로 보살펴도 자식은 자신이 좋아하는 것, 이익이 되는 것, 필요한 것을 해줄 때만 좋아한다. 하지만 논리적인 자식도 부모가 해주면 무조건 좋아하는 것이 있다. 바로 돈이다. 평소에 아무리 잘해도 금전적으로 도움이 필요할 때 도움을 주지 못하면 부모 잘못 만났다고 속으로 생각하는 매정한 자식들이 있다. 만약에 자식들이 이런 태도를 보인다면 자식들이 필요하다고 하지 않을 때는 굳이 이것저것 해줄 필요가 없다. 부모가 자식을 키우고 가르치는 데는 엄청난 노력과 금전적 희생이 따른다. 하지만 그것을 당연히 여기고 마음속으로 '엄마 아빠가 나한테 해준 것이 뭐가 있는데'라고 생각하는 냉정하고 논리적인 자식과는 부모도 조금은 감정의 거리를 두는 것이 낫다.

자식은 부모에 대해서 양가감정을 지니고 있다. 어렸을 때처럼 존재하는 것만으로도 부모가 자신을 전적으로 사랑해주기를 바란다. 아이가 학교에 들어가기 전까지 부모는 자식이 바보 같은 짓을 해도 사랑스러워하고, 떼쓰면서 울어도 귀여워한다. 아무리 논리적인 부모도 아이가 말하지 못했을 때는 논리적인 태도를 취할 수 없었을 테니 아이는 그때처럼 무조건적이고 전적인 관심과 애정을 보여주기를 원한다. 하지만 동시에 자식은 부모로부터의 적당한 거리를 원한다. 때로는 자신이 힘들어 보여도 부모가 모른 체하고 지나치기를 바란다. 그러다가도 자신이 도움을 원한다는 신호를 보내면 부모가 즉각 반응을 보이기를 원한다.

자식이 원하는 형태로, 자식이 원할 때 도움을 주는 것이 가장 현명한 부모다. 하지만 부모도 사람이기에 그것이 쉽지 않을 것이다.

논리적인 부모는 감성적인 자식을 대할 때 함께 기뻐하고, 슬퍼하고, 분노하고, 속상해하는 것이 가장 먼저 해야 하는 것이라는 것을 잊지 말아야 한다. 감성적인 부모는 논리적인 자식을 대할 때 자식이 원치 않는 것은 해주지 않고 자식이 귀찮아하지 않을 정도의 거리를 유지해야만 한다.

대리만족은
이제 그만

양육이 모든 것을 좌우한다는 믿음 때문에 부모들은 아이를 성공으로 이끌고자 많은 것을 희생한다. 자신은 평범한 학생이었지만 잘 키우면 아이는 1등을 도맡아 하는 우등생이 될 수 있다고 믿는다. 자신은 평범한 운동선수였지만 충분한 기회가 주어지면 아이는 국가대표가 될 수 있다고 믿는다. 자신이 전혀 모르는 분야라도 자식이 성공하기를 바란다.

한 인간이 우수한지 여부를 지능의 한 측면만 가지고 판단할 수 없다는 하워드 가드너 Howard Gardner의 '다중지능이론 multiple intelligence theory'이 우리나라에서는 공부를 못하면 외국어, 외국어를 못하면 음악, 음악을 못하면 운동이라는 방식으로 인서울 4년제 대학교에 보내기 위한 도구로 사용되고 있다. 다중지능이론에서 중요하게 다루는 인간친화, 자기성찰, 자연친화, 종교적 실존지능 등에 대해서는 아무도 관심을 두지 않는다. 부모가 관심을 두지 않는 이 네 가지 지능이 한 인간이 행복하게 살지 아닐지를 결정짓는다. 하지만 우리나라 부모들은 다중지능 중에서도 언어, 음악, 논리수학, 공간, 신체운동과 같이 대학을 가기 위해 필요한 지능만 중요하게 여긴다. 어려서부터 최고의 교육을 받으며 모범적인 부모 밑에서 큰다고 해서 평범한 교육을 받고 평범한 부모 밑에서 자란 아이보다 잘된다는 보장은 없다. 다중지능이론은 어려서부터 눈에 띄는 재능보다 눈에 안 띄는 재능이 더 중요하다는 것을 보여주고자 하는 것이다.

부모는 자식들이 나의 장점은 닮고 단점은 닮지 않기를 바란다. 부모는 공부를 못했더라도 자식은 공부를 잘하기 바란다. 그런데 사람은 때때로 자신의 장단점을 착각한다. 자신의 장점은 저돌적이라고 생각하는데 사람들은 폭력적이라고 생각한다. 자신의 장점은 말을 잘하는 것이라고 생각하는데 사람들은 그 사람이 입을 열면 언제 말이 끝나나 지겹기만 하다. 단점이지만 본인은 장점이라고 착각하여 자식에게 자신을 닮도록 강요한다면 자식은 결국 단점을 닮게 되는 것이다.

공부를 잘해서 좋은 대학을 나온 부모의 경우 자신의 장점은 머리가 좋은 것이라고 생각을 할 것이고, 운동을 잘하는 부모의 경우 자신의 장점은 건강이라고 생각할 것이다. 이렇게 부모가 장점이라고 여기는 측면을 자식이 자신보다 더 강하게 살리기를 바란다. 이렇게 눈에 보이는 장점은 부모가 자식에게 무엇을 원하는지가 분명하기 때문에 부모의 요구에 부응하는 것에 아이가 힘들어하면 부모는 자신이 너무 지나친 것은 아니었는지 반성해볼 수 있다. 대부분 부모는 아이가 힘들어하면 고삐를 늦추게 되고 아이와 자신이 다르다는 것을 받아들이게 된다.

부모는 아이에게 특정한 윤리, 성격, 태도, 종교를 강요하기도 한다. 부모의 입장에서는 올바르다고 생각하기에 아이가 따르는 것을 당연히 여기고 강요라고 생각하지 않는다. 특정 종교를 강요하거나 시대에 뒤떨어진 윤리적 태도를 강요하기도 한다. 남자는 강해야 한다며 우는 아이를 야단치거나 여자는 바지런해야 한다며 어린아이에게 집안일을 시키는 경우가 여기에 속한다.

또 다른 경우는 부모 자신이 의식하지 못하는 상태에서 무의식적으로 특정 태도를 강요하는 것이다. 나이가 들어서도 항상 코맹맹이 소리로 예쁜 척하며 힘든 일은 요리조리 피하는 여성이 있었다. 여기에는 어머니의 영향이 컸다. 아이는 어리광을 부리면 어머니가 좋아한다는 것을 알기에 매사를 그렇게 행동한다. 어머니의 의견에 반대 의견을 밝히면 어머니 표정이 어떻게 바뀌는지를 알기에 애초에 싫어할 것 같은 말은 꺼내지도 않는다. 이런 태도가 나이가 들어서도 이어진 것이다. 조금만 힘든 일이 있으면 자신이 해볼 생각은 하지 않고 어리광 피우며 남에게 넘기기 일쑤였다. 회사에서도 처음에는 귀엽다고 이야기를 들었지만 나중에는 다들 같이 일하기를 피하게 되었다.

어떤 부모는 자식이 자신과 다른 삶을 살기를 바란다. 자식이 자신보다 공부도 더 잘하고 더 부유하게 살기를, 자식이 나보다 잘되기를 바라는 부모 마음은 어떤 점에서 보면 자신과는 다르게 살기를 바라는 마음이다. 하지만 부모도 사람이기에 생각의 폭에 한계가 있다. 자식이 다르게 살기를 바라면서도 그 방향이 부모가 생각하기에 바람직한 쪽을 향하기를 바란다. 그런데 무엇이 좋은 것인지에 대한 가치 판단은 그 사람이 살아온 시대의 상식을 벗어나기 힘들다. 따라서 부모는 항상 "공부 열심히 해라", "어디 가서든 필요한 사람이 되거라", "아끼며 살아라"라고 말한다. 본인이 생각하기에 좋은 방향이면서 자신과는 다른 삶을 살기 바라는 것이다. 그러나 자식이 원하는 방향이 부모와 다르고 낯선 경우 일단 거부감을 느낀다. 그러면서 자신이 자식을 반대하는 이유는 그쪽에 대해서 잘 모르기 때문이 아니라 그쪽이 잘못되었기 때문이라고 합리화한다.

때로는 '좋다', '나쁘다'와는 또 다른 차원에서 자식이 다르게 살기를 바라는 경우도 있다. 평생 가정주부로 시부모와 남편만을 돌보면서 살았지만 그 노력에 대해서 인정받지 못했던 어머니는 딸이 직장 생활을 하면서 커리어 우먼으로 살아가기를 바란다. 평생 공장에서 주어진 일만 하면서 단순한 삶을 살던 아버지는 전 세계를 돌아다니면서 여행 작가로 살아가는 아들에 대해서 자기와는 또 다른 대단한 삶을 산다고 생각한다.

기존 자본주의 제도권이 아닌 다른 삶을 꿈꾸는 부모 중에는 공동체를 만들어서 아이들을 키우는 이들도 있다. 자식들은 세상과는 다른 가치를 추구하기를 바라는 것이다. 그런데 이 역시 하나의 가치관을 자식에게 강요한다는 점에 있어서는 대리만족 욕구라고 할 수 있다. 교육 공동체에 살면서 어려서부터 TV도 못 보고 평론가들이 칭찬한 글만 억지로 보며 방학마다 국토 순례를 하는 삶이 나중에 행복한 기억으로 남을지, 지긋지긋한 기억으로 남을지는 누구도 알 수 없다.

하지만 어떤 형태로든 부모의 기대를 받는 아이들은 관심조차 받지 못하는 아이들에 비해서 행복하다. 어떤 이는 어렸을 때 자신도 나름 공부를 열심히 했지만 성적은 우수하지 않았다고 한다. 그러자 부모는 공부에 관심이 없으면 기술이라도 익혀야 하지 않느냐며 고등학교 졸업하면 공장에 가서 일이라도 하라고 했다. 그때 부모에게 들은 말이 그에게는 지금도 상처로 남아 있다. 부모가 자신에 대한 기대를 포기한 순간으로 기억에 남았기 때문이다. 옛날에 어떤 사람이 아이에게 체벌을 하는 것이 교육적으로 옳은지 아니면 절대로 하지 않는 것이 교육적으로 옳은지에 대해 질문을 받았다. 그 사람은 만약에 부모가 아이를 진정 사랑한다면 때때로 체벌이 있어도 아이는 잘 자랄 것이고, 체벌이 없어도 아이는 잘 자랄 것이라고 대답했다. 가장 문제가 되는 것은 자식에 대해서 포기를 하는 것이다. 부모가 더 이상 나에게 기대하는 것이 없다는 것은 자식에게 씻지 못할 상처를 남긴다.

세상이 바뀌게 되면 부모 세대에서는 올바른 판단이 자식 세대에서는 구닥다리 사고방식이 되기도 한다. 자식의 미래를 위해서 열심히 영어를 가르쳤는데 미국이 쇠퇴하고 중국이 득세를 하면서 영어의 쓰임이 줄어들 수도 있다. 의사가 되는 것이 최고라고 생각을 했는데 미래에는 의사가 쇠퇴하는 직업이 될 수도 있다. 하지만 부모가 자식에 대해서 관심을 가지고 기대를 가졌다는 것 자체가 의미 있는 것이다. 그 관심과 기대는 사랑이다. 사랑은 에너지이고 힘이다. 부모가 가졌던 관심과 기대가 아이의 의식 그리고 무의식에 남게 된다. 꺼지지 않는 불씨와 같은 역할을 하게 되는 것이다. 나중에 아이가 커서 어려운 일을 당할 때 극복할 수 있는 에너지는 부모로부터 받은 꺼지지 않는 마음속 불씨에서 비롯된다. 모든 부모는 어느 정도 자신이 옳다고 생각하는 방식으로 자식을 키울 수밖에 없다. 극성스러운 부모가 무관심한 부모보다 낫다. 억지로라도 자식을 끌고 가려는 부모가 자식을 포기하는 부모보다 훌륭한 것임은 두말할 나위 없다.

하지만 부모의 대리만족은 아이에게 큰 부담이 된다는 사실을 명심하자. 어른들도 청소년이었을 때를 돌이켜보면 열심히 공부하고 착하게 살고자 했던 이유의 대부분이 부모 때문이었을 것이다. 가장 속이 상했을 때도 부모의 기대에 부응하지 못했을 때였다. 그런데 그때를 돌이켜보면 부모의 기대가 긍정적인 효과를 주지 못했을 때가 더 많았을 것이다. 경쟁은 더욱 치열해지고 저성장 때문에 기회는 줄어들고 있다. 지금 자식들이 부모를 대리만족 시켜주기는 부모가 어렸을 때 자신의 부모를 대리만족 시켜주는 것에 비하면 훨씬 어렵다.

그리고 부모가 대리만족을 원하는 이유는 결국 부모가 삶에 만족하지 못해서이다. 자식을 통한 대리만족은 한계가 있다. 결국 자식이 잘되는 것이지 부모가 잘되는 것이 아니다. 부모 생각에는 자식을 위해서 많은 부분을 희생했지만 시간이 지나면 자식은 부모의 도움보다는 자기가 잘해서 성공한 것으로 생각한다. 그렇게 생각해서 독립과 분리를 합리화하는 것이 자식의 본성이다. 자식에게 대리만족을 원하는 한 부모는 자기 자신을 돌아보지 못한다. 자식을 있는 그대로 사랑해주며 나 자신을 돌아보고 조금이라도 내가 원하는 내가 되기 위해 지금부터라도 노력하자. 그럴 때 자식은 인생을 대하는 부모의 성숙한 태도를 배우게 될 것이다.

사춘기란
없다

인간은 자식을 낳고 사랑하면서 성숙한다. 지극정성으로 키운 자식은 부모의 피를 물려받았지만 부모와는 다른 존재다. 나이가 들면서 부모와 싸우고 부모를 떠나게 된다. 부모가 좌지우지할 수 있었던 자식은 더 이상 존재하지 않는 것이다. 그리고 부모는 성인으로 심리적 재탄생하게 된 자식을 존중하게 되고 심지어는 눈치까지 본다. 커 가는 자식을 대하면서 겪게 되는 고통은 때때로 상상을 초월할 정도로 괴롭다.

주위에 큰아이와 작은아이가 미국에서 고등학교와 중학교를 다니는 집이 있다. 의사이지만 최근에 경기가 안 좋아져서 수입도 줄었다. 그래서 유학비를 대는 것이 만만치 않지만 아이들을 한국으로 다시 돌아오게 할 엄두를 내지 못하고 있다. 지금 와서 한국 학교에서 적응을 제대로 할지에 대한 고민도 있지만 미국에 가기 전 부모와 엄청 크게 싸웠기 때문이다. 한국에 오게 되면 도저히 감당하지 못할 것 같으니 차라리 떨어져 있는 게 마음이 편하다고 한다. 그러면서 최근에는 늦둥이를 하나 낳아서 키우고 있다. 그 집은 큰아이와 작은아이가 초등학교 저학년일 때까지는 굉장히 예뻐했지만 아이가 초등학교 고학년에 들어서자 아이를 감당하지 못했다. 과연 아직 초등학교를 들어가지 않은 막내가 나중에 중학생이 될 때쯤 부모가 감당을 할 수 있을지에 대해서는 정신과 의사인 필자도 궁금하다. 사람은 나이가 들면서 성숙되기 마련이니 이번에는 부모가 아이를 감당할 수 있을지도 모르겠다. 하지만 그 부모는 자신들이 성숙해지

면서 아이를 감당하게 되었다고는 생각하지 않을 것이다. 막내는 위의 두 아이와 다르게 착하고 순하기 때문이라고 생각할 것이다.

이렇게 공부를 위해서 외국에 보낸다는 명분이라도 있으면 다행이지만 그렇지 않으면 부모와 자식이 한치의 양보도 없이 싸우기도 한다. 지방의 기숙사형 대안학교에 있는 아이들 중에는 부모와의 갈등 때문에 온 경우가 있다. 하지만 아이들은 아직 완벽히 분리된 존재가 아니다. 막상 집에 있을 때는 부모가 지긋지긋했지만 대안학교에 와서는 그렇게 느끼지 않는다. 부모와 자식이 다투는 것은 서로를 남남으로 존중하지 못해서인 경우가 많은데 이는 결국 마음이 분리되지 못한 것이다. 마음이 분리되지 못했으니 같이 있을 때는 싸우지만 떨어져 있으면 외로움을 견디지 못하게 된다. 그래서 대안학교에서도 적응하지 못하고 다시 집에 가게 되고 부모가 밀쳐내면 가출도 한다. 이런 경우 많은 부모는 그저 사춘기 때문에 그렇다고 생각한다. 남들도 다 이렇게 중고등학교인 자녀들과 지독한 싸움을 한다고 생각한다. 사춘기가 되면 정도의 차이는 있으나 아이들이 부모와 다른 것을 좋아하고, 부모와 다른 옷을 입고, 부모와 다른 생각을 한다. 하지만 격렬한 반항을 하는 아이들은 의외로 많지 않다. 격렬한 반항을 하는 아이들도 잘 살펴보면 나름 원인이 있는 경우가 대부분이다.

우선 부모에게 그 원인이 있다. 사랑은 상대방이 원하는 형태로 줄 때 사랑이다. 관심도 상대방이 원하는 형태로 줄 때 관심이다. 상대방이 원하는 않은 형태로 사랑하면 집착이며, 상대방이 원하지 않는 형태로 관심을 주면 간섭이다. 부모는 아이와 시간을 보내려고 하지만 아이들의 입장에서는 부모와 있게 되면 간섭받고 야단맞을 뿐이다. 이야기해봐야 이익이 없다. 부모가 보기에 아이가 관심을 두는 것은 모두 다 쓸데없는 것뿐이다. 그런데 이때 체벌을 통해서 '아이의 다름'을 교정하고 '부모와 같음'으로 이끌고자 하면 아이는 격렬하게 반항한다. 부모는 자신이 문제라는 것을 인식하지 못하고 아이들이 부모의 말에 대들거나 무시하면 아이들이 사춘기라서 그런가 보다 생각하며 넘어간다. 아이가 사춘기여서 문제라는 생각은 결국 아이가 문제이고 부모는 아무 문제가 없다는 것을 의미하기 때문이다. 하지만 부모가 자신의 문제를 인정하지 않고 사춘기 탓으로 돌리는 한 아이와의 갈등 해결은 어렵다. 부모는 미성숙한 태도로 남아 있지만 아이가 나중에 성숙해져서 부모를 이해하지 않는 한 말이다.

아이는 부모가 자랑스러울 때 부모를 존경하고 존중하게 된다. 부모가 엉망인 모습을 보이면 당연히 부모를 무시하게 된다. 어떤 아버지는 본인은 매일 술에 쩔어 살면서 미성년자인 자녀에게는 술을 마시지 말라고 한다. 나는 어른이니까 괜찮고 너희는 학생이니까 안 된다는 것이다. 자녀의 음주를 막고 싶다면 부모부터 술을 끊어야 한다. 담배도 마찬가지다. 부모는 줄담배를 피우면서 아이들에게는 조그만 것이 벌써 담배를 피운다고 야단을 친다. 역시 부모부터 담배를 끊어야 한다.

그리고 부부가 자주 싸우고 다투면서 아이가 부모의 말을 잘 듣는 착한 자녀가 되기를 바라는 것은 그야말로 모순이다. 아이가 부모에게 대드는 것을 원하지 않는다면 부부가 먼저 싸우지 말아야 한다. 자녀들이 가장 상처받는 것 중 하나가 부모가 서로 싸우는 것이다. 부모가 다투는 모습을 보면 아이들은 혼란스러워진다. 특히 아이들이 실수했을 때 부부가 그것을 서로 네 탓이라고 비난하며 다투면 아이들은 이유 없는 죄책감에 시달리게 된다. 부모가 서로 사랑하고 아끼고 웃음이 끊이지 않는 모습을 보일 때 아이들도 부모를 더욱더 자랑스러워하고 사랑하게 된다. 집에만 들어오면 부모가 서로 살벌하게 쳐다보거나 혹은 없는 것처럼 취급하는 것을 본다면 어느 자식도 집에 들어오고 싶지 않을 것이다. 야단을 쳐서 집에 일찍 들어오게 하려고 해도 소용없다. 우선 즐거운 집을 만들어야 한다.

그런데 이런 상황적인 문제로 설명이 안 될 때가 있다. 부모는 사춘기를 탄다고 생각했는데 사실은 우울증, 조울증, 조현병(정신분열병의 새로운 진단명)이 발병한 경우다. 만약에 객관적으로 봐도 부모에게 원인이 없고 가정도 화목하지만 아이가 갑작스럽게 변화한 경우에는 정신 질환을 의심해봐야 한다. 특히 청소년기에 발병한 조울증이나 조현병은 빨리 치료하지 않으면 증상이 잘 낫지 않고 사회적 응력도 떨어진다.

아이의 공격성이 단지 부모에 국한되지 않는 경우 흔히 '비행 청소년'이라고 부르며, 정신과에서의 진단명은 '품행장애'이다. 가출, 폭행, 절도, 매춘 등의 문제 행동을 동반한다.

정신과에서 많이 쓰이는 진단 기준으로는 'ICD-10'과 'DSM-4'가 있다. ICD-10은 병원에서 진찰한 후 진단서를 발부하거나 청구할 때 많이 쓰인다. DSM-4는 미국 정신과 의사들이 주가 되어서 만든 진단 기준이다. ICD-10과 DSM-4는 비행 청소년에 대한 진단 분류가 다소 다르다.

ICD-10

ICD-10에서는 품행장애의 범주가 더 커서 그 안에 DSM-4의 반항성장애가 포함되어 있다. 즉 '가정에 국한된 품행장애F91.0', '사회화되지 않은 품행장애F91.1', '사회화된 품행장애F91.2', '반항성도전장애F91.3'가 포함된다. 이 중에서 반항성도전장애는 DSM-4의 반항성장애와 유사하다. DSM-4에서는 품행장애와 반항성장애가 질적으로 다르다는 측면이 부각되어서 별도의 진단으로 인정받는 반면 ICD-10에서 반항성도전장애는 상대적으로 가벼운 상태라고 본다. 즉 처음에는 그냥 집에서 부모님과 학교 선생님에게 반항을 하는 것으로 시작하지만 나중에는 폭력, 절도 등의 범죄로 이어질 수 있다고 보는 것이다. 사실 이 부분은 앞으로 많은 연구가 필요하다.

ICD-10에서 많은 관심을 기울이는 부분은 대인관계 측면이다. 일단 가정에 국한된 품행장애는 다른 사람에게는 괜찮은데 집안에서만 물건을 부수거나 부모님 돈을 몰래 훔치는 등의 문제이다. 심한 경우는 자신을 간섭하는 부모와 격한 몸싸움을 하거나 때릴 수도 있다. 만약에 부모가 이혼하고 재혼을 한 경우라면 양부모와 문제가 있을 수도 있다. 하지만 어디까지나 가족에게만 폭력을 행사한다. 만약 어렸을 때는 착한 아이였는데 중고등학교 때 가족과만 문제가 있다면 성인이 된 후에는 대부분 잘 지낸다. 우리가 흔히 사춘기를 심하게 거쳤다고 이야기하는 것이 여기에 해당된다. 이때는 희망을 잃지 않고 기다리면 된다.

사회화되지 않은 품행장애와 사회화된 품행장애는 처음 들으면 잘 이해가 안 될 것이다. 품행장애라는 것은 사회의 규범을 잘 따르지 않는 것인데 사회화되었다는 것이 도대체 무슨 의미인가 할 수 있다. 아주 단순하게 생각하면 된다. 범행을 혼자서 저지르며 친구 자체가 없다면 사회화되지 않은 품행장애로 분류한다. 반면에 몰려 다니면서 범행을 저지르고, 비행 청소년 집단 내에서는 친구도 있고 의리도 있다면 사회화된 품행장애로 분류된다. 사실 '사회화된'이라 는 막연한 표현보다는 '외톨이 비행 청소년'과 '집단형 비행 청소년' 이라고 하는 것이 더 이해하기 더 쉬울 것이다.

외톨이 비행 청소년은 집단형 비행 청소년에 비해 더욱 외롭다고 느끼며 자기 혼자만이라고 생각 때문에 우울함 등이 더 심할 것으로 추측된다. 만약에 이 유형이 10세 이전부터 남의 물건을 훔치고 아 이들을 때렸다면 중고등학교 때 발생한 유형보다 예후는 더 안 좋을 것이다. 집단형 비행 청소년도 십대 이전부터 자신의 주도로 집단을 이루어 소위 짱이 된 후 다른 아이들이 나쁜 짓을 하도록 이끄는 경 우 예후가 안 좋을 수 있다. 하지만 일단 가정의 갈등이 심하고 학교 에 있으면 답답해서 밖으로 나도는데 받아줄 곳이 비행 청소년 집단 밖에 없어서 같이 다니게 되는 수동적인 경우라면 나중에 성인이 되 어 저절로 좋아질 수 있다고 생각한다.

DSM-4

DSM-4에는 품행장애와 반항성장애의 두 범주가 있다. 품행장애 는 타인에게 폭력을 행사하거나 물건이나 시설을 파괴하고, 절도를 하는 등 심각한 문제를 동반한다. 반면에 반항성장애는 어른들, 흔 히 부모나 선생님의 말을 듣지 않고 화내고 따지면서 가정이나 학교 의 규칙을 무시하거나 거절하는 경우다.

그렇다면 DSM-4 품행장애의 진단 기준을 살펴보자. DSM-4는 품행장애의 증상을 네 가지 범주로 분류하고 있다. ① 사람과 동물에 대한 공격성 ② 재산의 파괴 ③ 사기 또는 도둑질 ④ 심각한 규칙 위반이다. 이 항목에 일시적으로 해당되었다고 해서 품행장애라고 할 수는 없다. 지난 1년 동안 세 개 이상의 증상이 있어야 한다.

만약에 6개월 이상 아무 문제없이 잘 지냈다면 그때는 우울증 같은 감정적 문제를 고려해야 한다. 가정불화가 심하거나 부모가 심하게 학대를 한 경우 부모가 문제를 시정하면 아이의 적응장애는 없어질 수도 있다. 학교에서 심한 왕따를 당해서 아이가 폭력적으로 변한 경우도 그런 상황이 없어지면 해결될 수 있다. 따라서 아이가 6개월 이상 괜찮다가 다시 두세 달 문제를 일으키고 또다시 6개월 이상 괜찮은 식으로 주기가 반복된다면 품행장애가 아닌 다른 질환을 의심해야 한다. 아울러 품행장애였던 학생이 성인이 되어도 계속 범죄를 일으키고 사소한 일에도 싸우며 죄책감도 없는 무책임한 양상이 계속된다면 '반사회적 인격장애(비사회적 인격장애)'로 진단이 바뀐다. 이 경우 좋아질 확률은 그다지 크지 않다.

정신과 시험에서 '성인이 되면 DSM-4에서 품행장애의 진단이 내려질 수 있는가 없는가?'란 문제가 나오고는 한다. 이론상으로는 가능하다. 품행장애에 해당되는 증상이 있었던 청소년이 성인이 되어서도 문제가 지속된다면 반사회적 인격장애의 진단 기준에 해당되지 않을 시 품행장애의 진단을 유지해도 된다. 이처럼 이론적으로는 가능하지만 품행장애에 해당되는 증상이 18세 이후까지도 지속된다면 대개 반사회적 인격장애의 진단 기준을 충족하게 된다.

증상을 보면 알 수 있듯이 일찍 증상이 발생할수록 예후가 좋지 않다. 만약에 초등학교 때부터 다른 아이들과 자주 싸우고 집에 늦게 들어오는 등의 문제가 있다면 빨리 소아정신과를 방문해서 상담하는 것이 낫다. 만약 ADHD(주의력결핍과잉행동장애)라면 투약 치료를 받고 금세 좋아질 수도 있다. 그냥 나이가 들면 철이 들겠거니 하면 문제는 점점 커질 수 있다. 반면에 초등학교 때 더할 나위 없이 착하던 아이가 중고등학교에 들어가서 말도 안 듣고 대들다가 가출로 이어졌다면 저절로 좋아질 수도 있다. 이때는 왜 그랬는지 이야기를 들어주고 함께 노력하는 것이 중요하다. 만약에 아이가 성인이 되어서도 이런 증상이 이어진다면 반사회적 인격장애를 의심해봐야 한다. 아무리 부모가 최선을 다해도 자식의 행동을 바꿀 수 없다. 18세가 넘은 자식이 사고를 칠 때마다 부모가 없는 돈 만들어서 합의해주고 피해자에게 무릎을 꿇고 사죄한다고 해서 자식이 바뀌기는 어렵다. 법적인 부분은 법적으로 해결을 하는 것이 낫다. 아무리 부모가 안달복달해도 반사회적 인격장애에 해당되는 이들은 부모에게 진실된 죄책감을 느끼고 변화하는 경우가 그다지 많지 않다.

우리는 청소년들이 문제를 일으키거나 아이들이 문제를 일으키면 도대체 집에서 가정교육을 어떻게 시켰기에 그러냐고 비난한다.

부모는 최선을 다했지만 자식이 문제아가 되는 경우도 있다. 특히 품행장애 환자들의 어머니는 불쌍하다. 문제 청소년이 있는 가정에는 아버지가 공격적이고 권위적인 경우가 있다. 아내로서 학대를 당하고 어머니로서도 아이가 말을 듣지 않아 힘들다. 그런데 사람들은 그 어머니가 너무 아이들을 감싸기 때문에 아이 버릇이 나빠졌다고 한다. 하지만 그렇지 않다. 그나마 어머니가 사랑을 베풀기 때문에 문제 청소년들이 조금이라도 마음을 둘 수 있는 곳이 있는 것이다. 문제 청소년의 원인 중 일정 부분은 양육 과정에서 기인하지만 상당 부분은 타고 태어나는 생물학적 부분에 기인한다. 부모가 가해자이기 때문에 비행 청소년을 만들었다기보다는 부모도 어떤 점에서는 피해자이다.

아무리 야단쳐도
소용없다

강아지 중에는 대소변을 잘 가리는 강아지도 있고 그렇지 않은 강아지도 있다. 처음 강아지를 키우는 이들은 그것이 훈련 때문이라고 생각한다. 하지만 경험이 쌓이게 되면 강아지 중에서도 똑똑한 강아지와 아닌 강아지가 있다는 것을 알게 된다. 개인차도 있지만 종에 따른 차이도 있다. 대체로 강아지의 지능이 사람으로 따져서 3~4세 정도에 해당되면 대소변을 가릴 수 있다. 하지만 여전히 실수를 한다. 항상 변기가 있던 자리에 변기가 없으면 그 자리에 대변을 보기도 하고 패드가 젖어 있어서 발을 디딜 곳이 없으면 그 옆에 소변을 보기도 한다. 그렇게 강아지가 실수를 했을 때 대부분 주인들은 그냥 실수를 했다고 생각한다. 그런데 마치 강아지가 사람의 말을 다 알아듣는다고 생각하고 일부러 실수했다며 벌을 세우는 사람도 있다. 야단을 치면 머리가 나쁜 강아지가 모든 것을 알아듣고 다음에는 실수를 안 할 것이라고 오판하는 것이다.

부모도 마찬가지다. 아이가 말을 하기 시작하면 어떤 부모는 아이가 말을 모두 알아듣는다고 착각한다. 그래서 아직 약속을 이해하지도 못하는 아이와 약속을 한다. 부모가 뭐라고 얘기하니까 아이는 고개를 끄덕일 뿐이다. 생사여탈을 쥔 부모가 뭐라고 하는데 아이가 고개를 끄덕이는 것 외에 달리 무엇을 할 수 있겠는가? 부모 역시도 어린 시절에 그랬을 것이다. 어렸을 때 이런 일을 많이 당한 부모일수록 이제 겨우 말을 뗀 아이에게 똑같은 짓을 하고는 한다. 그렇게 고개를 끄덕인 아이가 나중에 어린이집에 가기 싫다고 떼를 쓰거나 외국인 선생님이 무섭다고 영어 학원에 가기 싫다고 하면 얼마 전 아이가 고개를 끄덕인 것을 들먹이면서 이렇게 하지 않기로 하지 않았냐면서 약속을 지키지 않았다고 부모는 주장한다.

가장 똑똑한 강아지의 지능이 6~7세다. 아무리 똑똑한 강아지를 향해서라도 약속을 지키지 않았다고 야단을 치는 주인을 보면 말이 안 된다고들 생각한다. 인간이 초등학교 저학년이었을 때도 사실 똑똑한 강아지 수준일 뿐이다. 주인이 야단칠 때 강아지는 어떻게 해야 할지 몰라 가만히 있는데 주인이 "이제 우리 약속했으니까 다시는 이러면 안 돼"라고 말한다. 나중에 강아지가 제멋대로 한다며 주인이 약속을 안 지키는 개, 거짓말을 하는 개라고 비난한다면 이 얼마나 웃긴 일인가? 이것은 초등학교 아이가 약속을 지키지 않는다고 해서 뭐라고 하는 부모도 마찬가지다. 대부분 초등학교 아이들은 약속을 기억해서 지킬 정도로 뇌가 성장하지 않아 약속을 지킬 수 없는 존재다. 따라서 약속을 하지 않는 것이 가장 현명하다.

그렇다면 과연 어른들은 약속을 잘 지키고 잘못을 깨닫기만 하면 나쁜 습관을 바꾸는가 생각해보자. 주위를 돌아보라. 약속이기 때문에 하기 싫은 일을 성심성의껏 이행하는 이가 얼마나 되는가. 아이에게 자기 말에 책임지라면서 야단치는 부모도 대부분 자신의 말에 책임지지 못한다. 아버지는 '술을 끊겠다', '담배를 끊겠다', '주말에 함께 시간을 보내겠다'고 하지만 약속을 지키지 못한다. 어머니도 '쇼핑을 안 하겠다', '알뜰하게 살겠다', '짜증 내지 않겠다'고 하고 약속을 지키지 못한다. 하지만 부모는 부모이기 때문에 어쩔 수 없는 사정이 생겨서 그런 것이라고 합리화한다. 그리고 아이들은 아직 부모의 도움을 받는 존재이기 때문에 어쩔 수 없는 사정은 없다고 생각한다.

부모가 어딘가 약속이 있어서 가야 하는데 아이가 이 장난감을 가지고 갈까 저 장난감을 가지고 갈까 망설이면 부모는 꾸물댄다고 야단친다. 하지만 어딘가로 놀러가기로 약속하고 어젯밤 늦게까지 술 마시고 들어온 아버지에게 아이가 빨리 나가야 한다고 재촉하면 가만히 있으라고 짜증을 내고 그것을 당연하게 여긴다. 아이가 다른 아이 집에 놀러가기로 해서 엄마가 데려다주기로 했는데 마침 재미있는 드라마가 막 끝나려고 해서 "잠깐만" 하며 끝까지 보려고 했다. 이때 아이가 TV를 꺼버리면 엄마는 화를 낸다. 그러나 엄마는 "잠깐만" 하며 만화를 보려는 아이의 TV를 꺼버리는 것을 당연하게 여긴다. 아이의 입장에서는 어른의 약속이나 자신의 약속이나 다 똑같이 중요한 약속이고, 아이가 장난감을 고르기 위해서 꾸물거리는 것이나 엄마가 화장을 하기 위해서 꾸물거리는 것이나 똑같은 유형의 행동이다.

부모는 아이들에게 "숙제부터 해라", "TV 보지 마라", "담배 피지 마라", "집에 일찍 들어와라" 등 계속 잔소리한다. 만약 부모의 잔소리를 다 지키면 그 아이는 성인군자다. 아이에게 하는 잔소리를 자신에게 적용해보라. 부모 역시 성인군자가 될 수 있다. 사실 인간은 습관을 안 바꾸는 것이 아니고 못 바꾸는 것이다. 당사자는 못 바꾼다고 생각하지만 옆에서는 노력이 부족하고 의지가 부족해서 안 바꾸는 것이라고 생각한다.

과거에는 인간이 백지상태에서 큰다고 생각했다. '프로이트의 정

신분석'과 '스키너Burrhus Frederic Skinner의 행동주의 이론'은 모두 인간
은 백지라는 이론에 근거한다. 그것이 무의식이든 의식이든 인지 행
동이든 백지상태에 쓰인 인생이라는 글씨를 지우고 다시 쓰면 된다
는 것이 심리학 전성기에 펼쳐지던 이론들의 공통점이다. 하지만
DNA 연구가 본격화되면서 인간의 마음은 백지가 아니라는 것이 명
확해졌다. 누구는 키가 크고 누구는 키가 작듯이, 누구는 코가 오똑
하고 누구는 납작코이듯 인간의 마음도 어느 정도는 타고나는 것이
다. 사소한 스트레스도 견디지 못하는 사람이 있는 반면 항상 허허
웃으면서 즐겁게 사는 사람도 있다. 이러한 성격 차이의 상당 부분
은 마음이 아닌 뇌에서 기인한다.

또한 기억도 심리적인 것이라고 생각했다. 하지만 과학자들은 기
억의 상당 부분이 결국은 뇌 안에서 이루어지는 분자물리학적인 과
정이라는 것을 밝혀냈다. 뇌 속에는 뉴런이라는 신경세포가 있고 뇌
세포를 연결하는 시냅스라는 구조가 있는데 이 시냅스의 전기전도
및 신경전달물질을 통해서 생각과 감정이 형성되고 전달된다. 새로
운 정보가 습득되고 중요성이 판별되어 저장되고, 저장된 정보를 찾
아 사용하는 것은 뇌에 퍼져 있는 뉴런의 네트워크를 통해서 이루어
진다.

처음 이사해서 길을 찾아갈 때는 신경을 써야 하지만 나중에 익숙
해지면 다른 생각을 하면서도 집을 찾아갈 수 있다. 처음 책을 읽으
면 이해하기 어렵지만 여러 번 읽으면 이해도가 높아지고 어디쯤에
어떤 대목이 있는지 알게 된다. 처음 아이들이 글씨를 쓸 때는 연필
잡는 것도 도전이지만 나중에는 무의식적으로 글씨를 쓴다.

습관도 마찬가지다. 습관이라는 것은 결국 뇌 속에 그 습관에 해

당되는 뉴런 사이의 네트워크가 형성된다는 것이다. 나쁜 습관을 바꾸기 위해서는 뇌 속에 이미 형성된 물리적인 네트워크를 바꿔야 한다. 매일 반복된 행동을 통해서 뇌 속의 신경 네트워크를 바꾸어야 하기 때문에 쉽지 않다. 햇볕에 그을린 피부색이 원래 피부색으로 돌아가기 위해서는 오랜 시간이 걸린다. 하물며 뇌의 신경 네트워크가 반복적이고 의식적인 행동을 통해서 없어지거나 바뀌기 위해서는 얼마나 많은 노력이 필요하겠는가. 실패하고 시도하고, 실패하고 시도하는 끈질김이 있어야 습관이 바뀐다.

습관은 지우개로 지우기 쉽게 백지에 쓰인 글씨가 아니다. 대리석에 조각된 문양에 더 가깝다. 그래서 습관을 바꾼다는 것은 쉽지 않다. 하지만 뇌의 네트워크는 일정 부분 변화하는 것도 사실이다. 그것을 '신경가소성 neuroplasticity'이라고 한다. 게으름, 노심초사, 화내기, 폭식, 폭주, 늦잠 같은 습관도 꾸준히 노력하면 바뀔 수 있지만 단지 야단을 맞는다고, 그래서 안 해야 되겠다고 마음을 먹는다고 해서 바뀌는 것은 아니다. 자꾸 야단치면 아이의 마음속에서는 분노가 싹터 꾸물거리고 게으름을 피우는 식으로 반항할 수도 있다.

아이의 나쁜 버릇을 고치고 싶다면 우선 아이가 존경하고 닮고 싶은 부모가 되어야 한다. 아이가 살아가는 이유 중 상당 부분은 부모 때문이다. 부모는 "너 잘되라고 공부하라는 것이지 네가 잘되었다고 해서 내가 뭐 영광을 보겠냐"고 말한다. 하지만 아이는 그렇게 생각하지 않는다. 부모가 나에게 공부를 하라고 하는 이유는 나를 통한 부모의 만족과 기쁨 때문이라고 생각한다. 필자는 자기 자신을 위해서 공부한다고 하는 아이를 만난 적이 없다. 부모가 뭐라고 하든 부모의 속마음이 어쨌든 아이들은 부모 때문에 공부한다. 따라서 아이들이 부모를 사랑하고, 부모를 자랑스럽게 생각할수록 부모의 인정을 받고 싶을 것이고 공부도 열심히 할 것이다. 아이의 나쁜 버릇을 고치고 싶다면 아이에게 사랑받고 인정받는 부모가 먼저 되어야 한다.

그리고 아이의 행동이 마음에 안 들 때는 야단치기에 앞서 충분히 칭찬을 해줘야 한다. 평소에 백 번 칭찬하다가 한 번 야단쳐도 아이는 그것을 받아들일까 말까 한다. 부모들 역시 자신의 어린 시절, 자신의 청소년 시절을 돌이켜보라. 부모한테 야단맞고, 선생님한테 야단맞은 후 부모님 말씀이 옳고, 선생님 말씀이 옳다고 생각하면서 반성한 적이 몇 번이나 되는가. 대체로 화가 나서 마음속으로 부모와 선생을 욕하고, 미워하고, 증오하고 심지어는 없어졌으면 하는 생각도 했을 것이다. 그나마 평소에 칭찬, 애정, 인정을 충분히 받아야 야단을 맞고 난 후 '부모님이 괜히 이러는 건 아닐 거야'라고 생각한다.

아무리 야단쳐도 소용없다. 아이와는 약속을 하지 않는 편이 바람직하다. 어차피 아이들은 약속을 못 지키기 때문이다. 일단 사랑해주고 인정해주는 것이 우선이다. 만약에 아이가 법적으로 문제가 되고, 사회적으로 문제가 되는 행동을 한다면 그때도 부모가 개인적으로 야단을 치는 것보다는 정해진 절차에 따라서 아이가 사회 혹은 학교가 정한 처벌을 받도록 하는 것이 교정 효과라는 점에 있어서는 차라리 더 나은 방법이다. 하지만 이때도 끝까지 포기하지 않고 사랑을 끊임없이 표현해줘야 한다.

잔소리, 잔소리, 잔소리!

잔소리처럼 사람들이 싫어하는 것이 없다. 아이들은 엄마의 공부하라는 잔소리에 질색한다. 딸이 대학교에 가서 조금이라도 늦으면 아버지는 잔소리를 한다. 남편은 술 마시고 늦지 말라는 부인의 잔소리에, 부인은 그런 쓸데없는 물건을 왜 사냐는 남편의 잔소리에 질려 한다. 잔소리는 커다랗게 한 방이 터지는 것은 아니지만 쉴 틈을 안 주고 상대방을 숨 막히게 한다.

부모의 잔소리를 듣는 아이들은 어차피 실행하지도 못할 말을 계속하는 상대방이 이해가 안 된다. 그러면서 부모의 잔소리에 대응을 하면 할수록 피곤해지기만 하기에 입을 닫는다. "다음에 안 그럴게"라고 말하면 그다음에는 "왜 약속을 지키지 않아?"라는 잔소리가 이어질 것이 뻔하기 때문이다. 만약에 부모의 잔소리에 대해서 불만을 표현하거나 토를 달면 "부모가 말을 하면 일단 들어야지 무슨 말대꾸야? 다 너 잘되라고 얘기하는 건데 왜 이런 식으로 나오는 거니?"라는 잔소리가 이어진다. 그래서 부모의 잔소리에 대해서 잔소리를 듣게 되는 자녀는 묵묵부답으로 대응하게 된다. 일방적인 잔소리만 있을 뿐 대화가 없다.

잔소리는 관심이면서 동시에 간섭과 통제다. 상대방을 내 마음대로 제압할 수 있는 힘이 있는 이에게는 잔소리가 필요 없다. 부모와 자식 간의 관계도 겉으로 보면 부모는 모든 권력을 쥐고 있고 아이는 복종할 수밖에 없는 것 같지만 소중한 자식이기에 부모는 자신의 권력을 아이에게 행사하지 못하는 경우가 허다하다. 게임 하지 말고, TV 보지 말고 공부하라고 아무리 잔소리하지만 소용없다. 이때는 부모부터 행동하면 된다. 인터넷 하면서 시간을 보내지 말고, TV 보지 말고, 아이에게 요구하는 대로 항상 공부하고 책을 읽으면 된다. 하지만 아이에게는 하지 말라면서 막상 부모부터 그렇게 살지 못한다.

아이들은 커갈수록 부모의 능력, 위치를 평가하게 된다. 부모가 별거 아닌 존재로 느껴지면 아이는 부모의 말에 귀 기울이지 않는다. 어쩔 수 없이 부모가 말하면 고개를 숙이고 참을 뿐 마음속에서는 쓸데없는 잔소리로 치부한다. 아이가 부모를 존경하고 부모의 권위를 인정해주는 상황에서는 같은 말도 잔소리로 들리지 않고 소중한 충고로 들린다. 그리고 아이가 부모를 존중하고 권위를 인정해주는 것이 느껴지면 부모는 잔소리를 하지 않게 된다. 잔소리는 겉으로 볼 때는 '~해라', '~하지 마라'라는 구체적인 내용으로 이루어져 있지만 그 속을 들여다보면 '부모의 의견을 존중해달라', '부모를 인정해달라'는 자식에 대한 투정이 더 많이 포함되어 있기 때문이다.

잔소리는 서로 보기 싫어도 어쩔 수 없이 봐야 하는 관계에서 많이 발생한다. 친구에게 잔소리를 하는 경우 거의 없을 것이다. 잔소리하는 친구는 안 만나면 되기 때문이다. 하지만 부모와 자식은 보지 않으려야 않을 수 없다. 자식이 독립하기 전까지는 잔소리가 이어진다. 아내와 남편은 보지 않으려야 않을 수 없다. 이혼하기 전까지는 잔소리가 이어진다. 직장 상사와 부하 직원도 보지 않으려야 않을 수 없다. 둘 중 하나가 회사를 그만두거나 부서를 옮길 때까지 잔소리가 이어진다.

잔소리를 멈추게 하기 위해서는 잔소리가 나오지 않도록 잘하면 된다. 하지만 사람은 본성이 있고, 능력의 한계가 있기에 그렇게 되지 않는다. 그리고 잔소리의 의도가 통제 자체에 있는 경우 상대방을 아무리 충족시켜도 잔소리가 멈추지 않는 경우도 있다. 따라서 잔소리를 멈추게 하기 위해서는 때로는 관계 자체에 집중할 필요가 있다. 잔소리는 나에게 관심을 가져주고 인정해달라는 것이기 때문에 물질적이든 정신적이든 상대방을 인정해주고 존중해지면 잔소리가 어느 정도는 줄어든다. 하지만 상대방을 인정하고, 존중하고, 사랑하지 않는다면, 그리고 상대방의 요구사항을 들어주기도 싫다면 잔소리 역시 멈추지 않을 것이다. 아이로부터 부모가 존중받지 못하는 한 부모의 잔소리는 멈추지 않는다. 그리고 아무리 잔소리를 해도 자식은 부모를 존경하지 않는다.

자녀가 그릇된 행동을 하고 있어서 잔소리를 하는 경우라면 아무리 잔소리를 해도 자녀는 바뀌지 않는다. 더군다나 자녀가 잔소리를 자신에 대한 간섭으로 받아들이면 자녀는 자신의 아이덴티티를 지키기 위해서 잔소리의 형태로 자신에게 가해지는 요구 사항을 지키지 않는다. 요구 사항이 자신에게 이익을 가져올지라도 하지 않는다. 일종의 굴욕을 느끼고 그 행동을 하는 것을 패배로 받아들이기 때문이다.

부모가 자녀를 원하는 대로 움직이고 싶다면 힘을 갖춰야 한다. 흔히 힘이라고 하면 경제적 능력, 지위를 연상한다. 물론 충분한 돈이 있다면 굳이 잔소리를 하지 않더라도 경제적 보상을 당근으로 사용해서 상대방을 따르게 할 수도 있을 것이다. 만약에 압도적인 지위가 있다면 상대방을 따르게 하기가 용이할 것이다. 하지만 부모 자식 간에는 그런 돈과 지위가 미치는 영향은 제한적이다. 가장 중요한 것은 부모의 인격적 성숙이다.

자식이 나보다 못한 사람이라고 생각을 할 때 부모는 잔소리를 하게 된다. 자녀는 모르는 것을 부모는 알고 있다고 생각하기 때문에 그것을 알려주기 위해서 잔소리를 하게 된다. 그런데 아이들은 반대로 "잘났으면 얼마나 잘났다고 이래라저래라 하냐"면서 잔소리를 무시한다. 자녀가 보기에 부모가 존경할만한 사람, 무시할 수 없는 사람이 되면 굳이 잔소리를 하지 않더라도 자녀가 알아서 잘 행동할 것이다. 잔소리를 그만하고 싶다면, 자녀가 부모의 말을 잘 듣게 하고 싶다면, 자녀에게 존중받고 싶다면, 부모부터 성숙되고 존경받을 만한 사람이 되어야 한다.

부모가 잘 살아야
아이도 잘 산다

부모들은 만나기만 하면 자식들 걱정이다. 자식들이 이렇게 되었으면, 저렇게 되었으면 한다. 하지만 문제는 자식들은 부모가 원하는 대로 크지 않고 부모와 비슷하게 큰다는 것이다. 부모가 항상 자신이 하는 일이 재미있다고 아이들 앞에서 즐거워하면 아이들 역시 공부는 못하더라도 커서 열심히 일을 하면서 산다. 부모가 항상 자신의 일이 지겨워 죽겠다고 하면 부모가 하는 일이 아무리 그럴듯하더라도 아이들은 그 일을 하기 싫어한다.

실제로 판검사나 변호사 아들딸 중에 절대로 법조인은 되지 않겠다는 이들이 있다. 아버지가 술 마시고 들어와서 판검사는 지겹고 힘들다고 늘 얘기한 것이 기억에 남은 것이다. 의사도 마찬가지다. 좁은 진료실에서 갇혀 사는 것 같다. 환자 보는 것이 너무 힘들다고 매일 얘기하다 보면 아이가 수능 최고 점수를 받고도 절대로 의대는 가지 않겠다고 한다. 물론 아이들은 자신이 법조인이 되지 않겠다, 의사가 되지 않겠다는 이유가 부모처럼 살고 싶지 않다는 데서 기인한다는 것을 모를 수도 있다. 그럴듯한 마음의 이유가 있지만 가장 영향을 준 것은 자신의 직업에 대한 부모의 태도였을 것이다. 아이들이 공부를 못해서 판검사가 못 되거나 의사가 못 되는 것이 아니라 하기 싫어서 안 한다고 했을 때 그 부모는 어떻게 해서든지 설득하려고 한다. 하지만 그 원인이 자신이 매일 투덜댔던 것에서 비롯되었다는 것을 모른다면 아무리 부모가 설득하려 해도 소용없다. 설득하면 할수록 아이들은 더욱 하기 싫어질 뿐이다.

흔히 우리나라 부모들은 아이들에게 극성이라고 한다. 아이들 공부에 지나치게 신경을 많이 쓴다고 한다. 하지만 어느 날 이런 생각이 들었다. 아이들이 저절로 공부를 잘해서 신경 쓸 필요가 없다면 우리나라 부모들은 그 시간에 무엇을 할까? 인생에 대해서 진지하게 고민하고 죽을 때 후회하지 않을 값진 삶을 살기 위해서 최선을 다할까? 우리나라 부모들이 자식의 공부에 발을 동동 구르고, 자식이 어느 직장을 들어가느냐에 애태우는 것은 부모들 자신의 삶이 공허하기 때문은 아닐까? 만약에 내 삶이 즐겁고 해야 할 일과 생각할 일이 많다면 자식에 대해서 조금은 여유 있게 대하지 않을까?

과거 우리나라 교육 목적은 서열 매기기였다. 고도성장기에는 대기업에 들어가면 부장은 하고 나왔고 고위 공무원이 되면 국장은 하고 나왔다. 기업의 규모가 커지고 정부의 규모가 커지다 보니 가능했다. 경쟁에서 이기면 성공이 가능했다. 그러나 우리의 성장률은 저하되고 있다. 아무리 경쟁해도 변하는 세상을 이길 수 없다. 대기업도 어느 정도 나이가 들었음에도 알아서 나가지 않으면 불경기 때 정리해고 대상이 된다. 공공 기관도 이제는 철밥통이 아니다. 단지 시험을 잘 봐서 좋은 대학을 나와 대기업이나 공무원이 된다고 그것이 꼭 성공으로 이어지는 것이 아닌 세상이 되었다.

선진국에서는 학교에서 경쟁을 지양하고 인성 교육에 힘쓴다고 한다. 그 이유는 선진국이기 때문이 아니라 성장률이 저하되고 인구가 줄었기 때문은 아닐까 생각한다. 과거 고도성장기에 인구가 늘어나던 때는 학교에 적응하지 못하면 퇴학을 했다. 학교에 들어올 아이들이 넘쳐났기 때문이다. 그런데 지금은 학생 수가 줄어들고 있다. 학생 수가 줄어들면 학교라는 조직이 유지가 안 되고 교사와 공무원도 필요 없어진다. 이제는 반대로 학생을 어떻게 해서든지 학교를 떠나지 않도록 해야 한다. 과거에는 명문대에 입학을 하는 아이들이 학교에서 중요시되었고 나머지 아이들이 들러리였다. 하지만 지금은 교육 시스템의 규모를 유지하기 위해서 모든 아이들이 중요시되고 있다. 이러한 흐름 속에서 우리나라 공교육은 경쟁을 지양하게 될 것이다. 물론 사교육은 당분간 극성일 것이다. 부모들이 자신이 살아가는 이유를 찾지 못하는 한 아이들은 부모들이 살아가는 유일한 이유가 될 것이기 때문이다. 하지만 성장률이 정체되고 실소득이 감소하면서 사교육을 감당할 수 있는 부모는 점점 줄어들 것이라고 생각한다.

1980년대 초 자식에게 컴퓨터를 사준 부모, 1990년대 초 자식을 해외연수 보내서 영어를 익히게 한 부모, 2000년대 초 자식이 완벽한 중국어를 구사하도록 공부시킨 부모는 선견지명이 있는 부모다. 하지만 그런 부모가 실제로 있을까? 막상 자식이 성공을 하면 부모는 자신이 선견지명이 있어서 자식에게 길을 알려줬다고 착각한다.

옛날에 시골에 아들이 공부 잘하는 집과 아들이 공부 못하는 집이 있었다. 공부 잘하는 집의 부모는 땅을 팔고 소를 팔아서 아들을 서울대에 보냈다. 그런데 은행에 들어가서 출세하는 것으로 보였던 아들이 외환 위기 때 정리해고를 당했다. 게다가 스트레스를 받아서 뇌출혈이 생겼고 반신불수가 되었다. 며느리는 직장에 나가야 했고 손자손녀도 아르바이트로 학비를 벌어야 했기에 늙은 부모가 반신불수가 된 자식을 돌보게 되었다. 반면 자식이 공부 못하는 집 부모는 어차피 공부로 출세하기는 어렵다고 생각해 자식이 농사나 짓게 해야 되겠다며 아들 몫으로 논밭을 사 모으기 시작했다. 나중에 땅값이 오르면서 마을 최고의 땅 부자가 되었다. 부모도 편하게 노년을 보냈고 아들도 유복하게 살았다. 자식이 공부 잘한다고 자랑을 했던 집은 어느새 자랑이 쏙 들어가고 자식이 공부 못해서 속상했던 집은 웃음이 넘쳐나게 되었다.

이처럼 앞으로 세상이 어떻게 바뀔지는 아무도 알 수 없다. 부모는 자신이 그동안 살아오면서 가지게 된 생각의 틀에 맞춰서 다가올 미래를 바라본다. 그런데 그것이 맞을 수도 있지만 틀릴 가능성도 크다. 자식을 제대로 교육하기 위해서는 부모부터 시야를 넓혀서 세상을 봐야 한다. 하지만 세상이 아무리 바뀌어도 변하지 않는 것은 있다. 삶을 사랑하고 일을 사랑하는 사람이 행복하게 산다는 것이

다. 적어도 아이들 앞에서는 지금 내가 즐겁게 일하는 모습을 보여
줘야 한다. 인생의 다양한 가능성을 탐구하고 즐기면서 부모가 값지
게 인생을 살아가는 모습을 보여주기 위해서 노력해야 할 것이다.
그것이 아이들 점수에 매달리는 것보다 더 중요하다.

그 어떤 전문가도
부모를 대신할 수 없다

자식이 조현병과 같은 정신 질환에 걸리는 경우 어떻게 환
자를 대해야 좋은 것이냐고 묻는 부모가 많다. 특히 정신
질환은 재발 가능성이 높기 때문에 마지막에는 부모도 지
치기 마련이다. 하지만 부모의 사랑은 끝이 없기에 환자
의 증상이 나아지지 않으면 자신을 탓하게 된다. '조금 더 일찍 알아
서 치료를 했다면', '조금 더 신경을 써주었으면', '마음의 상처를 주
지 않았으면' 하고 말이다.

처음 정신과 레지던트를 했을 때는 이러한 부모들의 질문에 최선
의 충고를 하기 위해서 노력했다. 하지만 결과적으로 필자의 충고들
은 거의 효과가 없었다. 우선 부모가 자식을 어떻게 대하느냐는 그
집의 역사이다. 10년, 20년, 30년에 걸쳐 이루어진 부모가 자식
을 대하는 방식, 자식이 부모를 대하는 방식이 하루아침에 바뀌
기 어렵다. TV 프로그램의 경우도 누군가 자신을 관찰하고 촬영해
서 기록을 남긴다는 것 때문에 부모와 자식 모두 평소와 다른 태도
를 유지할 수 있다. 잠시 촬영이 멈출 때도 있지만 언제 다시 촬영이

시작될지 모르기 때문에 전문가들이 말한 방식을 유지한다. 하지만 1년, 2년, 10년 후까지 그런 태도가 이어질 것인가에 대해서는 의문이다. 그래서 필자는 가급적 충고를 아낀다. 대신 아버지가 환자를 어떻게 대하는지, 어머니가 환자를 어떻게 대하는지, 환자가 아버지를 어떻게 대하는지, 환자가 어머니를 어떻게 대하는지에 귀를 기울인다. 그리고 만약에 부모가 자식을 구타하고, 자식이 부모를 학대하는 정도의 문제가 아니라면 지금 가족들이 서로를 대하는 방식이 최선의 방식이라고 말한다.

만약에 누가 나와 똑같은 부모를 만나서, 나와 똑같은 학교를 나오고, 나와 똑같은 연인과 결혼했다면 그가 나보다 더 나은 인생을 살 수 있었을까? 그렇지 않다. 만약에 그런 누군가가 존재한다면 그것은 바로 나인 것이다. 이번에는 다른 가정을 해보자. 내가 어려움에 처한 가정의 부모 중 한 명과 똑같은 집에 태어나 똑같은 학교를 나오고, 똑같은 직장을 다니고, 똑같은 상황에 처해 있다고 말이다. 필자는 그분들보다 더 형편없으면 형편없었지 더 잘할 수는 없을 것이라고 생각한다. 부모가 자식을 사랑하는 마음은 다 똑같다. 모든 부모는 자신이 처한 상황에서 최선을 다한다. 아무도 그 당사자인 부모보다 더 잘할 수 없다. 부모가 원한다면 다른 가능성도 있다는 것을 알릴 수는 있지만 '현재 당신의 방식은 올바르지 않고 전문가인 내가 제시하는 방식이 올바르다. 따라서 당신은 내 방식을 받아들여야 한다'고 하는 것은 그 부모의 사랑과 정성을 무시하는 처사이다.

더군다나 평범한 가정은 모두 물리적인 제약을 지니고 있다. 경기가 양극화되면서 아무리 열심히 일해도 돈은 모이지 않는다. 대부분의 어려운 가정은 맞벌이다. 전문가들은 항상 아빠가 아이와 충분히 시간을 보내주지 않는 것이, 엄마가 아이와 충분히 시간을 보내주지 않는 것이 문제라고 한다. 하지만 일을 해야 먹고살지 않는가? 하루 종일 일을 하고 지친 몸으로 집에 들어온 부모도 쉬어야 하는 것이 아닌가?

아이가 계속 떼쓰고 짜증을 내면 부모도 짜증이 난다. 그런데 그것에 대해서 전문가들은 부정적인 관심을 주는 것이라고 한다. 아이가 떼쓰면서 짜증 낼 때 그것에 대해서 짜증을 내거나 화를 내는 것으로 대응하면 안 된다고 한다. 그렇다고 들어줘서도 안 된다고 한다. 자신의 뜻이 이루어지지 않아서 떼를 쓸 때 들어주면 점점 더 떼만 늘어나는 악순환이 이어진다는 것이다. 대신 아이의 관심을 긍정적인 것으로 돌려야 한다고 한다. 말은 쉽지만 평범한 수입에 평범한 여유 시간을 가진 평범한 부모가 그것이 가능할까? 당연히 벅차다. 그렇다고 아이에게 소리 지르거나 때리는 것을 옹호하는 것은 절대로 아니다. 하지만 자신의 의견이 그렇다고 말썽꾸러기 아이를 지닌 다른 부모들에게 무조건 소리 지르지 말고 때리지 말라고 강요하는 것 또한 올바른 것은 아니라고 생각하는 것이다.

그리고 아무리 부모가 열심히 해도 바뀌지 않은 아이는 바뀌지 않는다. 흔히들 아이에게 문제가 있으면 부모의 양육 태도에 문제가 있다고 생각한다. 아이가 그렇게 떼를 쓰고 말을 안 듣는 이유 중 상당 부분은 타고 태어났기 때문이다.

예를 들어 너무 착하고 괜찮은 부모가 있다. 결혼을 하고 아이를 둘을 낳았는데 둘 다 말을 안 듣고 제멋대로였다. ADHD로 진단을 받았는데 안타깝게 약에 반응이 없었다. 지독한 말썽꾸러기인 아이들을 상대하다 보니까 부모도 점점 억세졌다. 전문가들은 이렇게 말한다. 부모가 아이에게 충분하고 적절한 관심을 기울이지 않기 때문에 아이가 말썽을 피운다는 것이다. 부모가 아이에게 끼치는 영향에 못지않게 아이도 부모에게 영향을 주지만 전문가의 저런 주장을 들으면 부모는 그 원인을 자꾸 스스로에게서 찾게 된다.

TV나 책에 나오는 전문가의 조언을 실천하지 못하는 자신을 문제 부모로 생각한다. 하지만 그렇지 않다. 부모는 자신의 아이를 위해 최선을 다해 노력한다. 당신의 아이가 가장 사랑하는 아버지, 어머니는 그 누구도 아닌 바로 당신이다. 그 어떤 부모도 당신을 대신할 수 없다. 언어적 학대나 신체적 학대와 같은 극단적인 경우를 제외하고는 그 어떤 전문가도 당신보다 더 아이를 잘 키울 수 없다.

아이들이 아니라면
아닌 것이다

얼마 전 딸아이가 휴대폰에 엄마를 '엄마'라고 저장하는 대신 약자나 좋지 않은 이름으로 저장하는 아이들이 적지 않다고 했다. 심지어는 엄마 이름을 욕으로 저장하는 아이도 있다고 한다. 그러면서 딸아이는 부모님들이 아이의 휴대폰에 자신이 어떤 이름으로 저장되어 있는지 알게 되면 기겁을 할 것이라고 했다.

우리나라에서 부모와 자식 간의 안타까운 점은 부모는 자식을 사랑하기 때문에 고생하며 과외도 시키고 닦달하는데 자식은 그것을 사랑이 아닌 강요라고 받아들이며 고마워하지 않는다는 점이다. 부모가 "너 때문에 들어가는 돈과 노력이 얼마인데 너도 열심히 해야 하지 않느냐"고 하면 아이들은 그 앞에서는 아무 말 하지 않고 땅바닥만 쳐다본다. 하지만 대부분 아이들은 과외 시켜달라고 한 적도 없는데 해주고는 왜 그 결과를 또 채근하느냐고 내심 불만을 가진다.

사람은 자신이 잘하는 것을 더 열심히 한다. 공부를 잘해서 의과 대나 명문대에 갈 수 있는 아이들은 당연히 공부를 열심히 할 것이다. 그보다는 못하지만 그래도 괜찮은 4년제에 들어갈 수 있는 아이들도 열심히 노력할 것이다. 스스로를 가장 잘 아는 것은 당사자다. 성적이 안 나올 때 부모는 아이가 더 열심히 해주기를 바라지만 아이는 안다. 여기에서 더 쥐어짜도 성적은 더 오르지 않는다는 것을 말이다. 그래서 사교육은 아이들이 원하는 만큼만 시킬 때 가장 효과적이지만 많은 부모는 이를 알지 못한다.

사람은 결과가 좋은 것에 대해서만 기억하고 고마워하는 경향이 있다. 부모가 공부 잘하라고 상당한 과외비를 쏟아부었더라도 성적이 안 좋으면 부모의 정성에 대해 고마워하기보다는 자신을 통제하고 억압한 것으로 기억하는 경우가 더 많다. 그런 아이들 중 일부는 학교를 졸업하고 사회에 나가서 고생을 하게 되면 '부모를 잘 만났다면 이 고생을 안 했을 것'이라는 말을 입에 달고 지낸다.

연애를 할 때 상대방이 사랑한다고 말을 하기 전까지는 상대방이 나를 사랑해주는지 확신할 수 없다. 부모와 자식의 관계도 마찬가지다. 사랑한다고 말만 하고 행동으로 보여주지 않는 한 아이는 부모가 자신을 사랑하는지 알 수 없다. 아이의 입장에서는 하기 싫은 것만 잔뜩 시켜놓고 잔소리만 하면서 "너를 사랑하니까 이렇게 신경 쓰는 거야"라고 하면 받아들이지 못한다. 아이가 원하는 형태로 부모가 아이를 사랑해주고, 아이가 원하는 것을 이루게 하기 위해 도와주면 아이들은 부모가 자신을 사랑한다고 느낀다.

자녀가 원하는 것을 자녀가 원하는 형태로 해주면 되는데 부모가 그것을 하지 못하는 이유는 무엇일까? 자녀를 있는 그대로 사랑하지 못하기 때문이다. 부모가 옳다고 생각하는 것을 포기하지 못하고 자녀가 원하는 것을 그대로 해주면 부모 자신의 아이덴티티가 상처받는다. 그래서 부모가 원하는 성적이 나오지 않으면 "공부 못해도 돼", "좀 불량스러워도 돼"라고 자식을 있는 그대로 인정하지 못한다. 아직 인생 경험이 모자란 자식을 교육시키고자 하는 욕망 때문이다. 그러한 욕망은 자녀가 모르고 있는 것을 나는 알고 있다는 우월감, 내가 자녀보다 현명하다는 우월감에서 나온다.

좋은 선물을 주는 제1원칙은 상대방에게 미리 물어보는 것이다. 깜짝 선물이 성공하는 경우도 있지만 그것은 상대방이 원하는 유형의 선물인데 상대방이 예상했던 것보다 더 대단한 경우다. 상대방이 원하지 않는 유형의 선물은 아무리 대단해도 소용이 없다. 이것은 단지 선물의 문제는 아니다. 인생에 있어서도 그렇다. 부모는 자녀에게 무엇을 원하는지 물어보고, 무엇을 하고 싶은지 물어보고, 무엇을 하기 싫은지 물어봐야 하며 자녀의 의사를 존중해줘야 한다.

물론 자녀가 아무리 원해도 부모가 해줄 수 없는 것이 있다. 그리고 계속 자신에게 맞춰달라고 일방적으로 요구하는 아이도 있다. 아무리 부모 자식 사이라도 부모가 원하는 형태의 사랑을 계속 거부하며 자신이 원하는 형태의 사랑만 강요한다면 그것은 사랑일 수 없다. 그것은 감정의 착취이며 자식이 부모를 이용하는 것이라고도 할 수 있다. 하지만 이런 경우가 아니라면 어느 정도는 자녀가 원하는 형태로 사랑해줘야 한다. 우선 자녀가 원하는 형태의 관심과 애정을 주기 위해서 나 자신부터 하나의 성숙한 개체로 성장해야만 한다. 부부도 서로 상대방이 원하는 형태로 사랑과 관심을 주기 위해서 노력해야 하고 부모와 자식도 상대방이 원하는 형태로 애정을 주기 위해서 노력해야 할 것이다.

만약 자녀가 원하는 것이 무관심이라면 눈물을 머금고 자녀가 스스로 알아서 잘 해낼 것이라고 믿고 기다리면서 간섭하지 않는 것이 가장 큰 선물일 수 있다. 부모 입장에서는 뭐라고 한마디해서 올바른 길로 이끌어주고 싶지만, 자식 입장에서는 부모의 충고가 자신을 간섭하기 위한 핑계로밖에 여겨지지 않을 수 있다. 이럴 때는 가만히 놔두는 것이 최선이다.

절망에 빠진 아이들

북한에서는 아이들이 초등학교까지만 열심히 공부한다고 한다. 자신의 출신 성분으로 아무리 열심히 공부해도 출세할 수 없다는 것을 깨닫게 되면 더 이상 공부하지 않는다는 것이다. 그런데 요새는 우리나라 아이들 중에서도 열심히 해봤자, 착하게 살아봤자 소용없다고 얘기하는 아이들이 늘어나고 있다. 그래서 부모 중에는 아이의 사고방식을 이해할 수 없다면서 답답한 마음을 상담받고자 하는 이들이 적지 않다. 지금 부모 세대가 성장하던 시절은 경제가 빠르게 성장했고 성실하게 노력하면 기회를 잡을 수 있었다고 믿었다. 하지만 '내가 아무리 열심히 해봤자 이것밖에 안 될 것이다', '내가 착하게 살면 이용만 당하는 것이다'라면서 엇나가는 아이들에게는 부모의 모습이 추레하게만 보인다.

아이들이 자신의 부모를 얕잡아보는 경우가 적지 않다. 열심히 사는 평범한 부모의 모습을 보며 나는 저렇게 살지 않겠다고 폄훼하면서 잘사는 집 부모, 권력 있는 집 부모와 자기 부모를 비교하여 나는 이래저래 안 된다고 스스로의 한계를 만들어간다. 능력도 없고 가진 것도 없으며 자신감이 없는 아이들일수록 부모에 대해 부정적 시각을 지닌다. 일종의 투사인 것이다. 가난하고 힘없고, 표리부동한 부모의 못난 모습만 눈에 띄기에 저런 사람이 하는 말은 들을 필요가 없다고 생각한다. 입으로 드러내놓고 말하지는 않지만 그런 생각을 가진 아이들이 점점 늘어나고 있다. 아이들이 부모에 대해 부정적으로 생각하는 이유는 사실 자기 자신 때문이다. 승자 독식의 사회에서 자신은 평생 패배자로 살아갈 것이라고 절망에 빠진 아이들은 부모를 무시하고 부모에게 대들기도 한다.

절망에 빠진 아이에게 부모가 아무리 좋은 말로 충고해도 아이들은 패배자의 노파심으로 치부한다. 어려운 사정 속에서도 힘들게 아이를 키우고 있는데 "왜 이것밖에 못 해주냐?", "왜 나를 낳았냐? 내가 낳아달라고 부탁한 적이 있냐?"는 말을 듣게 되면 부모는 당혹스러우면서도 화가 나고 괴롭다. 그래도 자식이기에 억지로라도 가까워지려고 하지만 아이들은 더 세차게 부모를 밀쳐낸다. 매를 들어서라도 생각을 바꾸려고 하면 아이들은 더욱 엇나간다. 세상에 대한 절망에 빠져 반항하는 아이에게는 뚜렷한 방법이 없다. 아이가 인생은 이런 것이라는 것을 받아들일 때까지 기다리는 수밖에 없다. 어린 것이 삶의 무게를 스스로 알고 책임져야 한다는 것이 안쓰럽지만 말이다.

그리고 아이가 분노에 사로잡혀 한 행동을 대체로 부모가 대신 나서서 합의를 보고 수습한다. 처음은 실수일 수도 있고 오히려 상대방 문제일 수도 있으니까 부모가 합의를 볼 수도 있다. 하지만 이것이 반복된다면 두 번째부터는 아이가 스스로 책임을 지게 해야 한다고 필자는 조언한다. 누구를 때리거나 기물을 파손하고 범죄를 저지르는 행동은 부모가 감싸는 한 멈추지 않는다. 법적인 책임과 경제적인 책임을 아이 스스로 지게 해야 한다. 피해자에게 사과하는 것도 부모가 아닌 아이여야 한다. 그렇게 세상이 부여하는 책임을 져봐야만 아이가 조금이라도 어른스러워진다. 빨간 줄 그으면 나중에 사회생활 하는데 문제가 있다고 해서 매번 부모가 나서 해결해서는 안 된다. 매도 먼저 맞는 게 낫다고 반복적으로 문제를 일으킨다면 어렸을 때 법의 심판을 받는 것이 낫다. 소년교도소에 가면 형사처분이기 때문에 전과 기록이 남지만 소년원은 성인이 되어도 전과 기록이 남지 않는다. 전과가 없는 초범의 경우 중범죄가 아닌 이상 소년교도소에 가는 경우는 극히 드물다. 일찍 교정을 받고 조금이라도 일찍 바뀌게 된다면 나중에 성인이 되어서 더 나은 생활을 하게 될 수 있다. 부모가 계속 아이 대신 합의를 봐주다가 그러한 문제 행동이 성인이 되어서까지 이어지면 그때는 부모가 진짜 걱정하는 빨간 줄 긋게 되는 상황이 오고 말 것이다.

부모의
이혼

2011년 통계청에 따르면 우리나라는 부부 1천 쌍당 9.4쌍이 이혼했다. 이혼율은 OECD 국가 중에서 최상위권이다. 여성의 인권이 보장받지 못하는 일부 회교 국가의 경우 이혼율은 거의 제로에 가까운 것을 보면 이혼율이 0이라고 해서 그것이 꼭 좋은 것은 아님을 알 수 있다. 이혼이 늘어난다고 해서 그것 자체를 문제라고 보는 것은 옳지 않다. 남이 이혼을 할 때는 "뭐 그런 걸로 이혼을 하냐"라고 하지만 막상 본인이 그 상황에 처하게 되면 다르게 생각이 드는 법이다.

흔히들 부부간에 문제가 있으면 대화로 풀라고 한다. 부부 상담을 통해서 무슨 문제든지 해결할 수 있다고 하는데 그것은 실상과는 거리가 있다. 한 예로 남편이 아내를 때리는 가정 폭력의 경우 부부 치료 자체가 불가능하다. 상담할 때 한 얘기를 꼬투리 삼아서 남편이 구타할지도 모르기에 여자는 제대로 자신의 이야기를 할 수 없다. 또 아내가 부부 상담을 하면서 자신은 옳고 남편은 틀렸다는 것을 증명하려고 하는 경우도 부부 치료가 되지 않는다.

자동차 사고가 나서 쌍방과실이라고 해도 정확이 50대 50인 경우는 많지 않다. 부부 싸움도 마찬가지다. 어느 한 쪽이 잘못이 더 많기 마련이다. 이러한 서로의 잘못을 시정하는 것이 필요하다. 하지만 어느 한 쪽의 문제가 크고 시정이 되지 않으면 이혼을 선택할 수밖에 없다.

불행한 결혼과 이혼 중 어느 것이 더 아이에게 상처가 될까? 당연히 둘 다 상처가 된다. 이 두 가지에서 아이가 상처받지 않는 길은 없다. 하지만 부모 중 한쪽이 아이를 학대하는 경우라면 이혼을 해서 가해자와 분리되어야 아이가 더 이상 상처받지 않는다. 그런데 이런 경우는 가해자가 양육권을 주장하는 경우가 많다. 양육권을 확보해서 자녀를 손에 쥐고 있어야 그다음에도 피해자를 조종할 수 있다고 생각하기 때문이다. 힘들게 이혼했지만 양육권을 빼앗기면 아이 때문에 가해자와 계속 관계를 가지면서 고통받을 수 있다. 따라서 이혼할 때 양육권을 확보할 수 있도록 신경 써야 한다. 그리고 집착이 강한 가해자라면 이혼 과정 혹은 이혼 직후 심한 폭력을 행사하는 경우도 있다. 심한 경우 살인으로 이어지기도 한다. 따라서 심한 폭력이나 살해 시도가 의심된다면 이혼 과정부터 별거를 하고 이혼한 후 일정 기간은 안전을 확보하기 위해서 노력해야 한다. 자녀를 강제로 가해자가 데리고 갈 수도 있으니 아이를 빼앗기지 않도록 주의해야 한다.

이혼하지 않은 상태에서 벌어지는 부부 싸움도 아이들에게는 큰 상처가 된다. 공부를 잘하던 아이가 갑자기 성적이 떨어지는 것도 부모의 싸움에서 비롯되는 경우가 많다. 어른이 된 우리 자신을 돌이켜봐도 어렸을 때 아버지가 세상에서 제일 멋있고 어머니가 세상에서 가장 아름답다고 생각하면서 컸다. 부모는 아이의 무의식 속에서 롤모델이 되는데 부모가 싸우면 롤모델이 손상된다. 부모가 싸우는 경우 아이들은 자기가 잘못을 했다고 불합리한 죄책감을 가지기도 한다.

부모가 이혼하는 경우는 롤모델이 둘로 갈라져서 파괴된다. 자녀만을 생각한다면 심각한 배우자 학대나 부모 학대가 동반하지 않는 경우 이혼하지 않는 것이 바람직하다. 하지만 결혼 생활을 하면 할수록 더 불행해질 것 같은데 자녀를 위해서 불행을 감수한다는 것은 부모 자신의 삶을 생각하면 바람직하지 않다. 이혼으로 인하여 자녀가 불행하면 이혼한 부모 역시 행복하기란 어렵겠지만 이혼하지 않더라도 맨날 싸우는 부모를 보면서 자란 자녀도 행복하지는 않을 것이다.

아이가 부모의 이혼을 싫어하는 것은 어쩔 수 없다. 이혼을 하면서 아이가 아무 일 없이 지낼 것이라고 기대하지는 말자. 나이가 어릴수록 부모의 이혼을 받아들이는 것이 어렵다. 중고등학교 자녀의 경우 부모가 어쩔 수 없이 한 선택이라는 것을 납득하고 이혼을 잘 받아들인다. 부모의 이혼으로 인한 상처 때문에 문제 행동을 일으키는 아이도 있지만 그렇지 않은 아이가 더 많다. 십대가 문제 행동을 일으키면 그것이 꼭 부모의 이혼 때문이라고 단정하기 힘들다. 여러 가지 이유가 복합적으로 작용해서 문제 학생이 되는 것인데 본인의 문제를 인정하기 싫어 부모 탓을 하거나 이혼 탓을 하기 때문이다. 부모는 이미 이혼 자체에 죄책감이 있기 때문에 아이의 이야기를 듣고 자신이 이혼을 해서 아이를 망쳤다고 생각하게 된다. 하지만 그런 태도는 아이의 문제 행동을 개선하는 데 전혀 도움이 되지 않는다. 이미 이혼을 했는데 그것을 돌이킬 수도 없다.

물론 이혼을 하더라도 되도록 아이가 상처받지 않도록 하는 것이 좋다. 이혼 과정 중 아이들 앞에서 부모가 서로 싸우는 것은 피해야 한다. 부모가 싸우게 되면 아이들은 우울하고 화가 나는데 그 감정을 제대로 풀지 못한다. 그리고 자신은 누구를 따라가게 될지 고민

한다. 어릴수록 아빠와 엄마 중 누구를 따라가게 될지로 아이들은 불안해한다. 어떤 아이는 자신이 보육 시설에 버려지는 것은 아닌지 불안에 떨기도 한다. 따라서 이혼하더라도 여전히 아이를 사랑할 것이라는 것을 수시로 밝혀서 아이의 불안을 다독여주는 것이 필요하다. 누가 아이를 키울지에 대해서는 아이의 의사가 반영되는 것이 바람직하지만 실제로 상담을 하다 보면 이혼 가정이 처한 사정 때문에 아이의 의사가 반영되기란 쉽지 않다. 또한 아이는 부모가 이혼하지 않기를 제일 바라기 때문에 어느 한 쪽과 살겠다고 생각을 하는 것 자체가 쉽지 않다.

이혼을 한 후 한쪽이 아이를 양육하는 것으로 결정된다면 아이가 함께 살지 않게 된 부모를 만나는 것은 자유롭게 하는 것이 가장 이상적이다. 대체로 이혼을 하게 되면 상대방에 대한 감정이 좋을 수 없다. 예를 들어 남편이 바람을 피워서 이혼했다면 부인의 입장에서는 남편이 인간 쓰레기 같겠지만 아이의 입장에서는 그래도 아빠다. 따라서 아이 앞에서 이혼한 부부 어느 한 쪽에 대해서 비난하고 욕하는 것도 피해야 한다. 청소년은 아직 부모로부터 완전히 분리되지 않았다. 아이의 아버지 혹은 어머니를 욕하게 되면 아이의 마음도 상처받는다. 상대방에 대한 감정이 안 좋기 때문에 아이도 상대방을 만나지 않았으면 하는 마음을 가질 수 있으나 아이에게는 소중한 아빠이고 엄마이므로 만나고 싶을 때 만나고 전화하고 싶을 때 전화할 수 있도록 하는 것이 바람직하다. 단 가정 폭력 가해자의 경우는 예외다. 가정 폭력 가해자는 무조건 아이와 차단해야 한다. 아이가 가해자를 대할 때마다 극도의 불안에 시달리기 때문이다.

이혼한 부모 중 어떤 이는 아이가 엇나갈까 과도하게 간섭하기도 한다. 어떤 이는 죄책감 때문에 아이에게 지나치게 끌려다니기도 한다. 아이의 마음이 안정되기를 원한다면 가장 중요한 것은 이혼한 부모 각자가 안정적으로 생활하는 것이다. 아무리 아이에게 잘해주더라도 부모 자신이 불행해보이면 아이는 마음이 편치 않다. 아이가 비뚤어질까 걱정이 되어서 신경 쓰더라도 부모가 불행해보이면 아이는 불행한 부모가 있는 집이 싫어지고 집에 들어오는 시간이 점점 늦어질 것이다. 따라서 이혼한 부모는 아이에게 신경 쓰기에 앞서 자신에게 신경 써야 한다. 특히 경제적인 면에 신경 쓰는 것이 중요하다. 돈이 쪼들리게 되면 아이는 위축된다.

혼자 살다가 보면 외로워질 수 있다. 주위에서 이혼녀, 이혼남을 보는 시선 때문에 재혼을 생각하기도 하다. 그리고 좋은 사람을 만나게 되면 사귀고 결혼도 해야 한다. 다만 자신의 사랑과 욕망 때문에 결혼을 하면서 아이를 핑계로 삼아서는 안 된다. 흔히 "아이에게는 엄마가 있어야 해", "집안에는 남자가 있어야 해" 하면서 재혼을 합리화하고는 하는데 아이의 입장에서 재혼은 달갑지 않다. 일단 부모가 재혼을 한다는 것은 재결합의 가능성이 없어진다는 것이다. 그리고 훌륭한 새아버지, 새어머니도 있겠지만 대체로 그 관계는 서먹하고 불편하다.

재혼을 한 후 아이에게 계모 혹은 계부를 마음속에서 아버지, 어머니로 받아들이라고 강요해서는 안 된다. 본인의 부모가 지금 이혼하고 재혼을 했다고 가정해보자. 지금 30~40대인 당신은 그분에게 아버지, 어머니라고 부를 수 있겠는가. 다 늙은 나이에 재혼을 한 부모에 대해서 주책이라고 생각할 것이다. 성인이 이러한데 십대인 아이들은 어떻게 상대방을 좋게 보겠는가. 자식을 위해서 모든 것을 희생할 수는 없다. 당신을 위해서 재혼을 해야 한다. 하지만 자식이 계부나 계모를 아버지, 어머니로 여기지 않을 것이라는 것은 염두에 둬야 한다.

그리고 계모 혹은 계부가 자녀를 학대할 때 문제를 회피해서는 안 된다. 또다시 이혼할 수는 없다는 생각에 사로잡혀 아이가 학대받는 것이 느껴지더라도 아닐 거라고 생각하면서 회피하거나 아이가 학대를 당하고 있다고 하더라도 무시하기도 한다. 더 이상 무시할 수 없는 경우 아이에게 참으라고 하기도 한다. 하지만 그런 상황이 계속되면 당신은 결국 아이도 잃고 재혼도 깨질 수밖에 없다. 재혼을 지키기 위해서는 아이의 대변자가 되어야 한다.

옛날에는 이혼이 숨기고 부끄러운 일이었지만 지금은 그렇지 않다. 흔히 이혼을 하게 되면 본인이 무슨 흠이 있나 자책을 하게 되는데 그러지 말자. 막상 살아보지 않고서는 어떤 사람인지 알 수 없는 것이다. 이미 이혼을 했다면 불행한 삶을 바꾸기 위해서 한 결단이 헛되지 않도록 노력하면 된다. 이혼을 하더라도 최선을 다해서 살아가고 아이를 사랑하고 아껴주면 아이들도 올바르게 클 것이다. 어렵게 한 이혼이 무의미하지 않게끔 더 열심히 살아야 한다. 부모가 이혼을 하고 더 행복하고 보람되게 잘사는 모습을 보여주는 것이 부모의 이혼 후 아이가 올바르게 크는 데 가장 중요한 역할을 한다.

자살하는 십대

절망을 공격적인 행동으로 표출하는 아이가 있는 반면 자해나 자살 시도로 표출하는 아이도 있다. 아무리 사소하더라도 자해나 자살을 시도하는 경우는 입원 치료를 받아야만 한다. 어른이든 아이든 자살을 시도하는 각자 나름대로 사정이 있다. 자살을 시도하는 사람들 중 그 누구도 내가 우울증 환자이기 때문에 지금 자살하고 싶은 것이라고 생각하는 이는 없다. 자살을 시도하는 이들은 다른 사람들과는 달리 자신만의 이유가 있다고 생각한다. 자살 시도자 중 상당수는 충동적이고 감정을 제어하지 못하는 사람들이다. 하지만 그중 누구도 내가 홧김에 자살한다고 생각하는 이는 없다.

부모는 아이가 자살을 시도하는 경우 그 이유에 대해서 얘기를 듣고 설득하면 말릴 수 있다고 생각하지만 자살을 하기로 결심하면 그런 합리적인 설명으로 아이의 마음을 돌이킬 수 없다. 한 번 자살을 시도한 아이의 상당수는 또다시 자살을 시도한다.

사람이 언젠가 다가오는 죽음을 무시하고 하루하루 살기 위해서 가장 중요한 것은 사소한 일상의 즐거움이다. 좋아하는 요리를 한 번 더 먹고 싶은 욕심, 사랑하는 이를 한 번 더 보고 싶다는 바람, 새로 나온 영화나 음악 중 좋아하는 것을 찾아 듣고 싶다는 욕망, 매일 똑같은 세상인 것 같지만 자고 일어나면 조금씩 바뀌어 있다는 것을 느낄 때의 신기함과 같은 사소한 즐거움들이 죽음을 뒤로 미루도록 한다.

재벌의 딸, 대학교 총장, 유명한 배우도 자살을 한다. 지위 고하를 막론하고, 남녀노소를 불문하고, 가난하든 부자이든 상관없이 사람들이 자살하는 이유는 딱 하나다. 인생이 주는 즐거움이 하나도 남김없이 사라질 때, 어제까지 나를 즐겁게 해주던 것들이 아무 의미도 없이 느껴질 때 죽음을 앞당기고 싶어진다. 더군다나 앞으로도 괴로움만이 이어지고 즐거움이 없다고 느끼면 죽음에 한 발자국 더 가까워진다. 따라서 한번 죽음의 늪에 빠지게 되면 아무리 말려도 소용없다. 죽음을 결심한 이들을 말로 설득해서 돌이키기는 어렵다.

자녀가 자살을 시도해서 사망했을 때 가족들은 전혀 몰랐다고 부정하지만 자세히 물어보면 대개는 심각하게 자살에 대해 구체적인 계획을 말한 경우가 많다. 대부분은 심각한 방법을 선택하기 전에 심각성이 덜한 방법으로 자살을 시도한다. 예를 들어 1차 시도는 감기약이나 샴푸를 먹는다. 가족들은 설마 하는 생각에 위세척만 받게 하고 집으로 온다. 그다음 시도는 목을 매거나 고층 빌딩 옥상에서 뛰어내린다.

자세히 들여다보면 자살을 시도하는 이들의 대부분은 우울증 상태이다. 흔히 우울증이라고 하면 기운도 없고 꼼짝도 못하는 것을 생각하지만 그것은 우울증이 지속되어 기진맥진한 환자의 모습이다. 우울증인 청소년 중에는 자살하고 싶다는 생각이 있더라도 평소 모습은 의욕적인 경우가 많다. 그래서 부모는 자녀가 자살했을 리가 없다고 하거나 얼마나 스트레스를 많이 받았으면 그런 결단을 내렸겠냐고 한다. 하지만 문제는 마음이 아니라 뇌다. 우울증과 감정 기복 증상을 만들어내는 뇌가 문제인 것이다.

자살할 정도로 괴로운 마음이 약을 먹고 치료가 된다는 게 믿어지지 않을 수도 있다. 하지만 심각한 방법으로 자살을 시도했지만 목숨을 건진 사람들도 입원에서 2~3개월 적절히 치료받으면 70% 이상이 자살에 대한 생각이 바뀐다. 약만 끊지 않으면 자살을 다시 시도하지 않는 이들도 적지 않다. 처음에는 항불안제제, 수면유도제와 함께 쓰지만 우울증 알약 한 알씩만 먹어도 대부분 자살 시도자는 두세 달 안에 마음을 바꾼다.

흔히 약을 먹고 우울증이 나아도 부모와의 갈등, 따돌림 같은 문제가 해결되지 않으면 또다시 자살을 시도하게 될 것이라고 지레짐작하고 치료를 거부하는 부모나 청소년이 있다. 우울증에 빠져 있으면 모든 일은 항상 더 나빠질 것이라고 생각하고 우울, 불안, 외로움에 빠지면서 합리적인 생각도 하지 못한다. 우울증이 있기 전에는 그냥 지나치던 사소한 일에도 화가 나고 속이 상한다. 하지만 우울증이 낫게 되면 세상이 다르게 보인다. 화나는 일, 속상한 일, 슬픈 일이 줄어든다. 우울증이 나아서 내가 달라지면 사람들을 대하는 나의 태도와 나를 대하는 사람들의 태도도 달라진다. 불이 나면 그 원인이 무엇이 되었든 일단 불을 꺼야 하듯이 우울해서 자살을 시도하면 그 사정이 뭐가 되었든 일단 우울증이라는 불을 끄고 봐야 한다.

자살하는 청소년들은 자신이 죽으면 모든 것이 끝난다고 생각한다. 자신의 죽음으로 부모, 형제, 친구에게 영원한 죄책감을 안겨준다는 사실을 순간적으로 망각한다. 자살의 이유가 자신을 가장 사랑하는 이들을 향한 분노가 아니라면 자살은 어떤 상황에서도 절대로 해서도 안 되고 합리화되어서도 안 된다. 어디까지나 자살의 이유는 자살을 한 당사자에게 있다. 자살 시도자의 뇌가 자살이라는 병에 사로잡힌 것이 문제인 것이다. 때때로 자살을 함으로써 복수를 꾀하는 이들도 있지만 살아남은 이들이 얼마나 빨리 잊는지를 생각한다면 자살은 자기 손해일 뿐이다.

자녀가 자살을 시도하면 부모는 '왜?'만 생각하며 그 이유를 바꾸면 아이가 자살을 시도하지 않을 것이라고 믿는다. 하지만 그렇지 않다. 어떤 의미에서 자살은 그 자체가 병이다. 병은 치료를 받고 고쳐야 한다. 죽고 싶어도 죽지 못하도록 안전을 확보하는 것이 중요하다. 자녀가 죽고 싶다고 이야기할 때는 바로 옆에서 자살을 시도하지 못하도록 막아야 한다. 가능하다면 죽고 싶어도 죽음을 시도할 수 있는 도구가 없는 곳에서 며칠 시간을 보내게 해야 한다. 만약에 이미 자살을 시도했다면 병원에 그 역할을 맡겨야 한다. 죽고 싶어도 죽지 못하고 며칠을 보내다 보면 대부분 배고플 때 밥을 먹으면 기분이 좋다는 것, 목마를 때 물을 마시면 시원하다는 것, 하루가 끝날 때 샤워를 하면 상쾌하다는 것, 마음이 허전할 때 누군가의 손을 잡으면 마음이 따스해진다는 것을 다시 느끼기 시작한다. 이러한 일상의 즐거움이 바로 자살을 막는 힘이다.

왕따
게임
반항

02

공부

혜진의 아버지는 서울대를 졸업했고 어머니는 지방 사립대를 졸업했다. 아버지 어머니는 대기업에서 만나 결혼했다. 혜진의 어머니는 아이를 키우면서 회사를 다니는 것이 벅찼고 아이를 대신 부탁할 곳도 없었다. 아주머니에게 아이를 맡기고 다니는 것도 마음에 걸려서 결국 회사를 그만뒀다.

혜진은 어려서부터 책 읽는 것을 좋아했고 말도 잘 듣고 차분했다. 초등학교 때는 한번 책상에 앉으면 정해진 공부를 다 끝낼 때까지 일어나지 않았다. 그녀를 보며 부모는 의사나 판검사는 할 줄 알았다고 한다. 성적도 잘 나오니 어머니는 혜진과 공부를 하는 것이 재미있었다. 그래서 초등학교 때 전 과목을 직접 가르쳤다. 혜진은 초등학교 때 전교 1등을 한 적도 있다. 아버지가 대기업 직원이라고 하지만 과장급이어서 연봉이 많지 않았기에 친정과 시댁에 손을 벌려서 초등학교 5학년 때 1년 정도 미국에서 학교를 다녔다. 일부러 한국인이 없는 초등학교를 골랐다. 한국에 다시 왔을 때 국어나 수학 성적이 떨어지면 안 되기 때문에 어머니도 함께 미국으로 갔다.

그렇게 1년을 보내고 초등학교 6학년 때 한국에 돌아와서 복학을 했는데 다른 과목을 못 쫓아가서인지 반에서 5등을 했다. 다른 엄마들은 걱정하지 말라고 했지만 혜진 어머니는 덜컥 겁이 났다. 그래서 중학교 들어가기 전에 대치동의 초등학생 대상 토플 학원에 보내려고 레벨 테스트를 했는데 생각보다 성적이 안 나왔다. 이러면 안 되겠다는 생각에 남편을 설득해서 대치동으로 전세를 얻어서 이사를 갔다. 방학 동안 대치동 학원에서 중학교 1학년 진도를 다 뺐다. 기특하게도 아이는 싫다는 말을 하지 않고 잘 따라왔다.

그리고 중학교 1학년 중간고사가 다가왔다. 틀림없이 초등학교 때처럼 성적이 나올 것이라고 기대했다. 그러나 성적은 반에서 10등이었다. 그리고 그 무엇보다 실망스러운 것은 영어 성적이었다. 당연히 전교에서 톱일 것이라고 기대했는데 톱은커녕 미국에 안 가본 애들보다도 못했다. 이러다가는 SKY는커녕 서울의 4년제 대학에도 못 갈 것이라는 생각에 겁이 났다. 아이가 책상에 앉아는 있는데 도대체 무슨 생각을 하는지 알 수 없었다. 짜증이 밀려왔다. 마음 같아서는 초등학교 때처럼 하나하나 가르치고 싶은데 그럴 수도 없었다.

기말고사 때 만회해야 한다는 생각에 개인 교사도 붙였지만 성적은 반에서 10등 수준을 벗어나지 못했다. 이렇게 신경을 쓰는데 성적이 좋지 않자 창피했다. 초등학교 때 혜진이보다 훨씬 못하던 아이들도 지금은 혜진이보다 성적이 좋았다. 1학

기가 끝나고 방학 동안에는 일단 학교 성적을 따라잡아야 한다
는 생각에 교과서 위주 종합학원을 보냈다. 엄마들과 얘기를
하다 보니까 내신을 등한시한 것 같았기 때문이다. 아이에게도
물어보니 내신 위주로 공부하는 것이 자신에게도 맞는 것 같다
고 했다. 그리고 2학기가 되어서 중간고사를 봤다. 시험을 보고
와서는 너무 표정이 밝았다. 하지만 막상 성적이 나온 것을 보
니 반에서 10등 밖으로 밀려난 것이었다. 아이에게 거짓말했냐
고 소리를 지르자 아이는 거짓말한 것이 아니고 자신은 틀림없
이 맞게 썼다고 생각을 했는데 답을 잘못 쓴 것 같다고 울먹거
렸다.

성적이 떨어지면서 아버지와 어머니 사이의 갈등도 커졌다.
혜진 아버지는 엄마가 너무 아이를 몰아세운다고 했고, 혜진
어머니는 아빠가 나서서 아이를 좀 더 열심히 하게 해야 한다
고 했다. 혜진 아버지가 자신마저 그렇게 아이를 다그치면 아
이가 집에서 숨쉴 곳이 없다고 얘기하면, 혜진 어머니는 그러
다 보니까 자신이 모든 악역을 맡게 되는 것이 아니냐면서 화
를 냈다.

중학교 3학년이 됐지만 성적은 나아지지 않았다. 3학년이 될
때까지만 해도 혹시 과학고나 외고에 가지 않을까 기대를 했지
만 단념하기로 했다. 그러면서 혜진을 고등학교부터는 미국에
서 다니게 하면 어떨까 하고 유학원을 알아봤다. 한국은 너무
경쟁이 치열하지만 미국에서라면 하버드나 예일 같은 명문대
는 아니더라도 아이비리그 중 한곳에는 갈 수 있을 것 같았다.

남편에게 그 얘기를 꺼내자 남편이 평소와는 다르게 핀잔을

주었다. 아이를 그렇게 몰아붙이니까 불안하고 주눅이 들어서 시험을 더 못 보는 것이라고 하면서 둘만 미국에 보내면 아이가 숨이 막혀서 어떻게 될지 모르니 절대로 그렇게 할 수 없다고 했다. 그러면서 하고 싶지도 않은 과외 억지로 시켜봤자 성적이 오르는 것도 아니니 과외도 줄이고 아이가 친구과 놀 수 있게 시간을 줘야 된다고 남편은 얘기했다. 혜진 어머니는 남편에게 의사, 판검사, 서울대 출신 부모를 둔 자식들이 좋은 대학에 못가는 이유가 자신이 공부를 잘했으니까 아이도 잘할 것이라고 믿어서 그렇다면서 만약 아이가 지방대에 가면 좋겠냐고 따졌다. 말문이 막힌 혜진 아버지는 당신의 열등감이 문제라고 하면서 그 열등감 때문에 스스로가 괴로워하는 것은 어쩔 수 없지만 아이에게 부담을 주는 것은 더 이상 묵과하지 않을 것이라고 소리를 질렀다. 그러면서 남편은 설혹 혜진이 공부 못해서 지방대에 가더라도 당신 머리 닮아서 공부 못했다고는 안 할 테니까 걱정하지 말라며 혜진을 방으로 데리고 들어가서 달랬다.

미국 유학이 좌절된 후에 혜진은 동네의 고등학교로 진학을 했다. 고등학교에 가고 나서도 성적은 오르락내리락했다. 이제는 포기해야겠다고 생각을 하면서도 혜진의 공부를 포기할 수 없었다. 혜진 아버지와 싸우며 여전히 형편에 벅찬 과외를 했고 혜진에게 짜증을 냈다. 친척이나 친구들의 자식 중에 과학고나 외고에 가서 명문대에 입학한 얘기를 듣고 온 날이면 아이에게 더욱 짜증이 났다. 하루는 아이에게 공부를 못하니 뭐라도 해서 대학에 가야할 것이 아니냐고 붙잡고 얘기했다. 도

대체 뭘 하고 싶냐고 물어도 대답이 없었다. 그러다 보니 "미술, 음악에도 재능이 없고, 체육도 못하고 너는 잘하는 게 뭐니? 도대체 대학을 어떻게 갈 거야? 엄마가 입시 컨설턴트에게 부탁해서 수시를 알아보려고 해도 생각을 얘기해줘야 뭘 어떻게 하지 않겠어? 너는 왜 그러니? 왜 사니?" 하고 말을 심하게 했다. 그러자 아이가 닭똥 같은 눈물을 뚝뚝 흘렸다. "뭘 잘했다고 울어?"라고 한마디하니까 혜진이는 통곡을 했다. 어머니는 우는 혜진이가 불쌍하면서도 공부 못하는 딸 때문에 가슴이 터질 것 같았다.

공부를 못하는 게
당연하다

책을 읽고 무언가 억지로 암기한다는 것은 원래 인간에게 없던 능력이다. 인간이 사냥을 하고 농사를 할 때도 지적 능력이 필요하기는 하다. 계절의 절기도 알아야 하고 좋은 종자도 기억해야 한다. 주어진 재료를 요령 있게 사용해서 무언가를 만들어내고 길을 잃지 않고 잘 찾는 것이 인류에게 필요한 능력이었다. 하지만 그것은 영어 단어, 수학 공식을 외우는 것과는 다른 능력이다.

문명이 발달하면서 글을 읽고 깨우치고 외우는 것이 중요해지기는 했지만 그것이 대다수 사람들에게 필요한 것은 아니었다. 문자와 기호를 다루는 것은 일부 지배계급에게만 허락이 된 특권이었다. 설혹 능력이 있더라도 일반 계층은 문자와 기호에 접근할 수가 없었다. 그런데 산업화가 진행되면서 셈을 하고 글을 익히는 것이 대중에게도 중요해졌다. 산업화 초기에는 숫자를 알고 글을 읽을 줄 안다는 것만으로도 특별한 존재로 취급받았다. 그런데 현대사회로 오면서 암기와 이해 능력의 중요성이 커졌고 정신노동이 육체노동보다 더 높은 가치를 창출하게 되었다. 지금은 글자를 읽고 셈을 한다는 것만으로는 인정받지 못한다.

이와 같이 진화의 오랜 과정을 고려할 때 억지로 하는 공부처럼 어려운 것이 없다. 그 이유는 글을 읽고 억지로 외우는 것이 우리에게 익숙한 학습 행위가 아니기 때문이다. 그렇다면 인간에게 익숙한 학습 방식이란 무엇일까?

우선 동물들이 어떻게 학습하는지 살펴보자. 동물들이 무엇을 먹고 어떤 행동을 하는가는 상당 부분 본성에서 기인한다. 타고 태어난 것이다. 그외에는 부모가 하는 것을 보고 따라하는 모방에서 비롯된 바가 크다.

인간도 마찬가지다. 눈치코치로 익숙해진 후 몸으로 따라하면서 배운다. 최근에 나온 뇌 연구 결과는 이런 측면에 더욱 부합한다. 과거에는 감각신경을 통해서 들어온 정보를 뇌의 중추에서 받아들여서 판단한 후 운동신경으로 전달한다고 생각했다. 즉 외우고 익히는 학습을 통해서 뇌에 축적된 데이터는 판단할 때 참고 자료로 사용된다는 것이었다. 하지만 최근에는 야구 배트를 휘두르는 능력, 컴퓨터 자판을 두드리는 능력, 주식을 동물적 감각으로 매도하는 능력이 하나 이상 다수의 뇌 신경에 저장된다는 이론이 활발히 진행되고 있다. 즉 뇌 신경에 그러한 능력이 습득되는 것은 자꾸 보고 모방하고 흉내 내는 것을 통해서 이루어진다는 것이다.

따라서 공부가 힘든 것이 당연하다. 문명의 발달 속도를 진화가 따라잡지 못하는 것이다. 만약에 정신노동의 우위가 앞으로 십만 년, 백만 년 이어진다면 그때는 모두가 공부를 잘하는 세상이 올 것이다. 지금 우리는 허리를 꼿꼿이 펴고 걷는 것을 당연하게 여기지만 수백만 년 전에는 네발로 기어다니는 것이 당연하고 직립보행을 하는 인간은 매우 드물었던 것처럼 말이다.

하지만 미국의 저명한 심리학자인 리처드 니스벳_{Richard E. Nisbett}의 저서 《인텔리전스》를 보면 지능에 대한 흥미로운 언급이 나온다. 1947년에서 2002년까지 55년에 걸쳐 미국인의 IQ는 18이나 증가했다. 2002년의 고등학생 평균 IQ가 100이라면 1947년 고등학생의 평균 IQ는 82밖에 안 되는 것이다. 니스벳에 따르면 1947년에서 30년 전인 1917년의 평균 IQ는 73에 불과했다고 한다. 그렇게 따지면 지금의 우리나라 평범한 고3 수험생들은 조선시대에 과거 급제한 이들보다 지적 능력이 더 뛰어나다고 할 수 있다. 이런 식으로 계속 지적 능력이 발달하면 수백만 년 후에는 당연히 누구나 공부를 잘하는 세상이 될 것이고 그때는 성공을 좌우하는 것이 지금은 상상도 못하는 전혀 다른 능력일 것이다.

아이들이 공부를 못하는 것은 이런 점에서 볼 때 당연하다. 무언가를 억지로 외워서 잘 기억한다는 아이는 복 받은 것이다. 대부분 사람들에게 익숙한 학습 방법은 눈치코치로 익히고 모방하면서 배우는 것이다. 공부는 그러한 대다수 사람들의 학습 방법에 맞지 않는다. 사회에서 요구하는 다양한 일들이 모두 억지로 하는 공부를 요하는 것은 아니다. 명문대를 졸업하지 않고도 성공하는 사람 중에는 공부를 해서 시험을 잘 치는 능력은 떨어질지 몰라도 경험을 통해 습득하는 능력이 뛰어난 이가 적지 않다. 따라서 공부 우등생과 사회 우등생이 꼭 일치하지는 않는다. 학교 다닐 때 지겨워서 억지로 공부하는 것은 못했지만 사회에 나와서 일 하나는 끝내주게 잘하는 사람이 있다. 대체로 공부 잘하는 사람이 일도 잘하지만 공부는 잘해도 일은 못하거나 공부는 못했지만 일은 잘하는 사람이 있다. 아이들이 공부를 좀 못한다고 해도 성공할 수 있다는 것을 믿어주자. 아직은 진화 단계상 공부 유전자보다 모방 유전자가 대세이기 때문이다.

억지로 기억하기
vs. 저절로 기억하기

시험 직전 초치기는 '억지로 기억하기'의 대표적 사례다. 필자는 의과대학 때 시험지를 받으면 일단 주관식 답안지에 초치기로 외운 내용의 포인트를 적어놓은 후 객관식 문제를 풀었다. 객관식 문제를 풀고 나서 방금 전에 적은 포인트를 이용해서 주관식 문제의 답을 서술했다. 시험 직전에 외웠어도 시험을 치는 중 망각된 부분이 생기면 안 되기 때문이었다. 아무리 머리를 쥐어짜도 한번 잊어버린 것은 다시 생각이 안 난다.

이렇게 초치기와 관련된 기억 능력을 '단기 기억 능력'이라고 한다. 이런 단기 기억 능력을 측정하는 데 흔히 쓰이는 테스트가 단어 세 개를 외우게 하는 것이다. 나무, 모자, 자동차라는 세 단어를 외우게 하고 3~5분 후에 다시 물어본다. 정상인들은 기억을 하지만 치매와 같이 단기 기억 능력이 떨어지는 분들은 기억하지 못한다. 억지로 기억하기는 주로 '사실 기억(의미 기억)'과 연관이 많다. 전문용어, 인명, 특정 장소의 명칭, 물건명, 상표 등 사실과 관련된 기억이라고 해서 학자들은 사실 기억이라고 부른다.

억지로 기억하지 않아도 인명, 장소의 명칭, 물건명, 상표는 '저절로 기억되기'도 하는데 이에 관여하는 것이 '자극'과 '망각'의 기전이다. 일단 망각이 되더라도 어느 정도 시간이 지날 때까지는 그 흔적이 남아 있게 된다. 마치 오래전 노트에 잉크로 쓴 글씨가 바래 있더라도 완전히 지워져 있지 않으면 거기에 다시 글씨를 덧칠할 수 있듯이 말이다. 이런 식으로 어떤 대상이 완전히 뇌에서 제거되기 전에 그 대상을 다시 접하게 되면 저절로 기억이 강화된다. 이렇게 '잊을 만할 때 접하기'를 반복하면 평생 잊지 않게 된다. 인명, 국가명, 도시명이 여기에 해당한다. 마니아라는 이들이 수없이 많은 음악가의 이름, 요리 재료의 이름, 저자의 이름, 책의 이름, 자동차의 이름, 와인의 이름을 외울 수 있는 것은 잊어버릴 때쯤 계속 반복하기 때문이다. 즉 단기 기억이 반복되면서 장기 기억이 된 것이다.

비슷한 이치로 처음에는 시험을 위해서 억지로 기억한 것이 일상에서 반복해서 접하게 되면 저절로 기억에 남기도 한다. 난생처음 '도스토옙스키'라는 작가를 암기하고 《카라마조프의 형제》이라는 소설 이름을 암기해야 하는 초등학생이 있다고 가정하자. 시험을 위해서 기억할 때는 외우기가 끔찍할 것이다. 하지만 도서관에서 보고 인터넷에서도 보고 고모한테서도 이야기를 들으면 나중에는 저절로 기억하게 된다. 물론 많은 사람의 기억에 남은 것은 시험에 나오지 않는다. 그런 이유에서 베토벤의 가장 유명한 교향곡 이름을 쓰라는 문제는 〈운명 교향곡〉이라는 단어를 처음 접하는 초등학생의 시험에는 나와도 수능에는 나오지 않는다.

따라서 공부를 잘하기 위해서는 저절로 기억하기와 억지로 기억하기가 만나야 한다. 평소 역사에 관심이 있는 사람은 완전한 기억으로 남아 있지는 않더라도 불완전한 형태로 남아 있는 외국의 나라 이름과 수상 이름 등을 시험 전에 몇 번만 입으로 외워도 시험볼 때 기억날 수 있다. 뇌 속에 잠재해 있던 불완전한 장기 기억이 더욱 완전하게 처리되기 때문이다. 이런 경우는 억지로 기억하기와 저절로 기억하기가 융합된 형태로, 기억의 시너지 효과다.

그래서 예습, 복습의 효과는 기억의 메커니즘 그 자체로 설명이

가능하다. 예습이라는 과정을 통해서 완전히 암기하지 못하더라도 일단 기억 지도에 희미하게나마 윤곽을 그려놓는다. 수업 시간에 듣고 다시 한 번 자극을 받으면서 그 윤곽이 강해진다. 최종적으로 복습을 하면서 그 기억의 윤곽에 색칠을 하게 되고, 잊어버릴 때쯤 다시 한 번 기억 네트워크를 자극시켜준다. 이것이 가장 좋은 학습 방식이다. 일단 기억에 어느 정도 남게 되면 일주일이나 이주일에 한 번씩 회상하고, 시험을 앞두고는 집중적으로 억지로 기억하기, 즉 외우기를 한다. 따라서 미리 예습을 하면 수업 시간에 이해가 쉽다는 것은 논리의 측면이 아닌 기억 메커니즘의 측면으로도 설명이 가능하다. 국어 시간에 단편소설에 대해서 공부한다면 단편소설을 미리 읽고 가고 수업 내용을 따라잡는 것이 편하고, 사회 시간 전에 미리 수업 내용을 읽으면 용어가 덜 낯설게 되어 설명을 듣기가 편하다. 미리 익숙해진 단어가 기억의 주춧돌이 되는 것이다.

특정 단어를 한 시간 내내 외우는 것보다는 처음 일주일 동안 매일 1분 정도 외우고, 그다음부터는 일주일에 한 번 1분, 한 달에 한 번 1분, 1년에 한 번 1분 외우는 것이 효과적이다. 암기 전투에 돌입하기 전 미리 무엇을 암기하고 있고 무엇을 암기하지 못하고 있는지 스스로 테스트해보는 것이 좋다. 그래서 이미 암기하고 있는 것은 넘어가고 외우지 못한 것만 적절한 간격을 두고 반복적으로 기억하고자 노력하면 억지로 기억하기와 저절로 기억하기가 만나게 된다. 물론 오랜만에 다시 외우게 될 때는 자가 테스트를 해야 한다. 이는 그 자체로 기억의 지도 안에서 좌표를 찍는 역할을 하기 때문에 자가 테스트 후에 암기를 하면 짧은 시간 속에서나마 반복되는 효과가 있다.

반복 학습을 할 경우 유리한 점 중 다른 하나는 기억의 대략적인 지도를 만들 수 있다는 것이다. 필자는 억지로 외우기를 아주 싫어했다. 하지만 의과대학에서는 외울 것이 많았고 성적은 해부학 학기까지 중간 이하였다. 그런데 병리학과 미생물학을 배우는 학기에 성적이 50등 이상 올라서 5등 안에 들었다. 그때서야 겨우 자신에게 맞는 학습법을 찾은 것이다. 억지로 외우기는 싫어서 마치 소설을 읽듯이 강의 노트를 처음부터 끝까지 여러 번 대충 훑어봤다. 처음 훑어볼 때는 낯선 노트이기에 이해가 안 가는 부분이 있으면 뛰어넘었다. 두 번째 훑어볼 때는 아무래도 익숙해서 뛰어넘는 부분이 적었다. 그렇게 두꺼운 노트를 외우기에 앞서 일단 여러 번 읽었다. 그러다 보면 구체적으로 외워서 나열하지는 못하지만 무슨 내용이 어디에 붙어 있는지 비교적 선명하게 기억났다. 이때부터 내용을 손으로 가리고 암기하고 있는지 아닌지를 확인하면서 집중했고 아직 외우지 못해서 걸러진 내용을 다시 한 번 내용을 손으로 가리고 기억을 쥐어짰다. 그래도 모르는 것은 체크해서 시험 전까지 달달 외웠다. 이러한 학습 방식을 의사국가고시, 서울아산병원 인턴 시험, 정신과 전공의 시험, 미국의사국가고시, 토플, GMAT에도 적용했다. 모든 사람에게 맞지는 않겠지만 필자에게는 잘 맞았고 우연히도 뇌의 기억 메커니즘과도 상당 부분 일치했다.

이렇게 내가 어디까지 알고 있는지를 인식하는 능력을 '메타 기억'이라고 한다. 기억에 대한 기억인 것이다. 만약 시험 전에는 항상 자신만만하다가 막상 뚜껑을 열어봤을 때 성적이 엉망인 아이가 있다면 공부의 노력 여부를 따지기 전에 메타 기억 능력의 저하 가능성을 의심해봐야 한다. 자신이 무엇을 알고 무엇을 모르는지를 인식하지 못하면 아는 것만 반복하고 모르는 것은 회피하게 된다. 당연히 좋은 성적이 나올 리 없다. 이런 경향은 중고등학생에게서만 나타나는 것이 아니다. 몇 년씩 사법시험에 도전을 했다 실패하는 이들을 보면 시험 전에 함께 공부하는 동료들과 얘기할 때 모르는 것이 없는 것 같다. 그러나 막상 시험을 보면 성적이 안 나온다. 본인은 운이 없다고 생각하지만 시험이 주는 긴장에 잘 대처하지 못할 뿐더러 이미 알고 있는 것만 생각하고 모르고 있는 것은 인지하지 못하여 자신의 실력을 과대평가하기 때문이다.

공부와 관계된 것은 암기하기 어려운 반면 취미와 관계된 것은 저절로 기억이 잘되는 듯하다. 학자들은 사실 기억에 대비되는 기억의 형태로 '에피소드 기억'이라는 용어를 쓴다. 에피소드 기억은 처음 입학한 날, 처음 운동회 날, 시험에 합격한 날, 사랑하는 이를 처음 만난 날같이 체험과 사건에 관한 기억이다. 기쁨, 슬픔, 노여움 같은 감정과 결부되기 때문에 노력하지 않아도 뇌리에서 잊히지 않는다. 아이들은 영어 단어, 수학 공식은 제대로 외우지 못하면서 온라인 게임에 나오는 수많은 게임 캐릭터의 이름과 특성은 잘 외운다. 게임에서의 승패를 통해 희로애락이라는 감정이 녹아들고, 자신이 좋아하는 게임을 하기 위해서 캐릭터를 기억해야 한다는 목적성이 결부되기 때문이다. 이때 게임 캐릭터의 이름을 암기하는 것은 억지로 해야 하는 고역이 아닌 자청해서 하는 기쁨이다.

기억은 당사자가 그 필요성과 목적성을 느낄 때 더 잘 이루어진다. 회사의 보안원들은 회사 차량의 번호를 외우는 데 능숙하다. 그

것이 매우 중요한 일이기 때문이다. 하지만 그 보안원이 고등학교 때 시험을 위해서 차량 번호를 외우라고 했으면 '도대체 이따위를 외워서 뭐하지' 하면서 입으로는 외우지만 머릿속에서는 의식적, 무의식적으로 정보를 밀어낼 것이다. 따라서 초등학교 학생들에게는 지금 배우는 두 자리 수 곱셈과 나눗셈이라는 수학 공식이 아무런 의미가 없다. 지구에서 달로 우주선을 보내기 위한 궤적을 구하는 공식의 기본이라는 것을 알려줘야만 그 의미가 조금 더해진다. 현재의 지식이 단지 현재의 지식으로 멈추는 것이 아니라 그것이 계속 쌓이면 높은 경지로 이어진다는 것을 깨달을 때 비로소 더욱 효과적으로 기억된다.

학생들이 공부를 하면서 의미를 잃게 되는 것은 지금 현재 배우는 내용이 최종점을 고려할 때 도대체 어디쯤에 와 있는지를 모르기 때문이다. 지도도 없고 나침반도 없이 숲을 헤매는 셈이다. 선생님과 부모는 알아서 길을 찾으라고 할 뿐 숲 속의 길이 어디로 이어지는지 숲의 전체 지도를 보여주지는 않는다. 아이들은 숲 전체에서 나무가 어디쯤 위치해 있는지는 모르면서 나무를 한 그루 한 그루 만지며 나무만 기억하는 셈이다.

주입식 교육은
무조건 나쁘다?

미국에서 거시경제학 수업을 들었을 때 교수가 우리나라를 위시한 동아시아 경제성장과 남미의 경제성장을 비교한 적이 있었다. 교수는 아르헨티나 출신이었는데 동아시아가 남미를 능가한 이유를 교육에서 찾았다. 유교 문화권인 국가는 교육열이 높을 뿐만 아니라 교육과정의 강도도 높고 효율적이라는 것이다. 하지만 유교 문화권에서 교육열이 높은 이유는 시험을 통해서 고위 공무원에 채용이 되고자 하는 부모와 개인의 욕망 때문이었다. 우리나라는 과거 급제가 해당된다. 과거에 급제하기 위해서 당사자는 사서삼경을 통째로 외워야만 했다. 조선의 천재를 묘사하는 것을 보면 몇 세에 무슨 책을 뗐다는 표현이 빠지지 않는다. 암기를 잘하는 이를 으뜸으로 쳤던 것이다.

《총, 균, 쇠》의 저자 재러드 다이아몬드_{Jared Mason Diamond} 역시 한국, 일본, 대만, 싱가폴, 중국과 같은 유교 문화권에 널리 퍼져 있는 주입식 교육의 전통이 경제 발전과 관련이 있다고 본다. 같은 아시아이고 젊은 노동력이 풍부해도 필리핀이나 방글라데시의 발전이 더딘 이유는 유교 문화권이 아니며 집중된 교육의 전통이 없기 때문이라는 것이다.

그렇다면 주입식 교육이 국가 경쟁력의 가장 중요한 최소 단위인 개인의 지적 경쟁력을 만들어가는 기제는 무엇일까? 바로 주입식 교육의 가장 큰 목적이 암기 내용 자체에 있지 않고 기억 능력을 확인하고 확장하는 데 있는 것이다.

최근에 뇌가 물리적 공간이면서 동시에 네트워크 공간이라는 것이 주목받고 있다. 많이 쓰이는 네트워크는 점점 강화될 것이고 안 쓰이는 네트워크는 점점 약화될 것이다. 태어나면서 귀가 안 들리거나 앞이 안 보이는 경우 성인이 되어서 청각 자체가 개선되거나 시각 자체가 개선되어도 그에 대응하는 뇌가 위축되어 있기 때문에 개선 효과를 보지 못한다. 마찬가지로 자꾸 기억하게 하고 정보를 입력하는 연습을 해서 수련해야 기억 네트워크가 강화된다. 초중고등학교 기간은 뇌가 계속 발달하는 시기이므로 이때 정보를 처리해서 기억으로 저장하는 연습을 해야 나중에 성인이 되어서도 많은 양의 데이터를 처리할 수 있다.

아무리 좋은 아이디어가 떠올라도 그것을 실현시킬 수 있는 기억 속의 부품을 지녀야 실현시킬 수 있다. 하늘을 날고 싶다는 생각을 해도 하늘을 날기 위한 도구를 만드는 데 필요한 부품의 모양과 이름, 부품이 서로 맞물려 돌아갈 때의 모양, 부품을 서로 맞물려 움직이게 해서 중력을 이기게 하는 물리학 이론을 기억하지 못하면 하늘을 날 수 없다. 아무리 최고의 투수가 되고 싶고 모든 타자들을 굴복시킬 수 있는 마구를 개발했더라도 그 공을 최소 5이닝 동안 꾸준히 던질 수 있는 체력이 없다면 우수한 투수가 될 수 없다. 아이들이 초중고등학교 동안 주입식 교육을 해서 얻는 가장 커다란 성과는 주입식 교육의 내용에 해당되는 수많은 명사, 공식, 개념 들이 아니다. 바로 엄청난 정보를 처리할 수 있는 기억 네트워크 그 자체다. 초중고등학교를 통해서 우리나라 학생들이 엄청난 정보를 처리하는 기억 능력을 지니게 되었기 때문에 우리나라가 선진국 문턱까지 올 수 있었다.

흔히들 주입식 교육은 나쁘고 창의적 교육이 좋다고 한다. 그 생각의 밑바닥에는 주입식 교육은 지겹고 창의적 교육은 재미있다는 전제가 깔려 있다. 이는 성인들이 일하는 것은 지겹고 싫고, 노는 것은 재미있다는 양분적인 사고를 하기 때문에 교육도 선악을 가지고 판단하는 것이다.

모든 교육에는 명과 암이 있다. 우리나라처럼 주입식 교육 위주인 나라에서는 창의적인 사고를 지닌 아이들이 저평가받는다. 하지만 중고등학교 동안 저평가를 받는다고 서울대에 갈 아이가 대학에 못 가는 것은 아니다. 창의적인 능력을 지닌 이는 대학에 입학한 후 혹은 자신의 벤처 회사를 차린 후 자신의 창의력을 살리게 된다. 다만 대한민국 교육이 창의력을 높게 사는 분위기를 조성했다면 그 아이는 중고등학교를 훨씬 재미있게 다니고 성적도 좋았을 것이다. 그리고 창의력은 있으나 주입식 교육이 자신에게 맞지 않고 성적도 낮게 나온 아이들 중 일부는 창의력 자체가 소진되었을지도 모른다.

하지만 주입식 교육의 강자가 소수이듯이 창의적인 아이들도 소수다. 학교교육이 주입식 교육에서 창의적 교육으로 바뀐다고 해서 현대사회 대다수 아이들이 모두 창의적 교육에서 우수한 결과를 내는 것은 아니다. 주입식 교육에서 좋은 성적을 받기 위해서는 상당 부분 암기해야 하고 그를 위해 노력해야 하므로 주입식 교육에서 좋은 성적을 받는 아이들은 대체로 끈기가 있고 성실한 아이다. 회사나 기업에서 성적이 좋은 이들을 선호하는 이유는 그들의 지적 능력 때문이기도 하지만 높은 성적이 일정 부분 성실성을 담보하기 때문이다. 하지만 창의적 교육에서 좋은 성적을 받는 데는 노력만으로 안 된다. 소위 창의성이 있어야 하는데 그에 대한 평가는 주관적이기 때문에 우수하지 못하다고 평가받는 대다수 아이들과 부모는 불만을 가지게 될 수도 있다.

그리고 창의적 교육과 주입식 교육은 양립하기 어렵다. 창의적 교육을 하면 주입식 교육의 일정 부분은 포기하게 되고 그러다 보면 정보처리 능력은 저하된다. 하지만 대한민국 기업이나 사회가 원하는 인재가 암기 학습으로 정보처리 능력이 확보된 이들이라면 정보처리 능력을 위한 사교육이 등장할 것이다. 한 나라의 교육제도는 결국 그 나라의 경제, 사회, 문화가 요구하는 인재를 키워내는 쪽으로 발달하기 마련이다.

따라서 기억 처리 능력 향상이라는 목표는 포기하고 '아이는 그저 행복하기만 하면 된다', '각자의 개성을 살려 창의적이 되어야 제대로 된 교육이다'라고 주장하는 것은 너무 한 가지 측면만 부각하는 것이다. 부모의 능력이 닿는 한 최선을 다해서 아이를 공부시키는 열정을 단지 빗나간 사교육이라는 한마디로 폄훼해서는 안 된다. 선행 학습, 조기교육, 야간 학습을 단지 부모의 만족을 위한 의미 없는 행위로 간주하는 교육 철학자들의 주장은 뇌의 생물학적 측면을 고려하지 않는 듯한 느낌마저 든다. 창의성과 기억력은 상호 배타적이 아니다. 주입식 교육이 창의성을 죽인다는 것은 편견이다. 기억하기를 통해서 현재의 지식을 획득할 때 새로운 지식을 습득하고 새로운 세상을 갈구하는 것이 가능하다. 아무리 집 짓는 새로운 기술을 개발해도 목수가 기본적인 연장과 자재를 갖추지 않으면 소용없다. 현재 우리가 기억하고 있고 필요할 때 끄집어낼 수 있는 기존 정보는 집을 짓는데 필요한 연장과 자재에 해당한다. 튼튼한 연장과 품질 좋은 자재가 있을 때 신기술을 구현할 수 있지 않겠는가?

우리나라 교육은 어려서부터 두뇌의 한계를 계속 시험하게 되어 있다. 아이들에게는 쉽지 않은 환경이지만 그렇다고 공부 열심히 하는 아이들이 불행하고 공부 안 하는 아이들이 행복한 것은 아니다. 공부 열심히 하는 아이들의 학교 생활 만족도가 공부 안 하는 아이들보다 높다. 이는 행복의 전제 조건 중 하나가 뇌에서 적절하게 데이터를 처리하는 능력이기 때문은 아닐까?

세상을 살다 보면 굉장히 많은 자극이 뇌에 들어온다. 그 자극을 그때그때 올바로 잘 처리하는 이는 행복해지고 그 자극에 압도당하는 이는 불행해진다. 남보다 많은 자극, 남보다 강렬한 자극, 때로는 피하고 싶은 자극도 처리해서 자신을 위한 데이터로 전환시키는 능력이 있어야 자신만의 행복을 만들어가는 데 유리하기 때문이다. 지금 행복하면 과거도 행복하다고 기억되고 지금 불행하면 과거도 불행하다고 기억된다. 현재가 과거를 지배한다. 현재가 미래를 지배한다. 따라서 품성과 능력의 균형이 서로 맞을 때 행복할 가능성도 커진다.

아이에게 최선의 교육 여건을 제공하기 위해서 열심히 일하고 밤 늦게까지 아이들을 기다리는 부모들의 노력은 헛되지 않다. 아이들의 기억 네트워크, 정보처리 네트워크를 향상시키면 더욱 행복한 삶을 사는 데 틀림없이 도움이 될 것이다.

아이가 책을
멀리하게 하자

중고등학교에 다닐 때 학생이라면 무조건 읽어야 한다고 권하는 책이 있었다. 톨스토이의 《전쟁과 평화》, 스탕달의 《적과 흑》, 단테의 《신곡》, 호메로스의 《오디세이아》 등은 단골 메뉴였다. 하지만 필자는 그런 고전들이 지겨웠다. 그래서 국내 소설을 읽기 시작했다. 같은 맥락으로 음악을 듣는다고 하면 무조건 클래식을 들어야 한다고 했다. 지겨운 교향곡을 1악장에서 4악장까지 듣다 보면 참을성이 생긴다고 주장하는 이도 있었다. 역시 지겨웠다. 당시에 내가 좋아하던 음악은 록 음악이었다. 지금은 예전만큼 고전을 강요하지는 않지만 여전히 아이들에게 책 읽기를 권한다. 그리고 논술 고사를 위해서 읽어야만 하는 필독서가 있는 것도 사실이다.

필자가 책을 몇 권 낸 작가이기에 사람들은 딸도 책을 많이 읽게 할 것이라고 생각한다. 하지만 딸에게 책을 읽도록 강요하지도 않고 권하지도 않는다. 딸은 얼마 전까지도 시간이 나면 인터넷 소설과 웹툰에 빠져 살았다. 최근에는 요시모토 바나나의 《키친》이나 히가시노 게이고의 《동급생》 같은 소설을 읽기 시작했다. 예전 필자가 톨스토이의 《전쟁과 평화》를 지겨워하면서 최인호의 《깊고 푸른 밤》을 읽었듯이 딸은 종이로 된 책을 지겨워하면서 인터넷 소설을 읽은 것이라고 생각한다. 어찌 되었든 뭔가를 보고 정보를 취하면 되는 것이다. 그리고 딸에게 독서를 권하지 않는 이유 중 하나는 읽기가 유일하고 가장 강력한 학습 방법이 아니라는 것을 알기 때문이다.

엘리자베스 제임스Elizabeth James와 캐럴 바킨Carol Barkin은 《학교 공부 잘하는 법(How to be School Smart: Super Study Skills)》에서 학습을 ① 읽으면서 익히는 것(읽기) ② 들으면서 익히는 것(듣기) ③ 부닥치면서 익히는 것(부닥치기)으로 나눴다. 읽기는 학습의 세 가지 유형 중 하나에 불과할 뿐이다.

읽으면서 익히는 것(읽기)

가장 보편적인 유형이다. 여러 번 밑줄 쳐서 읽다 보면 외워진다. 이 유형은 내용을 여러 번 숙지해서 완전히 익힌 다음에 문제를 풀어서 학습 효과를 극대화한다. 읽기 편하게 노트를 정리한 후 반복 학습을 한다. 혼자서 공부하는 스타일이고, 나중에 대기업이나 정부 관료가 되면 보고서를 잘 작성한다. 또한 사람들과 면담을 통해서 정보를 얻는 것보다는 보고서를 선호한다. 또한 중고등학교, 대학교 내내 우수한 성적을 유지한다. 사법시험과 같은 시험에도 강하다.

들으면서 익히는 것(듣기)

이 유형은 문서화된 자료를 보기 전에 설명을 들어야 이해한다. 중간중간 모르는 게 있으면 주위에 물어봐야 한다. 사교육의 이득을 가장 많이 보는 타입이기도 하다. 읽기 유형이 학원 강의와 개인 과외에서 득을 보지 못한다면 이 유형은 학원의 명강사, 과외 선생님의 자세한 설명으로 득을 본다. 나이 들어서 회의를 좋아하고 사람들의 의견을 들으면서 사태를 파악한다. 그래서 보고서보다 구두 보고를 더 좋아한다. 사람들을 만나서 이야기를 듣고 정보를 모으기 때문에 읽기 유형에 비해 사교적이다. 암기 위주 학창 시절에는 읽기 유형보다 떨어질지 모르지만 직장 생활, 사회생활을 하면서 더 높게 평가받는 경우가 많다.

부닥치면서 익히는 것(부닥치기)

마지막 부닥치면서 익히는 유형이다. 전자 제품을 새로 사게 되면 읽기 유형은 설명서를 꼼꼼히 보면서 작동법을 익히고 듣기 유형은 친구에게 작동법을 물어보지만 이 유형은 일단 버튼을 누르고 본다. 이것저것 만지면서 작동법을 익히고 실패를 통해서 배운다. 지능검사는 언어성 검사와 동작성 검사로 나뉘어져 있는데 동작성 검사에서 높은 점수를 획득하는 반면에 언어성 점수는 다소 낮을 수 있다. 자수성가한 사업가에게 많이 나타나는 타입이며 일을 되게끔 만들고 세상을 움직이는, 사회에 꼭 필요한 인재들이다. 하지만 이 유형은 우리나라와 같은 입시 위주 교육제도에서 가장 많은 피해를 본다. 입시 위주 교육에서 선전하기 위해서는 문제 위주 학습을 해야 한다. 이 유형은 문제를 풀고 틀리면서 익힌다. 만약 당신의 자녀가 여기에 해당된다면 일단 쉬운 문제부터 풀게 하자. 틀렸다고 야단치지 말고 반복해서 설명하고 같은 문제를 또다시 풀게 하자. 이 유형에서 정주영, 이건희, 김우중과 같이 대한민국을 이끌어갈 상위 1%가 나온다. 스스로 문제를 풀면서 부닥치게 하라. 도움을 청할 때 도와주고 틀릴 때 위로해줘라. 아이를 믿어줘야 한다.

성공한 사람들의 경우 책을 많이 읽었다고 말을 하곤 한다. 하지만 언론에 나와서 자신의 성공을 이야기하는 사람들은 대개 50대다. 그들의 세대에서는 책을 많이 읽는다는 것이 정보를 많이 흡수한다는 것을 의미했다. 정보를 얻을 수 있는 수단이 책과 신문밖에 없었기 때문이다. 그러나 지금은 인터넷, TV, 라디오를 통해서 많은 정보를 접한다. 책은 정보를 구하는 방식 중 하나일 뿐이다. 읽기 유형은 독서가 정보를 얻는 주요 방식일 것이고 듣기 유형은 방송이나 라디오, 강연 등을 통해서 정보를 얻을 것이다. 그리고 부닥치기 유형은 그때그때 필요한 것을 묻거나 탐방하고 인터넷 검색을 통해 정보를 얻을 것이다. 그러므로 아이에게 정보를 책에서 얻도록 하는 것은 맞지 않다. 책에는 내가 원하는 정보와 원하지 않는 정보가 혼재해 있어 비효율적인 측면이 많다. 옛날에는 음악을 듣고자 하면 LP나 CD를 샀다. 그 안에는 내가 좋아하는 음악도 있고 싫어하는 음악도 있었다. 하지만 지금은 좋아하는 음악만 골라 들을 수 있다. 책을 읽는 것은 읽기 유형에게는 유용한 정보 습득 방식이겠지만 듣기 유형, 부닥치기 유형에게는 책을 읽기 위해 억지로 앉아 있는 시간만큼 다른 형태로 정보를 습득할 수 없기에 손해를 보게 될 수도 있다. 자녀의 유형을 잘 파악해서 그에 맞는 방법을 권해야 한다.

하워드 가드너의 다중지능이론에 따르면 인간에게는 여덟 가지 지능 영역이 존재한다. ① 언어 ② 논리수학 ③ 공간 ④ 인간친화 ⑤ 자기성찰 ⑥ 음악 ⑦ 신체운동 ⑧ 자연친화이다. 언어, 논리수학, 공간 지능이 높은 이가 수능을 잘 봐서 좋은 대학에 갈 것이다. 음악 지능이 뛰어난 아이는 음악대학에, 신체운동 지능이 놓은 아이는 체육대학에 갈 수 있을 것이다. 하지만 우리가 세상을 살면서 끝없이 학습하고 성장하며 지혜롭게 되기 위해서는 여덟 가지 재능이 모두 필요하다. 어쩌면 그보다 더 많은 재능이 필요할지 모른다. 책을 통해서 세상을 배우고자 하는 이는 책 속의 지식에 갇혀서 자유롭지 못하다. 책을 통해서만 세상을 배울 수 있다고 믿는 이는 사람을 대하면서 대인관계를 습득하지 못하고, 자연을 접하면서 마음의 편안함을 느끼지 못하고, 갈등과 고난을 겪으면서 마음의 허물을 벗지 못할 것이다. 그러므로 아이를 책으로부터 멀리하게 하자. 대신 세상을 읽고 느끼고 학습하게 하자. 책은 현재가 아닌 과거를 반영한다. 만약 현재 세상이 어떻게 움직이는지를 학습하고 미래를 바라보고자 한다면 책이 아닌 세상을 통해서 배워야 한다.

똑똑해도
공부 못하는 아이

고등학교 때 영어, 국어 등의 암기 과목은 못하지만 수학과 물리는 잘하는 친구가 있었다. 그 친구의 아버지는 발명가였다. 우리가 방정식으로 푸는 문제를 그 친구는 그림으로 푸는 것이 남다른 과학 영재였다. 1980년대 중반 국내에서 PC가 뜨기 시작했을 때의 일이다. 고등학교 근처에 효성빌딩이 있었는데 본관에 가면 무료로 컴퓨터를 사용할 수 있는 공간이 있었다. 그 친구는 아무도 가르쳐주지 않았는데 그곳에서 혼자 컴퓨터 프로그램을 짰다. 하지만 친구는 자신이 알고 있는 것을 말로 표현하는 것은 미숙했다. 필자도 친구가 말하는 것을 완전히 이해하기는 어려웠지만 친구가 과학적 개념을 말하면 그것을 일반 사람들의 용어로 설명하여 필자가 잘 이해하고 있는지 확인하곤 했다. 그리고 친구는 카이스트로 진학했다.

반면 필자는 암기 과목에 강했다. 사실 고등학교 때 그렇게 열심히 공부하는 편은 아니었다. 초치기를 하면서 완벽하게 외우지는 못해도 대략 접하다 보면 저절로 머리에 기억나는 것이 있었다. 그때부터 말은 꽤 잘하는 편이었고 글도 곧잘 쓰는 편이었다. 그런데 정반대 타입인 친구와 공통점이 있었다. 바로 IQ가 썩 좋지 못했다는 것이다. 친구는 100은 넘었던 것 같은데 필자는 99로 두 자리였다. 흔히 IQ가 높으면 똑똑하다고 하는데 그런 측면에서 나는 평균에서도 1이 모자란 아이였다.

흔히 IQ 검사라고 불리는 검사의 정식 명칭은 '한국 웩슬러 성인 지능 검사K-WAIS:Korean-Wechsler Adult Intelligence Scale'다. 이 검사는 16세 이상부터 해당된다. 16세 미만의 소아는 '한국 웩슬러 아동 지능 검사K-WISC:Korean-Wechsler Intelligence Scale for Children'를 사용하여 검사한다. 검사 항목은 언어성 검사와 동작성 검사로 나뉜다. 언어성 검사에는 어휘 문제, 이해 문제, 기본 지식, 공통성 문제, 산수 문제가 포함된다.

언어성 검사	
공통성 문제	유사성 파악 능력과 추상적 사고 능력
산수 문제	수 개념 이해와 주의 집중력
기본 지식	개인이 가지는 기본 지식의 정도
숫자 외우기	청각적 단기 기억, 주의력
어휘 문제	일반 지능의 주요 지표. 학습 능력, 일반 개념
이해 문제	일상 경험의 응용 능력, 도덕적·윤리적 판단 능력

동작성 검사	
차례 맞추기	전체 상황에 대한 이해와 계획 능력
토막 짜기	지각적 구성 능력, 공간 표상 능력, 시각 운동 협응 능력
모양 맞추기	지각 능력, 재구성 능력, 시각 운동 협응 능력
바꿔 쓰기	단기 기억 및 민첩성, 시각 운동 협응 능력
빠진 곳 찾기	사물의 본질과 비본질 구분 능력, 시각 예민성

아이에 따라서 언어성 검사가 높은 아이도 있고 동작성 검사가 높은 아이도 있다. 어떤 아이는 언어성 지능과 동작성 지능이 현저한 차이를 보이기도 한다. 앞서 기술했듯이 부닥치기 유형을 가진 아이는 동작성 검사에서는 높은 점수를 보이지만 언어성 검사에서는 잘 수행하지 못하는 경우도 있다. 흔히 머리는 좋은데 공부는 안 한다고 하는 경우도 일부는 언어성 지능과 동작성 지능의 괴리에서 오는 것이다. 동작성 검사보다는 언어성 검사가 공부 지능을 더 잘 반영하는데 동작성 지능이 높은 반면 언어성 지능은 낮기 때문이다.

인지심리학자인 존 혼John L. Horn과 레이먼드 커텔Raymond Bernard Cattell은 '유동적 지능fluid intelligence'과 '결정적 지능crystallized intelligence'이라는 개념을 도입했다. 유동적 지능은 새로운 상황을 접했을 때의 문제 해결 능력을 의미한다. 요즘 오지의 정글에서 살아남는 것을 다루는 예능 프로그램이 있는데 도시에 살던 사람이 사전 지식 없이 정글에 가서 살아남기 위해선 유동적 지능이 필요하다. 반대로 정글에 살던 사람이 대도시에 와서 살아가기 위해서도 유동적 지능이 필요하다. 유동적 지능이 좋은 사람에 대해서 흔히 머리가 잘 돌아간다고 한다. 공부는 못하지만 잔머리가 잘 돌아가는 사람은 유동적 지능이 좋은 것이다. 결정적 지능은 공부나 오랜 경험을 통해 습득한 지식이다. 말이나 글로 표현할 수 있고 교육을 통해서 가르치고 배울 수 있다. 유동적 지능이 우수할수록 결정적 지능 역시 우수하게 되는 경향이 있지만 유동적 지능과 결정적 지능의 밸런스는 사람에 따라서 다르다. 머리는 잘 돌아가는 것 같은데 공부는 잘 못하는 아이가 있는 반면 성적은 좋지만 같이 일하면 답답한 경우도 있다. 성적이 안 좋아서 좋은 대학에 가지는 못해도 자기만의 분야에서 성공을 하거나 사업을 해서 성공하는 경우도 유동적 지능이 매우 높지만 학창 시절에는 그것을 제대로 평가받지 못했을 수도 있다.

그리고 공부를 잘하는 데는 공부 지능 외에 또 다른 측면이 관여한다. 좌절을 인내할 수 있는 끈기이다. 어른들은 승진에서 누락되는 좌절을 겪으면 여태까지 고생한 것이 모두 소용없다고 좌절한다. 어렵게 장만했는데 집값이 떨어지면 속이 상한다. 그리고 상사가 갑자기 질문을 던지면 당황해서 대답을 못한다. 운전면허 시험에서 떨어지면 남에게 얘기하기도 창피해한다. 어른들도 이런데 아이들은 어떻겠는가? 아이들이 문제를 풀다가 틀렸을 때 좌절감을 느끼고 부모에게 말하지 못하는 것은 당연하다. 아이들이 처음 접하는 것을 익혀서 나름대로 준비해 시험을 봤지만 결과가 좋지 못할 때 오는 실망감을 극복하는 것은 쉽지 않다. 거기다 부모가 과외에 들어가는 돈이 얼만데 이따위로 공부하느냐고 야단까지 치면 아이들의 인내심은 바닥난다. 아이들이 문제를 풀다가 어려워할 때 함께 고민해주고, 시험을 망쳤을 때 위로해줘야 좌절을 극복할 수 있다.

흔히 끈기와 지능은 별개인 것처럼 말한다. 하지만 끈기 역시 일정 부분 지능과 관계가 있다. 일이 어떻게 되는지 예측할 수 있을 때 우리는 힘들어도 참고 인내한다. 그렇게 미래를 예측하는 것은 학습으로 얻은 정보를 통해서 가능하다. 자신이 현재 처한 상황이 과거, 현재, 미래 속에서 어디에 해당이 되는지 알면 공부를 하면서도 덜 지겹다. 그리고 이런 아이들은 학기 초부터 중간고사, 기말고사까지 의식적 혹은 무의식적으로 계획이 잡혀 있다. 큰 그림을 볼 줄 알고 여유가 있다. 성적도 공부한 만큼 나온다. 단지 야단맞기 싫어서, 시험을 망칠까 불안해서 엉덩이를 붙이고 있는 아이들은 생각만큼 성적이 나오지 않는다.

정서적인 문제도 무시할 수 없다. 성인 우울증 환자 중에서도 본인은 우울증인지 모르고 기억력이 떨어진다고 상담하러 오는 경우가 있다. 우울증에 빠지면 fMRI(기능성자기공명영상) 검사에서 뇌의 활성도가 떨어지는 소견이 보인다. 흔히 엄마들은 시험을 망치고도 아이들이 금세 헤헤거리고 다시 놀면 "애가 생각이 있는 거야? 없는 거야?" 하면서 야단치곤 한다. 하지만 아이들이 안 좋은 일이 있어도 금세 잊고 웃을 수 있다는 것은 그만큼 명랑하다는 뜻이다. 같은 노력을 했을 때 우울한 아이는 명랑한 아이를 이길 수 없다.

그렇다면 아이들을 우울하게 만드는 가장 흔한 이유는 무엇일까? 그중 하나가 부부 싸움이다. 아이들은 부모를 위해 공부한다. 대학생이 되어서도 대부분 자녀들은 부모를 위해서 공부하고, 부모를 위해 직장을 선택하지 자신을 위한 선택을 하지 못한다. 부모가 서로 싸우면 아이들은 닮고자 하는 이상형이 없어지고 삶의 의미가 없어진다. 공부가 머리에 들어올 리가 없다.

그리고 아이의 의지가 제일 중요하다고 말하지만 인간은 자신이 잘하는 것을 할 때 의지가 강해진다. 공부를 못하는 것과 안 하는 것을 별개로 나누는 것도 별 의미가 없다. 공부를 안 해서 성적이 안 나오는 것이 아니라 성적이 안 나와 공부를 안 하는 경우가 대부분이기 때문이다. 부모는 열심히 하면 성적이 오를 것이라고 기대하고 강요하지만 아이가 조금 더 열심히 공부한다고 한들 성적은 오르지 않는다. 만일 같은 공부를 해도 성적이 좋아지게끔 뇌가 변화하면 아이들은 공부하지 말라고 해도 알아서 공부할 것이다. 공부에 유능하지 않은데 억지로 공부하기는 참 어렵다. 그런데 부모들은 공부에 유능하지 않기 때문에 더 많이 공부하라고 한다. 아이들 입장에서는 받아들이기 어렵다. 뇌는 원래의 자기 상태로 돌아가고자 하는 본능이 있다. 공부를 못하는 아이가 열심히 공부해도 성적이 오르지 않으면 다시 원래 생활 습관으로 돌아가는 것은 뇌의 입장에서는 항상성을 유지하고자 하는 것이다.

어려서 공부 잘하던 애들이 나이를 먹으면서 성적이 떨어질 때가 있다. 남들이 머리가 좋아지는 것만큼 같은 속도로 머리가 좋아지지 않으면 상대적으로 지능이 뒤처지게 된다. 못하던 애가 잘하게 되는 것은 그 아이의 머리가 좋아지는 속도가 빠르고 다른 애들은 정체하는 경우다. 인간의 두뇌는 20대까지도 지능이 계속 향상될 수 있다. 뇌의 구조는 변화하지 않지만 그 안의 신경 네트워크는 끊임없이 변화한다. 어떤 기능은 좋아지고 어떤 기능은 퇴화한다. 특히 사춘기 남자아이 중에는 남성호르몬에 영향을 받아서 적극적으로 변하고 머리도 더 잘 돌아가는 아이가 있다. 여자아이 중에서 여성호르몬의 영향으로 종합적인 판단력이 좋아지고 인내심이 생기는 아이가 있다. 그런 변화가 공부에도 반영된다.

성공하는 이는 대체로 공부를 잘한다. 여태까지 공부에 의한 성공이 대한민국에서 주류를 이루었다. 그래서 우리 사회는 공부와 상관없는 성공을 폄훼한다. 공부 못한 아이가 바둑이나 연기자로 성공하면 어른들은 왠지 그 가치를 낮게 평가한다. 그러다 보니 연예인이나 운동선수도 특기생으로 대학에 입학한다. 무엇이 되었든 성공하면 모두 대학이라는 레테르를 붙이고자 하는 것이다. 아이가 똑똑해도 공부 못할 수 있다. 성적이 안 나온다고 아이가 똑똑하지 않은 것이 아니다. 지금 당장 공부는 못하더라도 성공할 아이는 언젠가 성공한다. 공부보다 더 중요한 것은 아이가 똑똑하다는 것 그 자체다. 아이가 똑똑하고 거기에 성실함이 더해진다면 좋은 대학은 못 나와도 직장에서 일 하나는 끝내주게 잘할 수 있다. 게다가 사람들을 소중하게 대하고 욕심을 자제할 수 있다면 학교 다닐 때 공부 잘해서 판검사가 된 사람, 명문대에 들어간 사람, 의사가 된 사람보다 더 행복하고 보람차게 살 수 있지 않을까?

집중력이란
없다

서울아산병원에서 정신과 전문의를 취득하고 카이스트에서 뇌 공학 박사과정을 수료한 후 현재는 강남을지병원 성장학습발달센터에 재직 중인 이재원 교수가 있다. 이재원 교수가 공주시에서 정신보건센터장을 하고 있을 때 센터를 방문했다가 호기심에 집중력 검사를 받은 적이 있었다. 흔히 집중력을 측정한다고 시행하는 검사의 정식 명칭은 '청각연속수행검사 auditory continuous performance test' 혹은 '시각연속수행검사 visual continuous performance test'이다. 자극이 주어지면 마우스를 클릭해서 반응해야 하는데 예상 못한 시점에 자극이 주어지면 놓치기 마련이다. 많이 놓치면 점수가 낮고 덜 놓치면 점수가 높다. 반응해서 안 되는 순간에 나도 모르게 반응하면 점수를 깎는다. 필자는 시각과 청각을 모두 자극하는 '시청각연속수행검사'를 받았는데 결과가 형편없었다. 전날에 술을 한잔했기 때문이라고 핑계를 댔지만 사실 억지로 장시간 동안 집중을 하지 못하는 편이다. 아마 아이의 집중력을 탓하는 부모들도 막상 집중력 검사를 해보면 그 결과가 좋지 않을 것이다.

최근에 집중력에 대해서 관심이 커진 이유는 아마도 ADHD 때문일 것이다. ADHD는 주로 초등학교부터 중학교 저학년 때까지 증상이 나타난다. 대부분 취학 이전에는 아이가 다소 산만하다고만 생각한다. 하지만 아이가 학교에 들어가면 수업을 따라가지 못하고 다른 아이들과도 어울리지 못하는 증상이 두드러지게 된다.

ADHD 증상	
집중력의 저하	• 끈기를 가지고 공부하거나 작업하는 능력이 떨어진다. • 공부하거나 일상생활에서 어이없는 실수를 자주 한다. • 어른들이 이야기할 때 이야기를 건성으로 듣는다. • 맡긴 일이나 공부를 중간에 그만두거나 끝까지 마무리하지 못한다. • 부모나 선생님이 시킨 일을 자꾸 잊어버린다. • 주위의 사소한 자극에도 자꾸 한눈을 판다.
산만함	• 자리에 가만히 앉아 있지 못하고 계속 손과 발을 꼼지락거리거나 떤다. • 심한 경우에는 수업 중에도 자리에 가만히 앉아 있지 못하고 계속 일어나서 왔다 갔다 한다. • 때로는 부적절하게 이리 뛰고 저리 뛰고 하는 양상을 보인다. • 조용하고 차분하게 레저 활동을 하지 못한다. • 일단 머릿속에 떠오른 생각은 결과를 고려하지 않고 시행한다. • 마음에 드는 물건이 있으면 무조건 손에 집어야 성이 풀린다. • 장황하게 계속 이야기를 한다.

충동성	• 선생님이나 어른들이 질문을 하기도 전에 서둘러 대답한다. • 어른들이 이야기를 마치기도 전에 자기 이야기를 해서 버릇없다고 오해받기도 한다. • 줄을 서면 자기 순서를 잘 기다리지 못한다. • 다른 사람들의 대화에 자꾸 끼어든다. • 아이들과 놀 때 규칙을 따르지 않는다.

ADHD의 증상은 중학교 고학년에서 늦어도 고등학교 때는 좋아진다. 대부분 아이들은 성인이 되었을 때는 정상적인 생활이 가능하다. 그런데 초등학교나 중학교 저학년 때 너무 뒤처지게 되면 나중에 증상이 호전되어도 기초가 없기 때문에 공부를 따라잡기 힘들다. 따라서 ADHD가 의심되면 조기에 진단을 받고 치료하는 것이 중요하다.

ADHD의 진단을 위해서는 검사가 필요한데 가장 흔히 하는 검사가 앞서 언급한 시각연속수행검사, 언어연속수행검사 또는 시청각연속수행검사이다. 주의 집중 능력이 현저히 저하되어 있는 것으로 확인되면 치료를 받아야 한다. 약물치료와 심리 치료를 시행하게 되는데 약물치료와 심리 치료는 상호 보완적인 측면이 있다. ADHD는 약물치료에 대한 반응이 좋은 편이다. 드라마틱하게 증상이 호전되어 성적이 급상승하는 아이도 있다. 하지만 틱 질환을 동반했거나 약물치료에 부작용이 있다면 충분한 용량의 약을 사용할 수 없으므로 심리 치료가 중요한 역할을 담당하게 된다.

그런데 ADHD를 지닌 아이들 중 일부가 약을 먹고 성적이 오르는 것을 보고는 조금 산만할 뿐인데 집중력에 문제가 있지는 않나 하는 생각을 하는 부모도 있다. 성적이 부모 기대에 못 미치는 아이에게 집중력 검사를 하기도 한다. 이때 집중력 검사에서 낮은 수치를 보이면 일상생활에서 끈기 없음, 부주의, 산만함, 충동성 같은 증상이 없거나 혹은 정상 범위라고 해도 '조용한 ADHD'라는 이름을 붙여서 치료를 권하기도 한다. 하지만 단지 연속수행검사에서 집중력이 저하되었다는 결과가 나왔다고 ADHD 진단을 내려서는 안 된다. 연속수행검사는 끈기 없음, 부주의, 산만함, 충동성의 원인이 주의력 결핍에서 기인했는지를 판단하기 위한 보조 도구일 뿐이다. 일상생활에서는 큰 문제가 없는데 집중력 검사에서 다소 이상이 있다는 이유만으로 이런저런 문구를 덧붙여서 'OO ADHD'라고 진단을 내리는 것은 모순이다. 그리고 이것은 성적을 올리기 위해서 어떻게든 집중력을 향상시켜야겠다는 부모들이 '집중attention'의 밑바탕이 되는 '주의awareness'라는 개념을 잘 이해하지 못한 데서 기인한다.

인간은 잠잘 때는 의식의 수준이 매우 낮아지고 깨어 있을 때는 의식이 명료하다. 잠에서 막 깨어나거나 졸릴 때는 의식이 있어도 집중하기 힘들지만 잠에서 완전히 깨어 있는 동안은 수없이 많은 자극을 접해야 한다. 가장 강력하고 자주 접하게 되는 것은 시각적 자극이다. 그다음으로는 청각적 자극이다. 그래서 앞서 말한 집중력 검사도 시각적 자극과 청각적 자극에 대한 반응을 확인하는 것이다.

많은 자극을 접하게 되지만 한순간에 사람의 관심을 끄는 자극은 제한되어 있다. 눈으로는 영화를 보고 있지만 누가 옆에서 하는 얘기에 귀 기울이다 보면 줄거리를 놓치곤 한다. 책상에 앉아서 억지로 교과서를 보려고 해도 거실의 TV 소리, 부모의 대화에 자신도 모르게 귀 기울이게 된다. 때로는 뇌 안에 있는 생각 자체가 교과서에 집중하는 것을 방해하기도 한다. 학교에서 있었던 기분 나쁜 일, 내일 학교에서 만나게 될 잘생긴 선배나 예쁜 후배 생각을 하는 것이다. 집중하기 위해서는 어느 한 가지에 몰두하는 것 못지않게 불필요한 자극을 잘라내는 것이 필요하다. 그런데 문제는 인간이 어느 정도 산만하지 않으면 살아남을 수 없게끔 태어났다는 것이다.

사람들은 밖에 보이는 뭔가에 집중하거나 자신의 생각에 몰입하다가 갑자기 외부 상황이 바뀌었을 때 대처하지 못하여 사고가 날 때가 있다. 이렇게 특정 대상에 집중하거나 몰입하는 것을 '하향주의 top-down processing' 혹은 '선택적 주의 selective attention'라고 한다. 집은 상황이 바뀔 리 없는 안정된 공간이다. 이렇게 안전이 확보된 상태에서는 선택적 주의가 가능하다. 공부를 하는 데는 선택적 주의가 많은 부분 작용한다. 공부를 하기 위해서, 책에 집중을 하기 위해서는 집안에서 들리는 엄마의 목소리, 책상 위에 있는 다양한 물건, 머릿속의 잡념을 무시해야 한다. 이는 뇌의 전두엽, 기저핵이 관여한다고 추정한다.

하지만 운전을 하거나 길을 걸으면서 수시로 바뀌는 환경을 대할 때는 선택적 주의가 아닌 다른 형태의 주의가 필요하다. 시야 전체에서 무언가 다른 변화가 발생하면 순간적으로 자신도 모르게 주의해야 한다. 예를 들어 식당에서 종업원으로 일한다면 그때 필요한 것은 특정한 대상에 초점을 맞춰 지속적으로 주의하는 것이 아니다. 식당에 있는 모든 테이블의 모든 손님들이 여기저기 손을 들어 이것저것 주문할 때 놓치지 말고 알아채야 한다. 이렇게 외부 자극에 대해서 자신도 모르게 주의를 기울이는 경우를 '상향주의 bottom-up processing' 혹은 '분할주의 divided attention'라고 표현을 한다. 한 번에 두 개 이상의 메시지에 주의를 기울인다. 우리가 살아가면서 해야 하는 주의 방식이다. 뇌의 두정엽, 측두엽, 뇌간이 작용을 한다고 추정한다.

공부할 때는 그냥 책에만 집중하는 것이 중요하다. 그런데 회사에서 일할 때는 어떠할까? 하루 종일 주어진 자료로 보고서만 만들거나 컴퓨터 프로그램을 짜는 일의 경우는 하향주의 혹은 선택적 주의만 있으면 될 것이다. 소위 집중력이 강해 공부를 잘하던 이는 그렇게 시간을 주고 자기 혼자 과제를 마치는 일을 잘한다. 그러나 대부분 사람들이 해야 하는 회사 일이라는 것은 그렇지 않다. 계속 다른 사람과 얘기하면서 새로운 자료를 접하고, 때로는 예상치 못한 돌발 상황에 대처해야 한다.

식당 지배인부터 영화감독까지 현장에서 일하는 이들에게 필요한 것은 몇 시간씩 자리에 엉덩이를 붙이고 단어와 공식을 외우는 집중력과는 다른 형태의 주의 능력이다. 주어진 일만 하는 말단 전문가는 집중력만 강하면 된다. 하지만 승진을 해서 많은 사람을 관리하고 다양한 상황을 처리하기 위해서는 엄마들이 간절히 원하는 공부를 위한 집중력이 아닌 변화를 감지해해는 전반적 주의 능력이 더 필요하다. 노력해서 집중력이 강화되지도 않지만 만약에 특별한 훈련을 통해서 하향주의 혹은 선택적 주의만 강화시키고 상향주의 혹은 분할주의는 없애버린다면 아마 아이는 성인이 되기도 전에 사고로 죽거나 크게 다칠 수도 있다. 대학을 졸업하고 회사에 들어가는 순간 눈치 없는 어리버리한 인간으로 찍혀서 낙오할 수도 있다. 이래도 아이에게 '집중력이 부족하다', '끈기가 부족하다'고 야단치면서 이런저런 도구로 집중력을 강화시키고 싶은가?

집중력이 강해야 공부를 잘한다는 말도 곰곰이 따져봐야 한다. 흔히 부모들은 집중력이 강하다는 말을 아이가 한번 자리에 앉으면 엉덩이를 떼지 않는다는 것과 동일하게 여긴다. 아이가 자꾸 딴짓을 하거나 들락날락하면 집중력이 없다고 한다. 하지만 아이가 자리에 오래 앉아서 책을 보는 것을 집중력이 강하다고는 할 수 없다. 그 시간에 아이가 무슨 생각을 하고 있는지 부모는 알 수 없기 때문이다. 집중이라는 것은 정도의 차이는 있으나 제한된 시간 이상 지속할 수 없다. 만약에 어떤 아이가 책에 있는 정보를 계속 뇌에서 처리하며 오래 붙어 있다면 그것은 집중력이 강한 것이 아니라 책을 통해 공부하는 것을 좋아하는 것이다. 물론 공부하는 것을 노는 것보다 더 좋아하는 아이는 거의 없다. 그래도 공부가 죽을 정도로 지겹지는 않고 최소한의 재미는 있을 때 오랜 시간 한 자리에서 공부할 수 있다. 하지만 여기에도 노력한 만큼 성과가 있어야 한다.

공부란 것은 여기에서 배운 것이 저기에서 나오고, 올해 배운 것이 내년에 나오기 마련이다. 어떤 아이는 열 번 내용을 접하면 장기 기억으로 전환되고 어떤 아이는 백 번 내용을 접해야 장기 기억으로 전환되어 보존이 된다고 가정하자. 열 번 접하면 장기 기억으로 보존되는 학생은 공부를 하다 보면 여기 저기 부분적이나마 아는 내용이 나오니까 공부가 수월하다. 반면에 백 번 접해야 장기 기억으로 보존이 되는 학생은 항상 낯선 내용을 접하기 때문에 공부하는 것이 힘들다. 오래 앉아 있어서 공부를 잘하는 것이 아니라 공부를 잘하는 애들이 오래 앉아 있는 것이다.

오래 책상머리에 붙어 있지 않아도 성적이 잘 나오는 아이에 대해서도 사람들은 집중력이 좋다고 한다. 언론이나 학습센터 같은 곳에서도 집중력이라는 개념을 귀에 걸면 귀걸이 코에 걸면 코걸이 식으로 이렇게 상반되는 경우에 모두 사용하곤 한다. 그런데 공부는 별로하지 않아도 성적이 잘 나오는 아이의 경우 역시 집중력이 좋은 것이 아니라 기억력이 좋은 것이다. 조금만 봐도 금세 기억이 된다. 그러니까 그런 아이는 오래 앉아 있을 필요가 없다. 억지로 오래 앉아 있게 되어도 딴생각을 할 뿐이다.

흔히 일에 집중을 못하는 사람들이 자신이 좋아하는 일이 생기면 그때는 열심히 하겠다고 한다. 하지만 자신이 억지로 하는 일이기에 집중하지 않고 설렁설렁 하게 된다고 핑계를 대는 이들의 상당수는 일정 시간 이상 집중해야 하는 과제를 접하면 그 일이 원래 자기가 하고 싶다고 믿었던 일이라도 흥미를 잃어버린다. 즉 인간은 자신이 하고 싶은 일에 집중하는 것이 아니라 자신이 집중할 수 있는 일을 하고 싶어 하는 것이다. 아무리 평소에 하고 싶던 일이라도 어렵고 힘들게 느껴져 집중이 안 되면 흥미를 잃게 되는 것이다. 공부도 마찬가지다.

아이들의 흥미를 유발하면 공부도 재미있을 수 있다고 주장하는 교육학자들이 종종 있다. 이러한 주장에는 맹점이 있다. 아이들은 오락을 하거나 놀 때 시간 가는 줄 모른다. 하지만 극히 일부의 프로 게이머만 잘할 수 있는 오락은 대중의 호응을 받지 못해서 시장에서 퇴출될 것이다. 체력과 운동신경이 우수한 아이만 잘할 수 있는 놀이는 다른 아이들이 하지 않으려고 할 것이다. 평범한 수준의 오락이나 놀이는 아이들이 누구나 잘할 수 있고 노력하는 만큼 보상을 받는다고 느낀다. 이처럼 아이들이 공부에 흥미를 느끼게 하기 위해서는 어디에 난이도를 맞춰야 하는지 분명하다. 중간 정도를 했는데 최고 점수를 준다면 대부분 아이들이 공부를 재미있어 할 것이다. 동영상으로 가르치든 만화로 가르치든 체험 학습을 가든 수단이 문제가 아니다. 난이도가 문제인 것이다.

평균에 해당되는 보통 아이들이 재미를 느낄 수 있는 수준을 최고 난이도로 하여 학교가 이루어진다고 가정을 하자. 고등학교 졸업생의 절반이 최우수 등급을 받을 것이다. 하지만 자본주의 사회에서 기업은 일정 수준 이상의 지적 능력과 지식을 지닌 인재를 채용하고자 한다. 따라서 대학은 졸업생이 일정 수준 이상의 지적 능력과 지식을 지녔다는 것을 기업에 보증해야 하고 일정 수준 이상의 지적 능력과 지식을 가진 고등학교 졸업생을 신입생으로 입학시키고자 한다. 이런 먹이사슬 같은 구조 때문에 평균의 아이들이 잘할 수 있고 흥미를 느낄 수 있는 수준을 최상 수준으로 해서는 대학, 기업, 사회, 국가의 요구를 충족시킬 수 없다. 따라서 공부 잘하는 아이와 공부 못하는 아이를 성적을 통해서 순서를 매겨야 하고 시험은 변별력이 있어야 한다. 진짜 공부를 잘하는 몇몇 아이를 제외한 보통 아이들은 아무리 열심히 해도 보상받을 수 없다. 부모는 아이가 성적이 나쁘면 더욱 집중해서 더 오랜 시간 공부하기를 원하지만 아이는 성적이 안 좋기에 집중할 수 없고 오랜 시간 앉아 있을 수도 없다.

부모부터 자신의 하루 생활을 들여다보자. 한 자리에 앉아서 지루하고 어려운 일에 한 시간 이상 집중한 적이 있었는가? 아마 없을 것이다. 한 시간은커녕 10분도 그런 시간이 없는 부모가 대부분일 것이다. 따라서 아이가 한 시간 앉아 있지 않는다고 야단치지 말자. 반대로 10분이라도 앉아서 집중한다면 칭찬하며 10분을 11분으로 늘리기 위해서 노력하자. 만일 아이 옆에서 감시하며 억지로 한 시간을 앉아 있게 했는데 아이의 성적이 오르지 않거나 혹은 떨어진다면 그 한 시간을 30분으로 줄여야 한다. 억지로 앉아 있어도 아이의 머릿속에서는 딴 생각이 들고 눈앞의 교과서나 문제집은 대충 보기 때문이다.

어떤 부모는 아이가 공부에 집중할 수 있도록 방에 들어가면 거실의 TV도 거의 소리가 안 들리게 볼륨을 줄이고 가족들이 모두 소곤소곤 얘기한다. 그러면서도 정작 가장 중요한 가족의 화목함은 신경 쓰지 않는다. 중학생이든 고등학생이든 경제적으로 독립하기 전까지 자녀는 종속적이고 무기력한 존재다. 가끔 대드는 것도 그냥 자신이 독립적인 존재라는 것을 확인하기 위해서일 뿐 용돈을 안 주고 집에서 내쫓으면 온전히 살 수 없는 존재다. 따라서 부모의 일거수일투족에 기분이 좌우된다. 아이가 공부에 집중하게 하고 싶다면 부모부터 서로 사이좋게 지내야 한다. 부모가 다정하게 지내는 모습처럼 아이에게 힘이 되는 것이 없다.

그리고 아이가 공부에 흥미를 가지고 집중하기를 원한다면 공부 못한다는 이유로 아이를 다그치고 체벌해서는 안 된다. 책상머리에 앉아 있는 시간은 늘어날지 모르지만 성적은 오르지 않는다. 부모는 공부를 못해서 아이를 야단치는 것이라고 생각하지만 아이는 세상에 학교라는 것이 있어서, 공부라는 것이 있어서, 시험이라는 것이 있어서, 성적이라는 것이 있어서 자신이 부모에게 야단맞고 열등감에 시달린다고 생각한다. 학교가 세상에서 제일 싫고, 공부가 세상에서 제일 싫고, 시험이 세상에서 제일 싫고, 성적이 저주스럽기 때문에 공부를 열심히 하게 되지 않는다. 따라서 공부 안 한다고 야단치고 체벌하면 할수록 아이들은 공부를 더 싫어하게 되고 공부할 때의 집중력은 더 떨어질 것이다.

아무 생각 없이 가만히 몇 시간을 멍하니 앉아 있는 아이보다는 뭔가 흥미를 끄는 것이 있을 때마다 반응을 보이며 왔다 갔다 하는 아이들이 더 건강한 아이들이다. 산만하지 않은 대신 멍하게 있다면 아무 의미도 없다. 주위의 자극에 민감해서 그때그때 반응하는 아이들에 대해서 흔히 산만하다고 오해하기도 한다. 그런데 그때그때 자극에 반응한다는 것이 공부하는 데는 아무 도움이 되지 않을지 몰라도 나중에 사회생활을 할 때는 중요한 덕목이 될 수도 있다. 남보다 빨리 변화를 알아채고 분위기를 캐치해서 잘 적응할 수 있다. 여러 가지 프로젝트를 동시에 진행해야 하거나 돌발적인 위기 상황을 동시다발적으로 감지해 대처하기 위해서는 공부할 때 필요한 선택적 주의와는 또 다른 능력이 필요하다. 수능 1등을 해서 의과대학에 수석 입학을 한 이보다 꼴찌로 의대에 들어갔지만 다방면에 관심이 많은 이가 응급실에서는 더 많은 환자를 구할 수 있다. 공부 하나만 잘하는 대신 주위에는 무관심한 이보다 공부는 좀 못하더라도 분위기를 잘 파악하고 맞춰줄 수 있는 이가 사람들의 사랑도 더 많이 받고 행복하게 산다. 아이에게 부족한 하향주의를 억지로 강화시키는 것보다는 현재 아이가 지닌 상향주의도 하나의 능력으로 인정하고 그에 맞는 진로를 선택할 수 있게끔 도와줘야 한다.

칭찬으로
동기부여를 하자

부모들은 아이가 공부를 잘하기를 바란다. 하지만 아이의 입장에서 공부를 해야 하는 이유가 있을까? 물론 공부하는 만큼 성적이 나오는 아이들은 공부할 이유가 충분하다. 사람은 자기가 잘하는 것을 열심히 하기 마련이고 공부를 잘하는 아이들은 열심히 할 것이다. 그런데 공부를 잘하느냐 못하느냐는 상대적이다. 못하는 다수가 있기에 잘하는 소수가 있다. 부모들은 열심히 안 하기 때문에 성적이 오르지 않는다고 하지만 아이들은 성적이 안 나오기 때문에 열심히 할 필요가 없다고 생각한다. 부모 스스로 생각해보라. 긍정적인 마음으로 큰 그림을 가지고 먼 미래를 바라보면서 열심히 일해야 한다는 것을 알지만 본인도 그렇게 실천하며 살고 있는지를 말이다. 하물며 십대는 어떻겠는가.

따라서 부모는 억지로 공부를 시킨다. 사실 아이들이 학원에 가고 과외 교사 앞에 앉아 있는 이유는 부모님에게 혼나는 것이 무서워서이다. 그리고 아무리 열심히 해도 자신의 성적은 오르지 않을 것이라고 체념한 상태에서 그냥 시늉만 하는 것이다. 부모가 번 소중한 돈으로 과외를 시켜도 아이들은 그냥 시간만 허송세월만 보낸다. 공부할 때는 죽어가는 표정인데 놀 때는 방방 뛰어다니는 아이들을 보면 부모는 속이 탄다.

하지만 사실 부모 역시 마찬가지 아닐까. 직장에서 일을 하거나 집안일을 할 때는 지겨워 죽으려고 한다. 하지만 동료들과 만나서 술 마실 때, 쇼핑하러 백화점에 갈 때는 완전히 다른 사람이 된다.

부모가 서로 집안일을 미루고 안 하려고 하는 것이나 아이가 놀기 위해서 숙제를 미루는 것이나 똑같다. 아버지가 한잔만 더 마시고 늦게 들어온다고 하는 것이나 아들이 게임을 한판만 더 하고 컴퓨터 끄겠다고 하는 것이나 똑같다. 부모와 비교할 때 아이들이 특별히 의지가 약하고 게으른 것이 아니다. 사실 부모나 아이들이나 똑같다. 하지만 부모는 권력이 있어서 아이를 판단하고 야단칠 수 있고 아이들은 그런 권력이 없기에 군소리 없이 참는 것이다.

스포츠 심리학에서는 운동을 하게 되는 이유로 외적 동기와 내적 동기를 든다. 외적 동기 중 가장 대표적인 것이 연봉, 포상금, 연금이다. 프로가 아니라도 실업팀에 취직해서 부서가 운동팀인 경우 운동은 생계를 위한 직업이다. 어린 선수들의 경우 부모의 기대, 학교의 기대, 수없이 많은 우승 트로피들도 외적 동기에 해당된다. 반면 부정적인 형태의 외적 보상도 있다. 가장 안 좋은 형태의 외적 보상은 잔소리, 야단, 욕설, 체벌 등이다.

내적 동기 중 가장 필수적인 것이 잘한다는 것 자체에서 오는 즐거움이다. 운동을 잘한다는 것은 쉽지 않다. 우선 체력적인 조건이 좋아야 하고 두뇌가 잘 발달되어 있어야 한다. 과거에는 뇌가 운동에서 얼마나 중요한지 인식하지 못했지만 지금은 운동도 두뇌의 학습에 크게 의존한다는 것이 널리 받아들여지고 있다. 코치나 잘하는 선수가 하는 것을 보고 자연스럽게 모방이 되어서 선수의 몸 동작으로 나타나야 한다. 모방 학습 능력이 뛰어나야 한다. 누구는 외국어를 듣고 말하고 익히는 데 재능이 있고 누구는 수학 문제 푸는 것을 보고 익히는 데 재능이 있듯이, 누군가는 운동 동작을 보고 익히는

데 재능이 있는 것이다. 이것은 모두 뇌에서 비롯된다.

더군다나 운동은 매번 경기장과 상대가 다르다. 매일 같은 조건에서 운동을 하는 것이 아니다. 다른 환경을 접하더라도 빨리 그 상황이 인지 지도로 자리 잡혀야 한다. 그것도 뇌에서 이루어지는 것이다. 어떤 사람은 얼핏 보면 복잡해보이는 응용문제를 접하더라도 금세 익숙해져서 그 문제를 풀기 위한 공식을 적용한다. 운동선수는 다른 날씨, 다른 관중, 다른 경쟁 구도 속에서도 낯설음을 금세 극복하고 자신의 뇌와 몸에 익혀진 운동 방식을 적용한다. 모두 뇌에서 비롯된 것인데 군이 표현하자면 운동 지능이 필요하다. 좋은 신체적 조건과 운동 지능이라는 재능을 갖추게 되면 일단 운동을 사랑하게 된다. 그러나 이것만으로는 국가대표가 될 수 없다. 경쟁을 이기기 위해서는 이기고자 하는 마음이 있어야 한다.

우리 마음속에는 승리에 대한 갈망과 패배에 대한 두려움이 공존한다. 자동차를 몰다 보면 앞의 차가 조금만 늦게 가도 추월한다. 그 심리도 경기를 이기고자 하는 선두들의 승부욕과 비슷하다고 볼 수 있다. 컴퓨터 게임을 하다가 보면 멈추기가 쉽지 않다. 〈테트리스〉처럼 간단한 게임도 내 기록을 깨고 싶다는 생각에 하게 된다. 상대가 있는 게임은 지기라도 하면 다시 한 번 하자고 하게 된다. 하물며 전국체전, 아시안 게임, 올림픽 게임에 선 대표선수들은 얼마나 이기고 싶겠는가? 전 국민이 보는 앞에서 경기를 망친다는 것이 얼마나 두렵겠는가? 패배했을 때 얼마나 괴롭겠는가?

운동선수들의 경우 잘하면 잘하게 될수록 경쟁이 치열해지고 이길 수 있는 가능성이 줄어든다. 역도 같은 기록경기에서는 이미 내가 이루어놓은 기록을 갱신하는 것이 성취에 해당된다. 쇼트트랙같이 승부가 이루어지는 경우에는 메달을 따는 것이 성취에 해당된다. 기록경기이든 순위 경기이든 야구, 축구와 같은 승부 경기이든 잘하면 할수록 실패할 확률도 함께 올라간다. 세계신기록을 세웠다면 다음에는 그것을 능가해야 한다. 올림픽 금메달을 땄다면 다음에도 금메달을 따야 한다. 야구나 축구에서 승리가 계속된다는 것은 언젠가 질 수 있는 확률이 올라간다는 것을 의미한다.

이때 실패했지만 다음에는 해내겠다는 의지가 불타올라야 최고의 선수가 될 수 있다. 성취동기가 높은 사람들은 막상 원하던 것을 이루고 희열을 느낀 후에는 허전함을 느낀다. 그래서 실패할 가능성이 높은 그다음 영역에 또다시 도전한다. 실패는 일시적으로는 실망감을 주지만 다시 투지를 불러일으킨다. 이렇게 성취동기가 높은 이들만이 경쟁 속에서도 우수한 성적을 받을 수 있다. 그 종목이 인기 종목이든 아니든 대한민국 대표로서 올림픽에 출전했다는 것만으로 대단한 것이다. 항상 나는 최고여야 하며, 최고일 수 있으며, 최고라고 생각을 해야 그 자리에 갈 수 있다. 이들의 마음은 이기고자 하는 열망과 집념으로 가득 차 있으며 그것이 그들을 오늘까지 오게 한 것이다. 메달을 따겠다는 강한 성취동기뿐만 아니라 강한 내적 동기가 포상금, 연금 같은 외적 동기에 못지않게 중요하다.

내적 동기와 외적 동기의 관계는 스포츠 심리학에서 지금도 논쟁이 이어지고 있다. 외적 동기가 내적 동기를 약화시키는 경우도 있고 외적 보상이 내적 보상을 강화시키는 경우도 있다. 외적 보상이 내적 보상을 약화시키는 예로 소위 '먹튀(높은 연봉으로 이적한 선수가 기대에 미치지 못하는 활약을 보일 때 일컫는 말)'라고 이야기 듣는 거액 FA 상황이 있다. 먹튀의 이유 중 하나는 확률의 법칙 때문이다. 어떤 선수가 지난 2~3년간 자신의 평균을 상회한 우수한 성적을 얻었다는 것은 앞으로 2~3년은 평균 이하로 회귀할 가능성이 높아진다는 것을 의미한다. 나이가 들어감에 따라 체력 저하는 물론 특정 근육을 지속적으로 사용해 과사용 부위가 취약해져 부상 가능성이 증가하기 때문이다.

이 외에도 거액의 계약 조건이라는 외적 보상이 내적 동기를 압도하는 것도 먹튀 이유 중 하나다. 과거에는 운동을 하다 보니까 돈이 자연스럽게 따라왔다. 그런데 FA에서 대박을 터뜨리면 그때부터는 돈이 운동의 가장 큰 이유가 된다. 플레이가 조금만 안 풀리면 엄청난 연봉과 구단의 기대를 떠올리면서 긴장하게 된다. 다음에는 지금과 같은 조건으로 계약을 할 수 없을지도 모른다는 생각만 해도 끔찍하다. 이때부터 운동은 노동이 된다. 더 이상 즐겁지 않다. 거액의 계약금을 받고 입단한 유망주들 중 제 기량을 펼치지 못하는 이들도 일정 부분은 외적 보상이 내적 동기를 압도한 경우에 해당된다.

하지만 연봉 인상과 같은 외적 보상은 대부분 긍정적인 영향을 미친다. 연봉이라는 눈에 보이는 형태로 내 능력을 인정받게 되는 것이기 때문이다. 앞서 언급했듯이 일부 구기 종목 선수들을 제외한 나머지 선수들에게 연금과 포상금이라는 외적 보상이 주어지는 일생일대의 기회가 아시안 게임과 올림픽이다. 더군다나 평소와는 달리 열렬히 응원하는 관중이 있다. 전 국민이 TV로 내 경기를 보고 있다. 따라서 선수들도 흥분이 되고 성취 욕구가 최고조에 달하게 된다.

올림픽에 참가한 선수 중 누군가는 메달을 따고 누군가는 메달권을 벗어난 성적을 얻게 된다. 하지만 금은동의 순서와 인생의 성공

순서는 다르다. 메달을 딴 선수는 최고의 순간을 만끽할 것이고 메달을 따지 못한 선수는 자신의 한계와 불운 때문에 마음이 아플 것이다. 하지만 인생에는 올림픽 금메달에 못지않은 멋진 순간들이 기다리고 있다는 것을 잊지 말아야 한다. 운동선수들은 체력, 두뇌 능력, 성실성을 모두 갖춘 훌륭한 인재들이다. 자신이 운동만큼 좋아할 수 있는 일을 만나고, 운동을 연습했듯이 열심히 하고, 운동 코치와 같은 사회 코치를 만나고, 그 일이 최고의 성취 욕구를 필요로 한다면 운동선수들은 충분히 다른 곳에서도 성공할 수 있다.

이렇게 운동선수들에게 시합이 있다면 아이들에게는 시험이 있다. 중간고사, 기말고사, 모의고사, 수능이 있다. 올림픽에서 금메달을 따는 선수가 있듯이 의대에 합격하거나 서울대에 합격하는 아이들이 있다. 올림픽에서 은메달을 따는 선수가 있듯이 명문대에 합격하는 아이들이 있다. 올림픽에서 동메달을 따는 선수가 있듯이 인서울에 성공하는 아이들이 있다. 그리고 올림픽에 가보지도 못하는 선수들이 대다수이듯이 그럴싸한 대학에 못 들어가는 아이들이 대부분이다. 올림픽에서 금메달 딴다고 꼭 잘사는 것이 아니듯이 의대나 명문대에 합격을 한다고 잘사는 것이 아니다. 의대에 들어가도 술을 너무 좋아해서 알코올중독(알코올의존증)이 되어 의대를 졸업 못하는 경우도 있고, 서울대를 나와서 대기업에 들어갔으나 도박에 빠져 회사 공금을 횡령하고 감옥에 가기도 한다.

공부 못하는 아이들에게는 공부를 해야 할 내적 동기가 존재하지 않는다. 그러다 보니 부모는 외적 동기에 의존하게 된다. 어렸을 때는 시험 잘 보면 원하는 것을 사준다는 외적 동기가 통하기도 한다.

하지만 나이가 들수록 시험 잘 보면 뭐 해주겠다는 외적 동기가 소용없어지고 부모는 야단과 처벌이라는 외적 동기를 사용하게 된다. 그리고 아이들의 내적 동기는 점점 사라진다. 게다가 그저 그런 이름 모를 대학교에 들어가게 되면 스스로를 별 볼 일 없는 못난 인간으로 여기고, 사회에서 일을 할 때 학창 시절에 공부를 대했던 태도를 취하게 된다. 학교 생활을 하면서 공부에 대한 내적 동기는 죽어버려도 일을 잘하겠다는, 의미 있는 인생을 살겠다는 내적 동기가 살아남으면 좋은 대학은 못 가도 인생을 성공할 수 있다. 하지만 대부분 공부를 못한다고 내내 야단맞으면서 내적 동기도 사라져버린다. 억지로 시키지 않으면 가급적 일을 덜할 생각만 한다. 그러므로 아이가 공부를 못한다고 해도 억지로 공부시키지 말자. 성적도 오르지 않을 뿐더러 잘못하면 패배자의 인생을 살게 된다.

대학 정원이 고등학교 졸업생보다 많은 세상이다. 아무리 공부 못해도 갈 대학은 있다. 흔히 사람들이 이름도 잘 모르는 학교에 합격하면 부모는 주위에서 자식의 대학이 어디라는 것을 말하기 창피해하기도 한다. 그러나 반대로 해야 한다. 아이가 일단 어느 대학이든지 합격을 하면 마치 의대에 합격한 듯이, 서울대에 합격한 듯이 칭찬해야 한다. 지금까지는 자신보다 공부 잘하는 아이, 능력이 뛰어난 아이와 경쟁을 해야 했기에 아이의 재능이 드러나지 않았지만 같은 대학, 같은 학과에는 비슷한 능력의 아이들이 온다. 그곳에서 1등을 하고 모범이 되도록 아이에게 용기를 주고 칭찬하고 야단도 쳐야 한다. 서울대나 의대에 간 것처럼 아이에게 동기를 부여하다 보면 나중에 아이는 서울대나 의대를 나온 사람보다 더 성공할 것이다.

부모이든 학생이든 인간은 모두 각자의 인생 경기를 치러야 한다.

각자가 처한 상황에서 최선을 다해 최고의 성과를 얻도록 노력하면 되는 것이다. 운동선수가 아닌 일반인들도 인생의 어느 시기에 올림픽 경기장같이 되는 운명의 순간이 다가온다. 누구에게는 오늘 개업한 치킨집일 수도 있고, 누구에게는 회사에서 맡긴 해외 파견일 수도 있고, 고3 학생에게는 수능일 수도 있다. 그 순간 우리 모두는 국가대표다. 그 순간 잘났든 못났든 우리 자식은 모두 국가대표다. 그렇게 예상치 않게 찾아온 인생 경기를 노력과 열정을 다해서 치르도록 아이를 격려하고 동기를 부여하자. 우리 아이가 언제 벌어질지 모르는 인생 경기를 위해서 항상 연습하고 준비하는 사람으로 큰다면 서울대 졸업한 앞집 자식보다, 의대를 졸업한 옆집 자식보다 더 크게 성공할 것이다.

아이의 적성은 신경 쓰지 말자

고등학교 때 적성검사를 했었다. 필자의 적성은 문과였다. 이과보다 문과 적성이기는 했지만 적성검사의 절대점수가 다른 아이들보다 높은 것을 보고 엉뚱한 생각을 하게 되었다. 문과 적성으로 나온 이유는 문과 적성 수치가 이과 적성 수치보다 높아서인데 반대로 생각하면 이과 적성 수치가 문과 적성 수치보다 낮게 나왔기 때문일 수도 있지 않을까? 결과를 보니 공간지각력을 제외한 나머지는 문과 적성이나 이과 적성이나 비슷했다. 돌이켜보면 소설이나 철학서도 좋아했지만 과학서도 꽤 좋아했다. 다만 복잡한 수학은 귀찮아했고 공간지각력을 요하는 물리는 엉망이었다. 지구과학도 지질이나 화석의 시기를 외우는 것은 좋아했지만 바람의 방향 등을 예상하거나 태양계의 황도를 알아맞히는 것은 질색이었다.

문과 적성이 높았지만 뭔가 자기만의 전문 분야가 없으면 회사나 조직에서 대접을 못 받는다는 아버지의 권유로 이과를 선택했다. 비록 이과 적성 수치는 문과 적성 수치에 비해서 낮았지만 다른 아이들에 비하면 높다는 것으로 스스로를 합리화했다. 그렇게 해서 나는 의대에 왔다. 막상 의대에 오니 암기를 해야 하는 것이 대부분이었기 때문에 이과 적성이나 문과 적성이나 차이가 없는 듯했다. 게다가 정신과를 전공하면서부터는 더더욱 문과 적성에 가까워졌고 미국의 비즈니스 스쿨에서 공부했으니 어떤 의미로는 문과 적성이다. 이과, 의대, 비즈니스 스쿨을 선택하고 현재 이 책을 쓰고 있는 필자는 양쪽 적성을 오가면서 살고 있다. 그런데 듀크 MBA 동료들을 봐도 이런 경우가 많다. 공과대학을 나와서 엔지니어로 일하다가 다른 것을 추구하기 위해서 비즈니스 스쿨에 오는 이들이 적지 않다. 최근에는 많은 사람들이 자영업을 하는데 장사를 하거나 식당을 하는 것은 과연 이과 적성인지 문과 적성인지 검사를 통해서 알 수 없을 것이다. 이렇게 아이의 진로를 예상하는 데 전혀 도움이 안 되지만 많은 부모가 적성검사 결과에 집착을 하는 이유는 무엇일까?

부모의 환상

부모가 아이에게 가지는 환상 때문이다. 어딘가에서 시행한 적성검사 결과를 가지고 와서 상담을 해달라는 경우 적성검사지를 보면 항상 좋은 내용 일색이다. 적성검사에는 의사, 판사, 엔지니어, 운동선수, 예술가 등 사람들이 고상하게 여기고 되고 싶어 하는 미래의 진로가 나열되어 있다. 환경미화원, 단순 기능직, 술집 주인이 아이에게 적합한 직업이라고 나오는 경우를 본 적이 없다. 아이가 어렸을 때는 그 아이의 능력을 객관적으로 평가할 수 없지만 많은 부모는 아이가 대단한 인물이 될 것이라고 환상을 가진다. 그러한 환상 때문에 진로 학습이라는 명목으로 사교육이 이루어지고 있는 것이다.

아이에 대한 컨트롤

아이를 컨트롤해서 전략적으로 키우겠다는 생각 때문이다. 아이의 적성이 의사, 판사라는 결과를 접한 어머니는 그것을 이루기 위해서 특목고에 가야 하고 특목고에 가기 위해서는 초등학교와 중학교 때 이런저런 것을 해야 한다면서 아이의 미래를 모두 계획한다. 거기에 맞춰서 초등학교 때 조기 유학을 보내고, 공부 잘하는 중학교에 보내기 위해서 없는 살림에 전세를 얻어서 이사한다. 아이가 음악에 적성이 있다고 생각하는 엄마는 레슨, 콩쿠르를 통해서 서울예고는 가야 한다고 계획을 세운다. 골프에 적성이 있다고 생각하는 엄마는 LPGA를 위해서 노력한다. 이러한 계획 속에서 아이는 부모의 계획에 따라 움직이는 로봇과 같다. 하지만 아이에게는 의지가 있기 때문에 부모의 계획은 극히 일부를 제외하고는 실패한다. 아무리 부모가 원해도 지겨워지면 억지로 시키는 것에 한계가 있다. 그리고 적성과 능력은 별개의 문제다. 아이가 지닌 여러 가지 능력 중에 특정 부분이 다른 부분에 비해서 수치가 높으면 그것을 적성이라고 표현한다. 하지만 절대적 능력이 낮다면 높은 목표에 도전해도 이뤄내기 어렵다. 물론 부모는 인정하고 싶지 않겠지만 말이다.

내 아이는 성인이 되어도 변하지 않을 것이라는 생각

마지막으로 어려서 혹은 중고등학교 때 나온 적성검사 결과로 미래를 계획하는 행위는 아이가 성인이 되어도 변하지 않을 것이라는 전제를 깔고 있기 때문이다. 이과를 나와 공대를 졸업하고 엔지니어가 되었지만 지금은 제품 마케팅을 담당하는 친구가 있다. 반대로 문과였기 때문에 경제학과를 졸업하여 경제통계를 다루는 연구를 하다가 지금은 복잡한 숫자를 다루는 금융공학을 하는 친구도 있다. 이렇게 사람의 적성이 나이가 들어서 바뀌기 마련이다.

그 이유는 자신의 타고난 본성과 능력 발휘를 성인이 되어 스스로 선택할 수 있기 때문이다. 어려서는 부모와 사회의 영향이 매우 크다. 이렇게 외부의 영향이 크기 때문에 자신의 진정한 본성을 펼치지 못한다. 전문의가 되어서 개원을 한 이들 중에는 나이가 들어 다시 신학교에 들어가 성직자가 되는 이들이 있다. 그중에는 부모 모두 신앙이 없는 이들도 있다. 환경의 영향이 줄어들고 자신이 스스로 인생을 선택할 수 있는 성인이 되었기 때문에 성직자라는 적성이 발휘된 것이다.

하지만 본성이 발휘된다는 것이 꼭 좋은 것만도 아니다. 중고등학교 때는 부모의 말을 잘 들어서 술을 마시지 않고 명문대에 입학했다. 그러나 술을 알게 되면서 좋은 회사에 들어가고도 술 때문에 그만두기를 반복하다가 알코올중독에 빠져 만년 실업자가 되는 이도 있다. 젊었을 때는 검소한 부모님 밑에서 크고 착실하던 이가 나이가 들어서는 탐욕에 눈이 멀어 엉뚱한 투자를 계속하다 비참한 삶을 살아가기도 한다. 아이의 육체와 정신 속에 내재되어 있는 본성 중 어느 것이 고개를 들지는 알 수 없다. 부모는 다만 나쁜 본성이 나타나지 않기를 바랄 수 있을 뿐이다.

이렇게 부모가 모든 것을 좌우하는 경우도 문제이지만 반대로 아이가 원하는 진로를 부모가 최선을 다해서 지원해줘야만 한다고 생각하는 경우도 문제가 된다. 아이가 부모의 계획대로 움직이지 않을 때 부모가 자식의 의사를 받아들이고 인정해야 하듯이, 부모가 보기에 자식이 말도 안 되는 것을 하고자 할 때 부모가 도와줘야할 의무가 있는 것은 아니다. 가수가 되겠다, 연기자가 되겠다고 했을 때 아니라고 생각이 들면 도와줄 필요는 없다. 패션 디자이너가 되겠다면서 외국의 유명한 패션 스쿨에 유학을 보내달라거나 영화감독이 되겠다며 외국의 유명 대학 영화과에 보내달라고 하는 경우 아무리 집에 돈이 많아도 부모가 해주기 싫으면 안 해주는 것이다. 앞서 말했듯이 그것이 자식의 본성에서 우러나온 갈망인지 아니면 본인이 그냥 그럴듯하게 보여서 하려는 것을 자신이 원하는 것이라고 스스로를 속이고 착각하는 것은 아닌지 알 수 없기 때문이다.

아는 후배 중 한 명은 수학올림피아드 한국 대표로 뽑힐 정도로 우수한 학생이었다. 그래서 명문대 의대에 들어갔지만 엄청나게 많은 양을 암기해야 하는 상황 때문에 스트레스를 받았다. 유급을 당하기도 했고 거의 꼴찌로 졸업하면서 자아존중감은 바닥이 되었다. 그 후배의 친구 중 한 명은 명문대 수학과를 들어갔다. 금융회사에 들어가서 투자 상품의 수학적 모델을 만드는 일을 하면서 젊은 나이에 억대 연봉을 받으면서 지낸다. 후배는 수학과에 갔다면 자신의 삶은 달라졌을 것이라며 의대에 들어온 것을 후회한다. 과연 그러할까? 둘의 차이를 만들어낸 것은 전공 때문일 수도 있다. 하지만 부모의 통제로부터 벗어난 대학교에서 숨겨져 있던 개인의 능력이 드러나면서 생긴 차이라는 점을 간과했던 것은 아니었을까? 수학과를 졸업하고 금융회사에 취직을 하기 위해서는 개방적이어야 하고 응용력이 뛰어나며 회사의 요구를 잘 반영하는 센스도 있어야 한다. 단지 수학만 잘한다는 것으로는 면접을 통과 못한다. 후배는 과학고에서는 자신이 최고였는데 의대에서는 최고가 아니라는 것 때문에 자존심에 상처를 입고 공부라면 지긋지긋하게 여겼다. 이러한 개인적 특성이 둘의 운명을 바꾼 것일 수도 있다.

반대의 경우도 있다. 외국에서 정신분석을 배우고 온 정신과 의사가 있다. 십대 때 당시 천재 기사라고 불리던 서봉수와 맞설 정도의 바둑 실력을 가지고 있다. 국내에서 정신분석으로 손꼽히는 대가지만 때때로 자신의 일을 지루해한다. 그러면서 만약에 그때 의대에 가는 대신 프로기사가 되었다면 훨씬 더 재미있는 삶을 살 것이라고 생각한다. 하지만 그렇지 않다. 지금 잘하고 있는 일이 자신의 본성과 적성에 가장 잘 맞는 일일 가능성이 크다. 누가 억지로 내 머리에 총을 겨누고 시키지 않은 이상 내가 선택한 진로는 나름대로 내가 좋아해서였을 것이다. 생각과 행동 중 한 인간을 대변하는 것은 생각이 아닌 행동이다. 사랑하기 때문에 부인과 자식을 때린다는 말도 안 되는 궤변을 늘어놓은 가정 폭력 가해자는 관심이 없고 사랑하지도 않으면 때리지 않았을 것이라는 말한다. 그의 말과 생각이 어찌되었든 부인과 자식을 때린다는 것은 이미 사랑하지 않는다는 의미이다. 마찬가지로 지금 무언가를 잘하고 있다는 것은 그것이 본성과 적성에 맞는다는 것이다.

자신이 하는 일이 적성에 맞아서 만족하는 부모는 거의 없을 것이다. 세상의 일 중에서 돈 많이 벌고 재미있고, 사람들도 그럴듯하게 봐주는 일은 손가락으로 꼽기 힘들 정도로 드물다. 흔히 그런 일을 하게 되면 적성에 맞는다고 한다. 하지만 그런 일은 능력이 뛰어난 이들이 위에서부터 전부 채간다. 그리고 남게 되는 것은 돈도 얼마 못 벌고 재미없고, 남들에게 인정도 못 받는 일들이다. 그러나 살아남기 위해서는 그 일을 해야 한다. 적성은 상관없다. 부모는 아이가 그럴듯한 일이 적성에 맞고 그러한 일을 해낼 정도로 능력이 있기를 꿈꾸지만 그러지 못할 확률이 99%다. 현실이 이러하다면 우리 아이가 아무것도 잘하는 것이 없을 경우도 대비해야 하지 않을까? 직장에서 치이고 생활에 치이더라도 세상을 행복하고 재미있게 즐기면서 살 수 있는 마음을 가지게 하는 것이 가장 중요한 것이다. 행복한 삶이 적성에 맞고, 소박한 삶이 적성에 맞고, 부지런한 삶이 적성에 맞는 것이 특정 직업이 적성에 맞는 것보다 중요하다.

아이가 부모보다 공부 못하는 이유

주위를 보면 의사를 부모로 둔 아이들이 불쌍하다는 생각이 들 때가 있다. 아이들을 잘 이해해주는 부모도 많지만 대부분 아이들은 의대에 들어가야 한다는 무언의 압박을 어려서부터 느낀다. 일가친척이 모이면 나중에 아버지나 어머니처럼 공부 잘해서 의대에 가라는 말을 듣는다. 부모가 명문대를 졸업한 경우도 마찬가지다. 자식이 명문대에 입학하지 못하면 창피해서 얼굴을 들지 못할 것 같다는 부모도 있다. 부모들이 이러는 이유는 자식을 자신의 분신으로 여기는 본능 때문이기도 하지만 아이가 부모보다 공부를 못하는 것이 당연하다는 것을 이해하지 못하기 때문이다. 그렇다면 그 이유는 무엇일까?

경쟁의 심화

옛날보다 경쟁이 더 치열해졌다. 부모 세대에는 공부를 잘해도 대학을 포기하고 은행이나 대기업 사무직으로 들어가는 사람도 있었다. 의대가 6년제였기 때문에 학비가 부담되어서 포기하고 다른 과를 가는 이도 있었다. 전액 장학금 때문에 명문대를 포기하고 중위권 대학으로 가는 이도 있었다. 그렇다면 지금은? 모두 의대, 법대, 명문대를 지원한다. 사교육도 개인 간의 차이를 없앴다. 과외 금지 시절에는 방과 후에 공부를 하는 정도가 아이들마다 차이가 있었다. 하지만 지금은 유치원부터 고3까지 모든 아이들이 비슷한 양으로 타이트하게 공부한다. 비슷한 수준으로 업그레이드된 수험생들끼리 경쟁을 하고 부모가 대학을 들어가던 시절보다는 10배, 100배 경쟁이 심해졌다. 지금 축구의 대세는 압박축구다. 압박축구가 없던 시절의 최고의 골잡이는 펠레였다. 전문가들은 펠레가 지금 선수로 뛴다면 압박축구 때문에 골 넣기가 그때만큼 쉽지 않았을 것이라고 이야기한다. 지금 대학에 들어가야 하는 아이들은 '압박입시'에 시달린다. 의대, 법대, 명문대를 졸업한 부모도 지금 시대에 태어났다면 과거 그들이 졸업한 학교에 들어갈 확률은 훨씬 줄어들 것이다.

유전자 조합

유전자의 영향도 있다. 머리가 똑똑한 추남이 머리가 나쁜 미녀와 결혼했을 때 당사자들은 똑똑하고 잘생긴 자식을 기대한다. 하지만 머리도 나쁘고 얼굴도 못생긴 아이가 태어날 확률과 똑똑하고 잘생긴 자식이 태어날 확률은 거의 비슷하다. 즉 부모는 공부 잘하는 유전자 조합 로또에 당첨되었을지 몰라도 자식은 평균에 해당될 확률이 높다. 게다가 머리도 나쁘고 얼굴도 못생긴 아이가 태어나면 "너는 누구를 닮아서 이러니" 하고 이야기한다. 자신의 부족한 점은 생각하지 못하고 자신의 잘난 점만 생각하는 것이다. 아버지가 공부를 잘해도 어머니가 보통이라면 아이가 아버지보다 공부를 못할 확률이 커지는 것이 당연하다. 어머니가 공부를 잘해도 아버지가 보통이라면 아이가 어머니보다 공부를 못할 확률이 커지는 것이 당연하다.

설혹 부모가 공부를 잘했더라도 자식은 공부를 보통으로 하는 것이 당연하다. 공부와 관련된 공부 유전자는 실제로 없다. 하지만 공부 유전자가 있다고 가정해보자. 아버지가 공부를 잘했다. 하지만 공부를 잘하는 유전자뿐만 아니라 공부를 보통으로 하는 유전자가 아버지의 염색체 속에 있을 수도 있다. 다만 공부 잘하는 유전자가 우연히 표출되었을 뿐이다. 어머니도 마찬가지다. 공부 잘하는 남녀가 만나서 결혼하더라도 그 아들이 공부를 보통으로 하는 유전자만 부모로부터 이어받는다면 그냥 보통으로 공부를 하게 되는 것이다. 설혹 부모의 한쪽에서는 공부 잘하는 유전자, 부모의 다른 한쪽에서는 공부를 보통으로 하는 유전자를 받았더라도 공부가 보통인 유전자가 우세를 띤다면 공부는 보통 정도의 실력을 보이게 된다. 따라서 유전학을 고려해도 부모 모두 공부를 잘해도 아이는 부모보다 공부를 못하는 것이 당연하다.

환경의 변화

마지막으로 환경이 다르다. 공부를 하는 것은 환경의 영향을 무시할 수 없다. 나의 아버지 어머니가 제공해준 환경 중에는 내 마음에 든 것도 있고 아닌 것도 있다. 하지만 결과적으로 보면 그 환경 때문에 내가 좋은 대학에 들어간 것이다. 내가 지금 내 아이에게 제공해주는 환경은 부모가 제공해주던 환경과 다르다. 내 아버지 어머니의 성격은 지금 우리 부부의 성격과는 다르다. 나와 아버지의 성격도 다르고 당연히 내 부인과 내 어머니의 성격도 다르다. 내가 어렸을 때 살던 동네와 내 아이가 지금 사는 동네도 다르다. 내가 미성년이었을 때 자식으로 살았던 인생의 굴곡과 내 자식이 현재 미성년으로 살아가는 인생의 굴곡이 다르다. 내가 사귀었던 친구와 내 자식이 사귀는 친구도 다르다. 이런 후천적 요소가 공부에 영향을 미치는 것을 감안할 때 자식과 부모의 공부 실력이 다른 것은 당연하다.

세 가지 이유를 종합해보면 부모가 공부를 잘했던 경우 그 아이는 부모보다 공부를 못할 확률이 훨씬 더 크다. 아이가 기대에 미치지 못하더라도 이해해줘야 한다. 하지만 공부가 아닌 다른 재능에 올인하지는 말자. 내 아이가 뭔가 하나 만큼은 남들을 압도하는 재능이 있기를 바라는 것이 모든 부모의 마음이다. 하지만 공부 못하면 예능으로 밀어야 한다면서 음악이나 미술을 강요하는 것은 잘못된 생각이다. 공부하면서 익힌 기본적인 지식, 상식, 사고방식은 우리 사회의 거의 모든 분야와 상황에 적용된다. 그런데 예능, 체육은 그 쓰임새의 폭이 좁다. 아주 잘하지 않으면 두드러지지 못하다. 아이가 원한다면 모를까 아이가 원치 않는데 해당 분야에서 자녀가 유명해지기를 바라며 미술이나 음악, 체육을 강요하는 것을 옳지 않다. 주위를 돌아보라. 나 자신을 보라. 그렇게 비범한 사람이 내 주위에 누가 있는가? 우리 아이가 평범하더라도, 혹시 잘하는 것이 하나도 없더라도 있는 그대로 사랑해주자.

대한민국 교육제도는 제로섬 게임이다

신병 훈련소에서 힘든 훈련을 받게 되면 기초 체력이 강화되기도 한다. 그것은 훈련에 의한 능력 향상이다. 하지만 힘든 훈련을 육체가 감당하지 못하는 사람이 있다. 그런 사람이 실제로 전투부대에 배치되면 자기 몸도 간수 못하고 전시에 남에게 피해를 줄 수도 있다. 그래서 그런 사람을 골라내 제외시키는 것도 신병 훈련의 한 목적이다.

십대 초중반부터 가수가 되기 위해서 연습생 생활을 하는 이들이 있다. 대체로 십대 후반에 데뷔한다. 오랜 연습을 통해서 실력을 인정받는 것도 중요하지만 십대 후반이 되어야 음색과 용모가 어느 정도 안정된다. 그래서 십대 아이들과 장기 계약을 한 후 얼굴과 목소리는 어떻게 바뀌는지 관찰하는 것이다. 어렸을 때는 예뻤지만 기다리는 동안 매력이 떨어지면 계약은 파기된다. 어렸을 때는 목소리가 조금만 힘이 들어가면 좋을 것 같았지만 목소리가 굵어지면서 특유의 음색이 사라지면 계약은 파기된다. 오랜 연습 기간은 실력을 향상시키기 위해서 필요하다. 하지만 연습을 통해서 실력이 향상되는 것보다 가수로서 상품 가치는 어떠한지 관찰해 골라내기 위한 검증 기간일 수도 있다.

교육도 마찬가지다. 흔히 교육은 무언가 배우는 과정이며 어떤 일을 하기 위해 필요한 지식과 자질을 갖추기 위해서 존재한다고 생각한다. 하지만 교육 역시 사람을 키우는 것 못지않게 사람을 골라내서 제외시키기도 한다.

그렇다면 대학이 성적 위주로 학생들을 뽑는 이유는 무엇일까? 단지 고등학교 때 공부 잘하고 수능을 잘 본 학생들이 대학 교육에 적합하기 때문은 아닐 것이다. 대체로 공부 잘하고 성적이 좋은 학생들이 머리가 좋은 것은 물론이고 성실하고, 예측 가능하게 움직이기 때문이다. 바꿔 말하면 무난하게 자기에게 주어진 일을 하는 사람들이다. 그리고 대학이 원하는 유형의 학생이 기업이 원하는 유형의 학생이기도 하다. 대부분 회사 일은 대단한 두뇌와 창의력을 요구하지 않는다. 창조 경영에 대해서 많이 이야기하지만 조직은 주어진 일을 주어진 운신의 폭 안에서 열심히 해내는 사람을 원한다.

1960년대, 1970년대만 해도 학교 1등과 사회 1등은 다르다는 말을 하고는 했다. 공부 잘한다고 돈을 많이 버는 것이 아니었다. 대기업 회장 중에서 좋은 대학을 나온 사람들은 많지 않았고 대학을 안 나온 사람도 많았다. 물론 그때도 명문대를 나오면 입사와 승진이 유리했지만 명문대를 나오지 않은 사람도 뚝심과 배짱으로 돈을 벌 수 있는 기회가 있었다. 하지만 고도성장 국가에서 저성장 국가로 바뀌면서 학력이 중요해졌다. 벤처 붐이 일었을 때 잠시나마 학력

파괴 현상이 있었지만 외환 위기 이후에는 지위의 서열화가 점점 심해지고 있다.

'고위험 고수익High Risk High Return'이 대세일 때는 학력과 성공이 일치하지 않을 때도 있었다. 기업도 이런 상황에서는 학력이 아닌 다른 부분에서 표현되는 적극성에 많은 점수를 줬다. 하지만 '저위험 저수익Low Risk Low Return' 상황에서는 한 번 실수를 하면 만회하기 어렵다. 그래서 기업은 적극적인 인재보다는 예측 가능하게 움직이는 인재를 원한다. 주입식 교육에서 우수한 성과를 낸 이들은 대체로 업무 능률이 뛰어나면서 큰 사고를 저지르지 않는 인재다. 그들은 똑똑하면서 기업 문화에 잘 적응한다. 이것이 명문대 출신을 선호하는 이유이다. 따라서 대기업이나 정부는 기본적으로 예측 가능하고 능률적인 사람, 즉 위험 회피적인 사람을 채용하고 기업의 역동성을 유지하기 위해서 위험 선호형이자 적극적인 비명문대 출신의 인재를 일정 비율로 채용한다. 하지만 지금처럼 경기 침체가 악화되면 기업도 위험 회피적으로 가고, 결국 위험 회피적인 인재의 등용 비율이 높아질 것이다.

이처럼 대한민국 교육의 가장 비정한 점은 겉으로 보이기에는 교육제도를 통해서 사람의 능력을 키우는 척하면서 결국은 사람을 솎아낸다는 것이다. 선택 과정을 통해서 걸러진 이들, 결론적으로 명문대 출신에게 어느 정도 능률적이면서도 예측 가능하게 일을 처리할 것이라고 기대한다. 그러므로 학교는 결국 기업이 원하는 인재, 사회가 원하는 인재 위주로 학생을 뽑고자 한다. 대학의 입장에서 등록금을 내는 학생은 고객이지만 그 학생이 사회에 나가서 활동을 한다는 점에 있어서는 대학의 상품이 되는 것이다.

졸업생들이 사회에서 중요한 위치를 차지할수록 대학의 가치와 위상도 올라간다.

1980년대의 본고사 폐지도 어쩌면 이런 식으로 이해할 수 있다. 산업화로 인해 경제 규모가 커지면서 사회와 기업은 과거보다 다양한 배경의 인재를 원했다. 1974년 고교 평준화가 시행되면서 고등학교 입시가 없어지고 1980년에 대입 본고사가 폐지된 것은 대한민국 정치·경제·사회의 변화가 그 밑바탕에 깔려 있었던 것이다. 이러한 입시 제도의 변화는 다양한 인재들이 사회의 각 분야에 침투할 수 있게끔 해주었다. 옛날에는 장사하는 집 아들은 집에 돈이 많으니까 대학 가는 대신 장사를 하기도 했지만 대한민국의 하부구조가 바뀌면서 빈부와 부모의 지위 고하에 관계없이 국가의 생산성 증가에 뛰어들게 만들었다. 입시 제도의 변화는 그들이 지도층, 부유층으로 진입하는 데 장벽을 제거하는 역할을 했다. 그러나 현재는 국가의 성장세가 주춤하자 다시 특목고, 자사고의 증가, 본고사 부활 등의 이야기가 나오기 시작했다. 새로운 인재를 유입하는 것보다는 기득권을 유지하는 쪽으로 상부구조가 변화하기 시작한 것이다.

하지만 고령화가 진행된다는 점, 생산연령인구가 감소한다는 점을 고려할 때 현재와 같은 명문대 진학열은 거품이다. 미래에는 욕심내서 엄청난 부와 권력을 손에 쥐는 것이 어려워지겠지만 반대로 욕심 안 내고 성실하게만 살면 어느 정도 생활을 하는 데는 무리가 없을 것이다. 일을 할 수 있는 청년 자체가 줄어들고, 중소기업이 인력난을 겪듯이 대기업도 어느 정도 인력난을 겪게 될 것이다. 명문대가 아니더라도 일정 수준의 4년제 대학교에서 학점만 괜찮으면 일류 기업에 취직할 수 있을 것이다.

기업의 경쟁력은 떨어질 수도 있지만 지금과는 다르게 사람 사는 세상이 되었으면 하는 바람이 있다. 유명하지도 않고, 돈도 많지 않고, 권세도 없는 보통 사람들도 세상에 열등감을 느끼지 않고 행복하게 살게 되었으면 한다. 그래서 손자, 손녀는 학교를 순수한 배움과 즐거움의 목적을 가지고 다니게 되었으면 한다. 세상으로부터 선택받지 못하면 어떡하나 하는 두려움에서 벗어나게 되기를 바란다.

부모에게
사교육은 손해다

필자가 알고 있는 치과 선생님 중 한 명은 1980년대 말 치과 대학을 다닐 때 그 지방 최고의 명문고에서 1등을 하는 아이의 과외를 한 적이 있었다. 하지만 막상 가르치려고 하자 더 이상 가르칠 것이 없었다고 한다. 그래서 아무래도 자신은 도움이 안 되는 것 같다고 과외를 그만두려고 하자 학생이 정색을 했다고 한다. 그래도 선생님이 자신을 가장 잘 이해해주고 편하게 대해 주는데 그만두면 엄마는 또 지독한 사람을 고용할 것이라는 말이었다. 그러면서 아무것도 해주지 않아도 되니까 과외를 해달라고 했다. 그래서 그때부터 매시간 공부하는 척 하면서 농담이나 하고 대학 생활 얘기만 했다고 한다. 그러나 아이의 성적은 떨어지지 않았고 오히려 향상되었다. 그는 아무것도 해준 것이 없지만 학생은 명문대에 갔다. 어머니는 선생님 덕분에 명문대에 갔다고 생각하고 두둑한 보너스를 줬다고 한다.

통계청에 따르면 소득 상위 20% 계층은 2012년 4분기에 교육비로 매달 40만 7038원을 썼지만 하위 20%인 계층은 5만 7248원에 그쳤다. 소득 계층 간 교육비 격차가 7.1배에 달했다. 하지만 돈을 일곱 배 더 쓴다고 아이가 공부를 일곱 배 더 잘하게 되는 것은 아니다. 2011년 김희삼 KDI 연구위원의 〈왜 사교육보다 자기주도학습이 중요한가〉 보고서에 따르면 초등학교 때는 사교육이 학교 성적을 크게 향상시키지만 중학교 1학년 때부터 그 효과는 줄어들기 시작해서 중학교 2학년 때부터는 크게 효과가 없다고 한다.

군이 통계를 보지 않더라도 대부분 학부모들은 사교육이 성적을 확 올리지 못한다는 것을 알고 있다. 그럼에도 그만두지 못하는 것은 남들은 다 하는데 안 하면 불안하기 때문이다. 그리고 컨트롤 욕구도 한몫한다. 과외는 아이의 생활을 통제하는 도구다. 이것저것 하지 말라고 말하는 대신 공부 스케줄을 빡빡하게 짜서 다른 것을 할 수 있는 시간 자체를 없애버리는 것이다. 만약 사교육을 못 하게 한다고 해도 우리나라 부모들은 남는 시간에 아이들에게 끊임없이 무언가를 시킬 것이다.

최근에는 다소 줄었지만 중학생들의 사교육이 증가한 데는 특목고 열풍도 한몫했다. 잘하는 아이들이 모이다 보니 의대나 서울대에 가는 아이들이 늘어나는 것인데 부모는 특목고에 가서 공부 잘하는 애들과 경쟁하면 더 잘하게 될 것이라고 생각한다. 경쟁이란 누군가 이기면 누군가는 져야 한다. 하지만 자기 아이가 경쟁에서 이기는 경우만 생각할 뿐 지는 경우는 생각하지 못한다. 같은 학습 능력을 지닌 아이들이 있다고 치자. 한쪽은 특목고에 가고 한쪽은 일반고에 가서 3년 후 학습 능력을 평가하면 특목고에 간 아이가 더 떨어져 있을 수도 있다. 왜냐하면 일반고에 가면 1등을 할 수 있는데 특목고에서는 기대만큼의 성적이 나오지 않아 자존심에 상처를 입고 우울해져 의욕을 잃어버릴 수 있기 때문이다.

국내에서는 사교육이 나라를 망치는 것 같이 이야기하지만 외국에서는 다르게 바라본다. 미국의 경제학자 중에는 동아시아 경제성장의 이유 중 하나로 사교육을 드는 이들도 있다. 남미에서는 서민의 경우 부모가 자기 돈을 들여서 아이를 교육시키려는 욕구가 적다. 정부가 공교육을 제공하지 않으면 서민들이 자녀의 교육을 포기하는 경우마저 있다. 사교육은 부자들이나 하는 것이다. 하지만 한국, 일본, 대만에서는 정부가 추가 공교육을 제공하지 않아도 개인이 알아서 더 교육을 시킨다. 더군다나 사교육은 아이가 무엇이 부족한지 파악해 맞춤형으로 이루어진다. 공교육은 맞춤형이 불가능하기 때문에 공교육에 대한 부모의 만족도와 효율이 사교육에 대한 만족도와 효율보다 떨어질 수밖에 없다. 지금은 사교육이 소비를 위축시킨다며 비난하지만 과거 우리나라 경제성장에 크게 기여한 것은 사실이다. 대한민국이 생기고 나서 사교육에 들어간 비용을 모두 합산하면 천문학적인 비용이 된다. 사교육이 하던 부분을 공교육이 모두 감당했다고 가정하면 엄청난 국가 예산이 투입되어야 했을 것이다. 그 예산 확보를 위해 세금을 냈다고 생각하면 경제성장에 상당한 마이너스가 된다. 사교육이었기 때문에 가능했던 것이지 1950~1970년대 정부가 교육에 그만한 예산을 투여한다는 것 자체가 불가능했을 것이다.

지금은 고령화와 저성장으로 인해서 많은 부모들이 자녀들의 대학교 등록금을 내기도 힘들어하고 있다. 부모가 자식에게 투자를 하는 만큼 자신의 노후가 위태로운 상황이 되는 상황이다. 옛날에는 소 팔고 땅 팔아서 자식을 대학에 보냈는데 지금은 그러지 못한다. 이렇게 저성장이 지속되고 불안해져서 실소득이 있는 이들은 역설적으로 더욱 사교육에 매달리는 경향이 있다. 이는 유전자의 간계 때문이다.

리처드 도킨스Richard Dawkins 같은 진화론자들은 인간을 하나의 유전자 전달체로 본다. 인간은 생식 전 연령과 생식 후 연령으로 나뉜다. 자식을 낳아서 다 키우면 유전자의 입장에서 부모는 그 역할을 다한 것이다. 그다음부터 부모가 어떻게 되든지 유전자는 신경 쓰지 않는다. 각각의 유전자를 지닌 인간들이 모여서 대한민국이라는 집단 지성을 만든다. 개인의 입장에서는 대한민국은 한 사람 한 사람이 살아가는 장소이지만 유행, 가치 등을 통한 집단의 생각과 의지에 개인이 좌지우지되는 것도 사실이다. 그런 점에서 대한민국이라는 나라도 나름의 생명이 있는 것이고 대한민국이라는 엄청나게 커다란 뇌가 집단 지성으로 작용하는 것이다. 따라서 대한민국은 인구가 줄어드는 것에서 오는 불안함을 없애고자 한 명 한 명의 개인을 지적으로 철저하게 무장시키려 한다. 인구가 줄기 때문에 한 사람이 두 사람 몫을 하고, 두 사람이 네 사람 몫을 해야 한다. 그래서 과도한 사교육 분위기를 부추긴다. 이런 경우 사교육을 하면 할수록 나라는 득이지만 부모 개인에게는 손해가 될 수 있다.

미국의 경우 2차 대전 전과 지금의 평균 IQ를 측정해보면 전체 인구의 평균 지능이 상당히 올라갔다. 2차 대전 전에 똑똑한 사람도 2013년 미국에 오면 보통 사람이다. 이런 현상을 '플린 효과Flynn effect'라고 한다. 집단의 평균 지능이 올라간 이유 중 가장 큰 변수가 학교교육이다. 학교교육에 뭔가를 더해서 중무장시키는 것이 사교육이다. 너도 나도 사교육을 시키면 모두 똑같이 더 시키기 때문에 막상 내 아이의 등수는 오르지 않는다. 그러나 국민 모두 자녀에게 사교육을 시키면 우리나라 전체의 수준은 올라간다. 대한민국이라는 국가유기체는 득을 본다. 하지만 사교육의 효과로 인해 자식이 성공해서 부모가 자식 덕분에 편한 노후를 보내게 될 확률과 사교육을 안 시키고 그 돈을 아껴서 내 노후에 사용해서 노후를 편하게 보내게 될 확률을 비교하면 후자가 백배, 천배 더 확실하다. 부모 개인의 입장에서는 사교육을 안 시키는 것이 이득이다.

요즘 젊은이들의 부모에 대한 고마움은 점점 없어지고 있다. 한 달에 100만 원 사교육에 돈을 쓰면 1년에 1200만 원이다. 10년간 사교육에 투자하면 1억 2천만 원이다. 이렇게 투자를 했는데 이름도 없는 지방 사립대에 갔다. 그런데 취직이 안 되니까 가게를 차려달라고 조른다. 부모는 이미 사교육에 다 돈을 썼으니까 여윳돈이 없어 못 차려준다. 그때부터 자식은 남들은 부모를 잘 만나서 성공했고 자신은 그저 그런 부모를 만나서 그저 그렇게 산다고 부모를 원망한다. 키워주고 학교 보내고 사교육까지 시켜준 것은 당연하게 여긴다.

이처럼 아이가 싫어하는 사교육을 억지로 시켜도 하기 싫은 공부 시킨다고 내내 싫은 얘기 듣고 나중에는 대접도 못 받는다. 사교육은 자식이 원할 때 원하는 만큼만 시키는 것이 정답이다. 사교육이 성적의 차이를 낸다고 해도 그 차이는 미세하다. 연고대 갈 아이 중에 실력이 거의 서울대에 근접해 있는 아이가 사교육을 통해서 어쩌다 서울대에 갈 수는 있다. 지방대 국립대 갈 아이 중 실력이 서울에 있는 4년제 대학에 거의 근접한 경우 사교육을 한다고 해도 어쩌다 인서울 4년제에 붙는 아이가 나올 뿐이다. 어려서부터 사교육을 했다고 해서 지방 사립대 갈 아이가 서울대 갈 수는 없다. 따라서 하기 싫다는 공부를 억지로 시킬 필요는 없다. 차라리 사교육에 들어갈 돈을 저축해서 나중에 아이가 도움을 필요로 할 때 도와주면 더 고마워할 것이다.

꼴찌가 중간이 되는 것이 2등이 1등 되는 것보다 중요하다

흔히 성적이라고 하면 공부 잘하는 아이들의 전유물인 것 같다. 특히 우리나라 대학은 서열이 매겨져 있기 때문에 이런 경향이 더욱 심하다. 그래서 서울대에 가기에는 성적이 조금 모자랐는데 서울대에 갈 수 있게 되거나 서울대에 갈 수 있는 성적이었는데 점수가 덜 나와서 서울대에 못 가게 되면 엄청난 일이 벌어진 것처럼 생각한다.

그러나 그런 생각은 원인과 결과를 거꾸로 생각하는 오류를 범한 것이다. 우리가 아이들에게 좋은 성적을 원하는 이유는 좋은 대학에 가기를 원해서인 것 같다. 하지만 좋은 대학에 가기를 원하는 이유는 무엇인가? 그것은 아이가 나름대로 성공적인 삶을 살게 하고자 하는 것이다. 좋은 대학에 가기 위해서 필요한 것은 좋은 성적이다. 좋은 성적은 어느 정도의 지적 능력, 성실함이 있기에 가능하다. 그러므로 좋은 대학을 나온 사람들이 성공하는 이유는 좋은 대학을 나왔기 때문이 아니라 좋은 성적을 받는 것을 가능하게 한 지적 능력,

성실함이 있었기 때문이다. 좋은 대학을 나왔다는 이유로 사람을 뽑아도 능력이 모자라면 도태될 수밖에 없다.

지금은 사라졌지만 필자가 의과대학을 다니던 25년 전만 해도 이런저런 사유로 정원 외 입학을 한 학생들이 있었다. 외국에서 의과대학을 들어가지 못한 외국 학생들이 입학을 하거나 당시 학력고사 성적은 커트라인에 미치지 못했지만 다른 절차를 통해서 입학한 것이다. 하지만 정원 외 입학 학생들 상당수가 진급을 못해서 몇 년씩 학교를 더 다니거나 졸업을 못 했다. 졸업을 해도 의사국가고시를 붙지 못한 경우도 많았다. 억지로 의대에 들어온 학생들 대부분은 충분히 서울 4년제 대학교에 들어가거나 본국의 4년제 대학교에서 원하는 전공을 선택할 수 있을 정도의 능력은 갖추고 있었다. 하지만 부모는 자식이 성공적인 인생을 살게 해주고 싶다는 생각에 의대에 입학을 시켰지만 의대를 버텨낼 능력, 의사국가고시에 합격할 능력이 없었기 때문에 아까운 청춘을 의대에 바치고 의사도 되지 못했다. 실패했다는 패배감만을 지니고 청춘을 마치게 된 것이다.

서울대에 갈 수 있는 능력이 있었지만 아깝게 서울대에 가지 못한 사람은 다른 대학에 가서도 노력을 멈추지 않으면 운 좋게 서울대에 들어간 사람보다 성공적인 삶을 살 것이다. 서울의 4년제 대학에 갈 능력이 있었지만 여러 가지 여건 때문에 지방대에 간 사람도 계속 노력하면 여건이 좋아서 서울의 4년제 대학에 간 사람보다 성공할 수 있다. 성공 여부를 결정하는 것은 대학 졸업장이 아니라 졸업하는 것을 가능케 한 노력과 능력이다. 그런 점에 있어서 2등이 1등으로 올라가는 것, 1등이 2등이 되는 것은 생각만큼 인생에 큰 영향을 주지 않는다.

그러나 꼴찌가 중간이 되는 것, 중간이 꼴찌가 되는 것은 사정이 다르다. 지능이 낮은 경우를 지적장애라고 하는데 지능검사를 통해서 지능이 낮게 나오면 지적장애로 등록할 수 있다. 지능지수가 70 이하일 때만 장애인 등록이 가능하다. 하지만 지적 능력이 저하되었더라도 일을 할 수 있는 능력, 사람들과 함께 살아갈 수 있는 능력은 천양지차다. 자기 이름을 쓰고 말할 수 있고 집에 전화를 할 수 있다는 것만으로도 실종의 가능성이 현저하게 줄어든다. 아이가 실종됐을 때 부모가 받은 상처, 아이를 찾기 위해서 투여되는 사회적 비용을 고려하면 지적장애인 아이들이 최소한 이름을 말하고 쓰고, 전화번호를 외우게 하는 것은 2등이 1등이 되는 것과 비교할 수 없이 중요하다. 이렇게 지적장애 수준은 아니더라도 지능이 평균보다 낮아서 공부를 잘 따라가지 못하는 경우는 어느 정도까지 공부를 쫓아갔느냐가 나중에 삶의 질을 결정하는 데 많은 영향을 준다.

영어 단어를 얼마나 암기하고 있느냐 없느냐는 앞으로 컴퓨터나 기계의 영어 지시를 어느 정도 익숙하게 수행할 수 있을지를 결정한다. 맞춤법을 틀리지 않고 문장을 작성할 수 있느냐 없느냐는 직장에서 필요한 보고서를 정해진 시간 안에 쓸 수 있을지 여부를 결정한다. 무슨 내용인지 알아들을 수 없는 수업이지만 가만히 앉아서 얼마나 집중할 수 있느냐는 사회생활을 하면서 남의 지시 사항을 얼마나 잘 경청할 수 있을지를 결정한다. 즉 삶의 질에 미치는 영향에 있어서는 2등이 1등이 되는 것보다 꼴찌가 중간이 되는 것이 훨씬 더 중요한 것이다.

우리는 사교육을 생각할 때 잘하는 아이들을 더 잘하게 만드는 것만 생각한다. 부모도 그럴 때 사교육이 의미가 있다고 생각한다. 하지만 우리 사회에 진정 필요한 사교육은 꼴찌가 중간이 되게끔 하는 사교육이다. 꼴찌가 꼴찌로 남으면 그 사회적 비용은 고스란히 국가와 가정의 몫이 된다. 2등이 1등 된다고 해서 사회가 더 살기 좋아지는 것이 아니다. 하지만 꼴찌가 중간이 되어서 평균이 상승하게 되면 사회는 틀림없이 더 살기 좋아질 것이다. 똑똑한 천재 한 명이 기업을 먹여 살린다고 하지만 그런 천재들은 억지로 공부를 시킨다고 만들어지는 것이 아니다. 그리고 우리는 꼴찌에게 더 많은 관심을 기울여야 한다. 꼴찌들이 대한민국에서 열심히 살아보자 하는 생각을 버리지 않고, 꼴찌들도 살 만한 세상이 될 때 우리나라의 삶의 질 평균이 올라가고 생산성도 향상된다.

개천에서
용 날 수 있다

필자는 여전히 개천에서 용 날 수 있다고 믿는다. 만약에 판검사, 의사가 되거나 명문대에 입학하는 이를 용이라고 한정 짓는다면 개천에서 용 나는 것이 점점 어려워지는 것처럼 보일 것이다. 하지만 명문대를 입학하거나 의사, 변호사 자격증을 따는 데는 도움이 되지 않지만 나이가 들수록 드러나게 되는 재능이 있기 때문에 여전히 개천에서 용 나는 것이 가능하다고 믿는다. 학교에서 공부하며 시험을 대비할 때는 두드러지지 않지만 성공과 관계있다고 믿는 재능은 네 가지다. ① 대인관계 능력 ② 용기와 결단력 ③ 전체를 조망하고 길게 볼 수 있는 안목 ④ 큰 실패 한두 번에는 꿈쩍도 하지 않는, 절대로 포기하지 않는 마음이다. 이 네 가지 덕목은 중고등학교 때가 아닌 성인이 되면서 살아가면서 갖추어지게 되는 덕목이다.

얼핏 보면 의사, 판검사, 고위 공무원, 대기업 간부가 용인 것만 같다. 만약에 세상을 좁게 본다면 공부를 잘하는 이들만이 용이 될 수 있으니 개천에서 용 나기가 불가능하다고 할 수도 있겠다. 하지만 베풂과 나눔을 통해 세상을 바꾸어가는 사람, 새로운 유행을 이끌어가는 사람, 장사를 잘하는 사람, 세일즈를 잘하는 사람들 중에는 학력과 상관이 없이 성공한 사람이 수두룩하다. 중고등학교 때 공부에는 재능이 없었지만 앞서 기술한 성공을 위한 네 가지 덕목의 씨앗을 갖추고 나이가 들면서 싹을 틔우는 이들이 있다. 거기에다가 부닥치면서 배우는 부닥치기 학습 능력, 눈치코치로 빨리 익히는 모방 학습 능력만 더해지면 학력과 상관없이 성공할 수 있다고 생각한다.

과거에는 조직에 몸을 담고 있으면 저절로 위로 올라갈 수 있었다. 대기업에 들어가면 기업이 성장하면서 내가 승진할 수 있는 자리가 만들어졌다. 정부의 규모가 점점 커지고 있었기 때문에 행정고시에 붙으면 조금의 노력으로 승진할 수 있었다. 하지만 지금은 기업과 정부의 조직이 점점 슬림화되는 시점이다. 명문대를 나와서 조직에 들어가는 것이 당연히 성공을 보장해주지 않는다. 신이 내려주신 직장이라는 공기업도 이제 강도 높은 구조조정에 직면하고 있다. 의사도 경쟁이 심해지고 규제가 강화되면서 고소득을 보장해주지 않는다. 중고등학교 때 공부를 잘해서 좋은 대학에 가고, 대학 다니는 내내 좋은 성적을 얻는다면 남보다 유리한 위치를 차지하는 것이 사실이다. 하지만 세상이 바뀌면서 성공 공식은 분명 바뀌어갈 것이다. 그렇다면 개천에서 용 날 수 있는 네 가지 덕목은 무엇인지 자세히 살펴보자.

대인관계 능력

사람들을 만날 때마다 웃어주고 기분 좋게 해주는 것이 학교 성적에 반영되지는 않는다. 하지만 사람을 쉽게 사귀고 서로 신뢰하는 관계로 만드는 것은 시간이 지날수록 삶을 편하게 해준다. 사람들과의 다툼, 감정, 앙금 때문에 머리를 싸매는 시간이 줄어들고 내가 해야 할 것에 집중할 수 있도록 해준다. 학교 다닐 때는 그냥 부모님 말씀 잘 듣고 선생님 시키는 대로 하면 된다. 아주 간단하다. 하지만 세상에 나오면 모든 관계가 애매해진다. 사적이면서 공적인 관계가 있다. 배신을 당할 때도 있다. 이럴 때마다 툭툭 털어버리고 또다시 사람을 사귀면서 자기 삶을 이어가는 사람이 결국은 승자가 된다. 단지 인맥을 만들기에 유리하고 고객을 유치하기에 유리해서가 아니라, 대인관계가 좋다는 것은 삶이 수월하고 쓸데없는 고민과 갈등에 시간을 낭비하지 않는다는 것을 의미하기 때문이다.

용기와 결단력

학교 다닐 때는 주어진 시간 내에 부지런히 외우고 필기를 하면 된다. 대학을 다니는 동안에는 토익 공부하고 리포트만 열심히 쓰면 된다. 남들이 안 하는 일을 하기 위해서 결단을 내릴 필요도 없다. 큰 손해를 막기 위해서 눈물을 머금고 소중히 여기는 것을 팔 필요도 없다. 나와 평생을 같이 할 사람이라는 확신을 가지고 결혼을 전제로 프러포즈를 할 필요도 중고등학교 때는 없다. 용기와 결단력은 공부 잘하는 것과는 아무런 관계가 없다. 하지만 그 용기와 결단력이 한순간에 누구는 성공으로 이끌고 누구는 나락으로 빠지게 한다. 더군다나 고령화사회로 진입하고 출산율이 낮아지면서 자산 시장의 요동이 그 어느 때보다도 심할 앞으로 몇 년간은 결단력과 용기가 성공과 실패를 좌우할 큰 덕목일 것이다.

전체를 조망하는 안목

객관적으로 상황을 파악할 수 있어야 한다. 10년, 20년 어쩌면 평생이라는 긴 안목에서 현재의 나를 바라볼 수 있어야 한다. 나이가 들면서 중요하게 생각되는 것이 바뀐다는 것을 인지해야 한다. 사람들은 자신이 원하는 대로 세상이 움직여지기를 바라는 본능적 소망이 있다. 하지만 나한테 불리하게 상황이 돌아갈 수 있다는 것을 궁지에 몰리고 나서야 받아들인다. 내게 불리한 상황도 현실로 받아들여야 한다. 돌이킬 수 없을 때는 맞서기보다는 대처해야 한다. 중고등학교 때는 그냥 시키는 대로, 정해진 진도대로 열심히 하면 됐지만 어른이 되면 자신의 인생 진도를 스스로 만들어낼 수 있어야 한다. 인생의 목적지를 정한 후 현재 내가 어디까지 왔는지, 어디를 향하고 있는지, 과연 올바른 방향으로 가고 있는지, 어떻게 방향을 틀어야 하는지를 인생의 나침반을 가지고 가늠할 수 있어야 한다.

절대로 포기하지 않는 마음

마지막으로 살면서 겪게 되는 무수한 실패를 이겨낼 수 있도록 다시 시도할 수 있는, 절대로 포기하지 않는 마음이다. 사기그릇은 땅바닥에 집어던지면 깨진다. 하지만 플라스틱 그릇은 아무리 집어던

져도 깨지지 않는다. 일이 안 풀려 의기소침했다가도 금세 또다시 시작할 수 있는 포기하지 않는 마음이 있어야 한다. 보험왕도 대부분 영업 첫날에는 매상을 올리지 못했다고 한다. 억대 연봉을 받는 세일즈맨도 첫 달에는 미미한 수익을 얻으면서 시작했다. 하지만 매번 퇴짜를 맞아도 포기하지 않고 계속 고객을 찾아 나섰기 때문에 성공을 할 수 있었다. 이처럼 세상은 마음먹은 대로 움직여주지 않는다. 실패를 감당하는 능력이 때로는 더 큰 성공의 기반이 된다.

성공을 위한 덕목을 두루 갖추고 있지만 공부에서 두각을 나타내지 못해서 그 재능을 썩히는 아이들을 보면 안타깝다. 인문학 영재를 위한 철학 고등학교, 낮은 곳에서 세상을 바꾸어가는 리더를 양성하기 위한 인성 고등학교, 장사를 가르쳐주는 특목고, 사업을 가르쳐주는 자립형 고등학교가 있다면 좋겠다. 성적을 올리는 데 직접 도움이 되지는 않지만 공부보다 소중한 성공 덕목을 가진 아이들에게 도움이 될 것이라고 생각한다. 고등학교 때부터 아이들이 참신한 아이디어와 열정을 가지고 학교에서 지원해주는 자금으로 가게를 열거나 인터넷 사업을 하고, 실패를 했다면 그 실패를 극복해 나가며 다시 일어설 수 있는 힘을 기를 수 있으면 좋겠다는 생각을 해본다. 그런 아이들의 장사 본능, 사업 본능, 생활 본능을 일깨워서 대학에 가지 않더라도 인생의 중반부터 역전할 수 있게 기틀을 마련해준다면 그것이 개천에서 용 나는 사회가 되는 길이 아닐까? 나중에 '청담 하버드 심리철학 고등학교', '부여 에디슨 괴짜 발명 고등학교', '부여 다사랑 비즈니스 고등학교'를 열어 이러한 꿈을 실천하고 싶다.

왕따
공부
반항

03

게임

　　승호는 아버지의 사업이 잘되었을 때는 강남에 살았다. 집도 지금 집보다 훨씬 넓었다. 그런데 아버지 사업이 망해 지금 동네로 이사를 오게 되면서 승호의 삶은 완전히 바뀌게 되었다. 과거에는 아버지도 집에 일찍 들어오셨고 어머니는 전업주부였다. 그런데 지금은 두 분 다 맞벌이를 하고 있다. 아버지는 야근 있는 날이 많았고 어머니는 마트에서 일을 했다. 일을 하고 집에 오면 파김치가 되고는 했다. 아버지의 사업이 망하면서 생긴 빚을 갚아야 했기에 여유가 없었다. 금전적 여유뿐 아니라 마음의 여유도 없었다. 두 분 다 늦게 들어오는 날이면 승호는 어머니가 냉장고에 차려놓은 음식을 전자레인지에 돌려서 먹고는 혼자 오래 시간을 보내야 했다. 과거에는 주말에 부모님과 외식도 했지만, 이제 아버지는 종일 텔레비전만 보고 어머니는 주말에도 일을 하러 나갈 때가 있었다.

　　같은 학교 다니는 아이들 중에서도 마음에 드는 아이가 없었다. 강남의 학교에 다닐 때 알았던 친구를 코엑스나 고속터미널에서 만나기도 했지만 왠지 어색했다. 과거에 비하면 용돈이 거의 없는 편이었다. 친구들은 호의를 베푼다는 의미로 자기들이 내겠다고 하는데 친구들에게 얻어먹는 것은 자존심 상했다. 그 아이들이 자신을 깔본다는 생각이 들었다.

밖에 나가지 않고 가장 적은 돈으로 시간을 때울 수 있는 것이 컴퓨터였다. 인터넷을 하고 게임을 하면서 시간을 보냈다. 그러다 새로 나온 온라인 게임의 캐릭터에 완전히 몰입하게 되었다. 아버지의 왕국이 적한테 정복을 당하면서 몰락을 한 왕자가 다시 자신의 왕국을 되찾는 스토리의 게임이었다. 물론 승호는 자신이 그 게임에 몰입하는 무의식적인 이유가 자신이 처한 상황과 관련되어 있다는 것을 몰랐다. 승호는 옛날에 하던 어떤 게임보다 새로 하게 된 게임이 더 재미있었다. 집도 잘살지 않고, 공부도 잘하는 것은 아니었지만 적어도 이 게임에 있어서는 자신이 최고라는 생각이 들었다. 그리고 게임은 열심히 노력한 만큼 랭킹이 올라갔다. 뭔가 잘될 듯하다가 안 되어 좌절할 때도 있었지만, 절망스러운 상황에서 운이 좋아 이기기도 했다. 그동안은 패배감에 사로잡혀 살아왔지만 게임을 하면서는 승부욕이 불타올랐다. 게임에서 누군가에게 지는 경우 자꾸 자신이 패한 장면이 떠오르면서 잠이 오지 않았다.

승호는 다른 아이들보다 많은 시간을 투자하다 보니 아이템도 더 많이 얻게 되었고 게임 전체를 더 잘 파악할 수 있었다. 집의 컴퓨터가 느리기도 하고 부모의 간섭을 받기 싫어서 늦게까지 독서실에서 공부한다고 말하고는 PC방에서 게임을 했다.

길드에서도 승호만큼 잘하는 아이는 없었다. 주위에서 프로게이머로 나서도 손색이 없다고 칭찬했다. 그래서 게이머가 되는 방법에 대해 조사했다. 알아보니까 팀을 만들어서 중계방송되는 대회에 참가해 좋은 성적을 거두면 기업 쪽에서 후원을 받아 프로팀이 되면서 소속된 팀원 모두 프로게이머가 될 수 있었다. 그런데 프로게임에 관심이 있는 기업들은 이미 대부분 팀을 창단했기 때문에 가능성이 없었다. 대회에 나가서 인지도와 실력을 쌓아서 프로게임단에 스카우트되는 것도 현재는 남는 자리가 없어서 불가능했다. 공개적으로 팀원을 모집하는 경우도 가뭄에 콩 나기였다.

승호는 굳이 프로게이머가 되지 않더라도 돈을 벌 수 있는 방법이 없을까 하다가 게임 아이템을 현물로 팔았다. 하루는 아이템을 넘기고 돈을 받지 못해서 사기를 당했다. 너무 화가 나고 바보 같다는 생각이 들어 평소에는 무시하던 게임의 대화창 광고를 클릭하여 불법 스포츠 토토 사이트에 접속했다. 나쁜 기분을 풀려고 한번 해보고 싶은 생각이 들었다. 처음 돈을 걸었는데도 현질(게임 캐시나 아이템을 현금으로 사고파는 일)과는 차원이 다를 정도로 돈을 많이 땄다.

그러나 다음 날에 모두 잃었다. 어떻게든 돈을 모아서 다시 하고 싶은데 게임을 해서 아이템을 획득해서 돈을 구하자니 시간이 너무 오래 걸렸다. 그래서 아이템을 싸게 구해서 비싸게 파는 중개를 하기 시작했다. 돈을 버는 족족 불법 스포츠 토토에 모두 걸었다. 게임과는 또 다른 스릴이 있었다. 그러다 자의반 타의반으로 돈은 받았지만 아이템은 못 보내주는 일이 생겼다. 승호는 인터넷에서 잠수를 타고 떼어먹은 돈으로 스포츠 토토에 돈을 걸었다가 또 날렸다. 그때부터는 작정하고 사기를 쳐서 돈을 모았다. 아주 비싸고 희귀한 아이템을 파격적인 가격에 판다고 하면 꼭 걸려드는 이들이 있었다. 그렇게 사기를 친 돈으로 스포츠 토토를 했다. 밤늦게까지 일하고 들어온 부모가 파김치가 되어 자는 것을 보면 미안했지만 한번 크게 돈을 따서 효도하면 된다고 합리화했다.

그러다 하루는 경찰서에서 집으로 전화가 왔다. 승호는 부모가 안 계시다고 했다. 가슴이 벌름거렸다. 경찰은 직장으로 연락했다. 인터넷 도박 사이트에 가입할 때 부모님의 주민등록번호를 썼던 것이 문제였다. 부모가 집에 와서 승호에게 인터넷 도박 사이트에 부모님 이름으로 가입을 했는지 물었다. 아니라고 잡아뗐다. 부모는 일단 아니라는 것을 해명하기 위해서 경찰서에 갔다. 하지만 경찰은 이미 IP를 추적해서 증거를 확보한 상태였고 승호의 집 컴퓨터와 승호가 자주 가던 PC방에서 주로 접속이 이루어졌다는 점을 얘기했다. 결국 승호는 참고인으로 조사를 받게 되었다. 게다가 아이템 사기로 고발이 들어온 상태였고 IP가 유사하다는 것을 떠올린 경찰 때문에 승호의 아이템 사기는 적발당했다. 초범이어서 기소유예 처분을 받았지만 승호의 부모는 사기당한 이들과 합의를 봐야 했고 상당한 돈을 지불해야 했다.

승호의 아버지와 어머니는 화가 많이 났지만 자신들의 잘못으로 환경이 바뀌면서 승호가 적응을 못해 이런 일이 벌어졌다고 생각하고 참기로 했다. 승호가 이번 일이 있기 전까지는 말썽 한 번 안 부린 아이였기 때문에 믿기로 했고 그럴 바에는 잔소리하지 않는 것이 낫다고 생각한 것이다. 승호는 다시는 게임도 도박도 안 하겠다는 결심을 부모님께 말씀드리고 컴퓨터를 치워버렸다. 스마트폰도 구식 효도폰으로 바꿨다. 동네 PC방에 부모님과 함께 방문해서 PC방에 출입하면 부모님께 알리도록 자발적으로 채비했다. 부모는 승호가 다시는 그러지 않을 것이라고 믿었다.

하지만 그것이 쉽지 않았다. 승호가 친구 집에 놀러 가면 컴퓨터가 없는 집이 없었다. 친구들이 게임을 해도 애써 눈길을 주지 않고 혼자만 딴짓을 했는데 참는 데도 한계가 있었다. 하루는 한 번만 하자는 생각에 게임을 하는데 너무 흥분되고 재미있었다. 하지만 근처 PC방은 부모님과 함께 방문해서 얘기를 했기 때문에 친구 집에 갔을 때만 게임을 했다. 그러다 하루는 동네에 새 PC방이 생겼다. 그곳 주인은 자신을 모를 것이라는 생각에 들어가서 게임을 했다. 게임을 하다 보니 다시 아이템이 쌓였다. 우연히 희귀한 아이템을 얻었고 그것을 판 후 다시 다른 불법 스포츠 토토 사이트에 접속했다. 다시 돈을 걸까 말까 고민하다가 승호는 돈을 걸고 마우스를 클릭했다. 죄책감은 잠시였고 곧 희열이 솟구쳤다.

게임은
나쁘다?

필자가 제일 처음 전자오락이라는 접한 것은 1970년대 말 〈갤럭시〉를 통해서였다. 당시에 필자가 살던 동네에 우리나라에서 제일 먼저 전자오락실이 생긴 것 같다. 처음에는 외계 우주선을 쏴서 맞히는 〈갤럭시〉가 히트를 쳤고, 같은 시기에 〈벽돌깨기〉도 등장했던 것 같다. 그때부터 아이들의 노는 방식이 달라졌다. 과거에는 딱지나 구슬을 가지고 딱지치기, 구슬치기로 내기를 하거나 만홧가게에서 만화를 보는 것이 아이들의 노는 방식이었는데 이제 전자오락이 등장한 것이다. 처음에는 호기심 때문에 한두 번 정도 했는데 필자는 영 전자오락이 서툴러서 안 하게 되었다.

1980년대와 1990년대 중반까지는 전자오락실의 전성시대였다. 〈스트리트 파이터〉를 비롯한 다양한 오락기계들이 등장했다. 전자오락실에서는 두 사람이 대결을 펼칠 수 있었다. 같은 반에서 오락을 잘하는 아이들끼리 서로 자웅을 겨루기도 했다. 점수를 올리는 오락도 기계마다 최고 점수가 기록이 되었다. 그러면서 얼굴을 알지 못하지만 최고 점수를 올린 이를 라이벌로 생각하면서 기록을 깨기 위해 시간 날 때마다 오락기계 앞에 앉아 있는 아이도 생겼다. 경쟁과 기록 깨기라는 온라인 게임의 특성이 이때부터 생겨난 것이었다.

1990년대 말 드디어 〈스타크래프트〉, 〈리니지〉 등 온라인 게임이 등장했다. 이미 집에 컴퓨터를 가지고 있는 이들도 적지 않았지만 PC방의 모니터, 메모리, 인터넷 속도 사양이 집보다 월등했다. 방구

석에 틀어박혀 뭐 하는 짓이냐는 가족들의 잔소리를 피하기 위해서도 PC방에서 게임을 해야 했다. 더군다나 친구들끼리 모여 왁자지껄하게 떠들며 게임을 하는 맛에 PC방이 전자오락을 대체하기 시작했다. 대학생들도 기말고사가 끝나면 PC방에서 화끈하게 게임을 하고 술을 마시러 갔고, 직장인들도 토요일 오전 근무가 끝나면 저녁 모임이 있기 전까지는 PC방에서 게임을 했다.

기술이 비약적으로 발전하고 컴퓨터 가격이 낮아지면서 집에서 게임 할 때와 PC방에서 게임 할 때 속도, 영상, 음향 면에서 차이가 없어지기 시작했다. 임요환 같은 걸출한 프로게이머가 나타나면서 대중은 점점 온라인 게임에 익숙해졌다. 매일이라면 모르겠지만 어쩌다 하루 온종일 집에서 컴퓨터 게임을 하는 정도는 부모들도 뭐라고 하지 않게 되었다. 게다가 MMORPG(대규모 다중 사용자 온라인 롤플레잉 게임)가 대세가 되면서 굳이 친구들과 함께 PC방에서 게임을 하지 않더라도 네트워크상의 동료들과 게임을 할 수 있게 되었다. PC방의 경쟁력은 점점 저하되었고 과거의 심야 만화방과 유사한 시설이 되었다. 일도 없고 돈도 없을 때 PC방처럼 싼값에 오랜 시간을 때울 수 있는 곳이 없기 때문이다.

스마트폰과 아이패드라는 도구 때문에 이제는 PC가 없는 곳에서도 어디서나 게임을 할 수 있게 되었다. 그러면서 닌텐도 같은 휴대용 게임 산업은 급속도로 위축되고 있다. 실제 지하철이나 버스에서 스마트폰으로 뭔가 열심히 하는 사람들을 보면 대부분 동영상을 보거나 게임을 하고 있다. 스마트폰이 삶을 편리하게 해주고 세상을 바꾼다고 선전하지만, 사실 스마트폰의 가장 큰 역할은 뭐니 뭐니 해도 시간 때우기인 것이다.

그런데 이렇게 게임의 역사를 돌이켜보면서 가지게 되는 의문이 하나 있다. 만약 게임이 없었다면 게임을 좋아하는 아이들이 과연 그 시간에 공부를 하거나, 책을 읽거나, 다른 창의적인 일을 했을 것이냐는 점이다. 만화방이 전자오락실로 변하고, 전자오락실이 PC방으로 변하고, PC방이 바다이야기 같은 사행성 오락 시설로 변했다가, 다시 박리다매를 목적으로 하는 호프집으로 변한다. 그 공간이 발명가 지망생을 위한 실험실로 바뀌는 일도 없었고, 자원봉사자들을 위한 사무실로 바뀌는 일도 없었으며 예술가들을 위한 공간으로 바뀌는 일도 없었다.

전자오락이라는 것이 애초에 없었고 지금 이 세상에 게임이 없다고 할 때 과연 현재 게임 유저 중에서 게임을 하는 시간에 공부를 하거나 일을 하고 가족과 따뜻한 시간을 보낼 이는 몇이나 될까? 어쩌면 그들 중에는 온라인 게임 대신에 술을 더 마시는 이도 있을 것이다. 청소년 중에는 온라인 게임 대신에 본드를 흡입하거나 매일 치고받고 싸움을 하는 이도 있을 것이고, 중장년 중에서는 온라인 게임을 했을 시간에 내기 고스톱을 하거나 경마장을 들락날락하는 이들도 있을 것이다. 게임 중독을 막기 위한 정부의 정책이나 심리학자들의 치료 방법은 게임만 안 하면 그다음부터 만사 오케이라는 발상에서 비롯된 경우가 많다. 하지만 필자는 그렇지 않다고 생각한다.

부모들은 아이들에게 게임 그만하고 공부하라는 얘기를 하루에 열 번도 더 한다. 하지만 부모 자신들의 어렸을 적 삶을 돌이켜보면 아이에게 요구하듯이 목표를 가지고 열심히 공부를 한 경우는 거의 없을 것이다. 설혹 성적이 좋았던 부모라도 자신이 스스로 정한 목표를 달성하기 위해서 알아서 열심히 공부했노라고 가슴에 손을 얹고 이야기할 이는 별로 없다. 부모님께 야단맞는 것이 두렵고, 머리도 좋은 편인데 오락이나 노는 것을 그다지 좋아하지 않았기 때문에 그만한 성적이 나왔던 것이다. 그렇다고 아이가 게임을 하는 것을 마냥 보고만 있자는 것은 아니다. 하지만 아이에게 게임으로 시간을 낭비하지 말라고 하기 위해서는 부모부터 떳떳해져야 한다는 것이다.

손님이 별로 없는 한가한 가게에 들어가면 열이면 열 주인들은 컴퓨터 모니터를 보면서 마우스를 누르고 있다. 이 중 컴퓨터로 식당 메뉴를 맛있게 하기 위해서 조리법을 찾아보거나, 매출을 늘리기 위한 방법에 대해서 의견을 나누거나, 소비자들의 새로운 취향을 검색하는 이들은 거의 없다. 대부분 사람들이 하는 것은 인터넷 고스톱 게임이다. 과거에는 만나서 고스톱을 치던 것이 지금은 맞고 게임을 하는 것으로 바뀐 것이다. 본인들은 그렇게 맞고 게임으로 시간을 때우면서 아이들에게는 쓸데없이 오락하지 말고 공부하라는 것은 옳지 않다. 하지만 어른들은 자신들이 하는 맞고 게임은 가게에 손님이 없으니까 하는 어쩔 수 없는 시간 때우기라고 합리화한다. 반면에 아이들이 하는 〈스타크래프트〉는 공부해야 하는 시간에 하는 쓸데없는 짓으로 여긴다. 아이들에게 〈스타크래프트〉를 하지 말고 공부를 하라고 하기 위해서는 어른들도 맞고를 하는 시간에 자격증을 따기 위해서 공부를 해야 한다.

1970년대에는 중고등학생들의 본드 흡입이 큰 사회문제였다. 본드 흡입은 순간적으로 온몸이 나른해지고 긴장이 이완되는 효과가 있다. 반면에 뇌의 기능이 파괴된다. 하지만 게임이 긴장을 풀고 시간을 때우는 수단으로 대세가 되면서 본드 흡입을 하는 청소년이 급속히 줄어들었다. 요새 젊은이들을 보게 되면 과거처럼 폭음을 하는 이들도 줄었고 비흡연자도 많다. 온라인 중독이 오프라인 중독을 대체했기 때문일 수 있다. 학교에서 아이들끼리 크게 싸우는 빈도도 예전에 비하면 줄어들었다. 어쩌면 온라인 게임을 통해서 분노를 대리 발산할 수 있기 때문에 실제 주먹 다툼을 하는 것이 줄어들었을 수도 있다. 이처럼 온라인 게임이 오프라인에서 드러나는 문제들을 줄이는 데 긍정적인 효과를 불러올 수 있다고 생각한다.

하지만 이렇게 게임의 긍정적 효과에 대해 논하는 연구를 찾기란 쉽지 않다. 게임은 무조건 나쁘다는 결과에 부합되는 연구만 주로 시행되고 있는데 이는 학교와 학부모들이 그런 연구 결과를 좋아하기 때문이다. 수요가 많은 쪽에 연구비가 쏠리게 마련이고 그런 쪽으로 연구가 진행되기 마련이다.

물론 일부 사용자가 게임에 중독되는 것 역시 부인할 수 없는 사실이다. 게임을 많이 하는 이들은 동일한 시각 자극에 대해 뇌가 더 민감하게 반응한다. 이런 연구 결과들은 게임 중독이 일정 부분 뇌의 문제라는 것을 시사한다. 더군다나 게임 회사들은 게임을 개발할 때 어떻게 해서든 한번 게임을 하면 몰두하게끔 만들고자 한다. 사람들이 게임을 하는 목적도 골치 아픈 세상일에서 벗어나 몰두하기 위해서다. 더군다나 게임 유저의 평균연령이 점점 올라가면서 중독 상태에 이르렀을 때 주위에서 개입하기가 더욱 어려워지고 있다.

1990년 말 〈스타크래프트〉와 〈리니지〉에 열광을 하던 중고등학생들은 이미 성인이 되었다. 당시에 〈스타크래프트〉와 〈리니지〉에 열광을 하던 대학생들 중 일부는 중년이 되었다. 학생이었을 때는 부모를 비롯한 가족이 어느 정도 생활을 통제한다. 주기적으로 치르는 시험이 있기 때문에 게임을 하다가도 어쩔 수 없이 중단한다. 하지만 성인의 경우 통제해줄 사람이 없다. 남편, 처, 자식이 있을 때는 눈치를 봐야 하지만 이혼 등으로 돌봐줄 이가 없는 경우 게임에 중독되면 통제불능이 된다. 더군다나 사회, 경제적 요인으로 인해서 결혼연령이 올라가기 때문에 개입해줄 가족이 없어 게임을 하다가 중독 상태가 될 가능성이 높아졌다. 중독 상태가 되면 사회와도 소원해지고 결혼에 대한 관심도 떨어진다. 가족을 이룰 가능성은 더욱 떨어지고 중독 상태가 지속되는 악순환이 이어진다.

그러다 직장을 잃게 되면 상황은 설상가상이다. 직장을 다니면 아침에 출근하기 위해서 밤새워 게임을 하다가도 어쩔 수 없이 중단해야 한다. 하지만 실직하면 24시간 이상 게임을 할 수 있게 된다. 사회적, 경제적 여건 때문에 홀로 사는 젊은이들이 늘어나고 고용마저 불행한 현재 상황에서 게임 중독은 점점 늘어날 수밖에 없다. 더군다나 계속되는 불경기로 인해 자력으로 부자가 되는 것을 포기한 이들 중에서 대박을 꿈꾸며 온라인 도박에 빠져드는 이들이 늘어난다. 그리고 PC방과 찜질방을 전전하다가 결국은 노숙자가 되는 이들의 수가 증가할 것이다. 즉 게임 중독의 상당 부분은 사회구조에서 기인한다. 인류 사회를 돌이켜볼 때 아무리 사회가 건전했더라도 도박이 있었고, 매춘도 있었고, 시간을 때우기 위한 게임도 있었다. 하지만 많은 사람들이 자신의 꿈을 실현하기 위해서, 가족을 지키기 위해서, 창의적으로, 의욕적으로, 열심히 일하는 세상에서는 게임을 하면서 시간 때우는 이들의 비율은 상대적으로 낮을 것이고 목적을 달성하기 위해서 움직이는 이들의 비율은 상대적으로 높을 것이다.

아이들의 게임 중독을 줄이기 위해서는 게임보다 더 재미있고 의욕적으로 살도록 아이들에게 게임 대신 뭔가를 주어야 한다. 공부할 시간에 게임을 하고 있다면서 억지로 게임을 그만두게 하고 그 시간에 공부를 시키고자 하는 시도는 백이면 백 실패한다. 게임을 안 하는 대신 그 시간에 마음껏 하고 싶은 것을 하면서 놀게 해주고, 아이돌 공연을 보게 해주고, 기획사 오디션도 응시하게 해주고, 디자인 학원에도 보내주고, 요리 학원에도 보내주고, 만화 학원에도 보내주면 게임에 몰두하는 아이들의 상당수는 게임을 중단할 것이다. 하지만 이러한 예는 부모 마음에는 모두 못마땅한 것들이다. 부모가 '이런 쓸데없는 짓을 하게 할 바에는 왜 게임을 그만두게 했지' 하는 생각을 가지고 공부를 강요하는 순간 아이들은 또다시 게임에 몰두하면서 현실로부터 도피한다. 아이들이 하고 싶은 것을 마음껏 하게 해주지 않는 한 아이들은 세상에서 가장 재미있는 게임을 포기하지 못한다. 심한 중독 상태에 빠진 일부 아이들을 제외한 나머지 아이들은 게임을 그만두었을 때의 보상이 게임을 할 때의 즐거움보다 더 크다면 정도의 차이는 있으나 조금이라도 게임을 멀리하게 된다.

아이와 함께 재미있는 것을 찾기 위해서는 부모부터 재미있게 지내야 한다. 돈과 지위가 인생의 모두라고 생각하는 부모는 아이에게 공부만 강요하기 마련이다. 부모가 뭔가를 제대로 하면서 재미있게 사는 모습을 보며 자라는 아이들은 부모같이 실제 세상에서 재미있게 사는 것을 추구하게 된다.

성인들 역시 마찬가지다. 직장도 없고 매일 들어가서 누울 수 있는 방 한 칸도 없는 처지가 되면 낮에는 PC방, 밤에는 찜질방에서 지낼 수밖에 없다. 과거에는 먹고살기 위해서 일을 했다. 하지만 나라가 잘살게 되면서 단지 먹고살기 위해 힘든 일을 하고자 하는 사람들이 줄어들게 되었다. 직업에는 귀천이 없다고들 하지만, 세상에는 누구나 하고 싶은 일이 있고 누구나 피하고 싶은 일이 있다. 몸이 고되고, 지루하고, 사람들의 인정을 못 받는 일을 천직이라고 생각하면서 즐겁게 하는 사람은 없다. 제대로 된 일은 이미 남들이 다 차지했고 내가 할 일은 남들이 차지하고 남은 일밖에 없다고 생각하면 세상이 재미가 있을 턱이 없다. 그러다 보면 어쩔 수 없이 일하는 시간을 제외하고는 목적 없이 시간을 때우게 된다. 그것이 누구에게는 게임이다.

따라서 우리나라가 제대로 된 의지로 제대로 된 방법을 실천해서 사람들이 제대로 된 일이라고 느끼는 일을 늘린다면 게임에 몰두해서 현실로부터 도피하는 이들이 조금은 줄어들 것이다. 물론 이미 빠진 사람들은 더 좋은 것이 옆에 있다고 해도 게임을 선택할 것이다. 그들을 위해서는 게임 중독 자체를 치료하는 병원과 시설이 필요하다. 하지만 게임이 없다고 해서 자동적으로 아이들이 그 시간에 공부를 하고, 성인들이 그 시간에 일을 하게 되는 것은 아니라는 것을 게임 중독과 관련된 정부, 국회의 담당자들은 깨달아야 한다. 그래야 효과 없는 규제로 산업만 위축시키는 법을 입안하지도 않을 것이며, 게임 중독을 막기 위해서 뭔가 하고 있다는 것을 보여주기 위해서 예산을 낭비하지도 않을 것이다.

아이들은 왜 게임을 할까

게임을 만들 때 게임 회사에서 얼마나 큰 노력을 기울이는지 생각한다면 아이들이 게임에 빠져 그만두지 못하는 것이 당연하다고 생각할 것이다. 부모들은 흔히 아이들이 "5분만 더, 5분만 더~" 하고 컴퓨터를 끄지 않으면 '도대체 왜 저러나' 하고 생각하게 된다. 하지만 정작 부모도 자신은 선풍적인 인기를 끄는 연속극이 있으면 매일 본다. 드라마 볼 시간에 꾸준히 무언가 공부를 해서 자격증을 따거나 부업을 하면 생활에 도움이 된다는 것을 모르는 이는 없다. 하지만 부모들도 그 시간에 연속극에 빠져 산다. 그것도 중독이라면 중독이다. 한번 보게 되면 끝까지 눈을 뗄 수가 없게 하는 연속극이나 미니시리즈가 대단한 드라마라고 칭찬을 받는다.

히트 치는 블록버스터 게임을 만드는 데 들어가는 투자는 〈아이리스〉 같은 대작 드라마를 만드는 데 들어가는 투자보다 더하면 더했지 덜하지 않다. 시청자들이 중간에 TV를 끄고 자기 일을 보게 되면 그 드라마의 시청률은 높지 않을 것이다. 마찬가지로 아이들이 중간에 자신의 의지로 그만둘 수 있는 게임은 그 이용자가 많지 않을 것이다. 부모들은 한번 채널을 결정하면 눈을 떼지 못하게 만드는 드라마를 좋아한다. 아이들도 한번 컴퓨터를 켜면 절대로 중단하지 못하게 할 만큼 재미있는 게임을 좋아한다. 따라서 〈시크릿 가든〉, 〈아이리스〉, 〈내 딸 서영이〉, 〈그 겨울, 바람이 분다〉 같은 드라마에 빠져들면 일어나지 못하는 것만큼, 아이들이 블록버스터 게임에 빠져

들면 컴퓨터를 끄지 못하는 것은 당연하다.

스포츠, 골프, 드라마, 트럼프 게임 등 인간이 즐기는 오락 속에 조금씩 포함되어 있는 요소를 게임은 종합시켜 놓았다. 죽고 죽이는 스릴이 있고, 직접 마우스와 키보드를 두들기면서 참가하고 경쟁하며, 포인트를 통해서 자본을 불린다. 몸을 움직이는 스포츠의 경우 신체적 한계가 오면 피곤하고 힘들어서 그만두게 되는데, 게임은 앉아서 키보드와 마우스를 두들기면 되기 때문에 상대적으로 장시간 할 수 있다. 다른 오락거리와 달리 게임에는 이러한 요소들이 매우 조직적으로 조합되어 있다. 게임 중독에 빠진 아이의 부모 입장에서는 이렇게 중독성이 있는 게임이 만들어진다는 것이 짜증 나지만, 게임사의 입장에서는 어떻게 해서든 사람들이 몰입하게끔 게임을 만들어야 매출을 늘리고 순이익을 늘려서 주가를 유지할 수 있다. 특히 한국이 유난히 온라인 게임이 발달된 것은 점수, 성적, 시험과 상급학교 입학, 승진 같은 단계별 상승에 대한 집착이 사람들의 머리에 뿌리 박혀 있기 때문이기도 하다. 지금부터 그 요소들을 하나씩 살펴보자.

결말을 보고 싶게 만드는 스토리텔링

과거에는 누군가를 상대로 게임을 해서 이기고 지는 것이 명확했다. 그리고 그 시간도 어느 정도 제한이 있었다. 하지만 지금은 게임에 스토리텔링이 도입되었고 RPG의 경우 결말에 도달하기까지 수백 시간을 해야 할 수도 있다. 그리고 그 과정에는 작은 스토리텔링이 무수히 있다.

TV 드라마의 결말은 뻔할 수도 있다. 부자인 까칠한 남자가 가난하고 순수한 여성을 만나서 결혼을 하는 신데렐라 스토리가 가장 많다. 믿었던 남자에게 배신을 당한 여주인공이 순수남의 도움을 받아서 복수하는 스토리가 그다음으로 많다. 극이 진행될수록 결말은 분명해지지만 일일 드라마의 경우 그 결말을 보기 위해서 수백만 명이 하루에 한 시간씩 몇 개월을 TV 앞에서 시간을 보낸다. 다음 회의 내용이 궁금해서 본방송이 끝나고 예고편을 하지 않나 기다린다.

게임도 마찬가지다. 끝이 어떻게 되는지 보고 싶다. 이것은 인간의 본능이다. 게임을 하는 이들은 게임의 끝을 보고 싶어 한다. 그런데 이겨야만 그 끝을 볼 수 있다. 드라마가 그날의 끝이 있고 최종 엔딩이 있듯이 게임도 상황의 끝이 있고 그 상황이 모여서 최종 엔딩으로 이어진다. 5분만 더 하면 이번 상황이 끝날 것 같고, 조금만 더 하면 다음 레벨로 넘어갈 것 같다. 조금만 더 하면 몬스터를 죽이고 떨어진 무기를 줍게 될 것 같다. 궁극적으로 게임을 정복해서 끝을 보고 싶은 욕구 때문에 오랜 시간 혼자서 늦은 밤까지 눈을 비비면서 계속 다음으로 진행하게 되는 것이다. 그리고 어떤 경우는 그 엔딩이 모호하고 열려 있어서 죽을 때까지 게임을 계속하게 된다.

승부욕 자극

가상 세계이기는 하지만 게임에서는 상대방을 죽이지 않으면 내가 죽는다. 게임에 감정이입이 되어 게임 속 상대방을 죽이면 내가 실제로 이긴 것같이 통쾌한 느낌이 든다. 반면 내 캐릭터가 죽으면 일시적이나마 좌절감이 몰려온다. 몬스터들과 싸우게 될 때도 있지만, 다른 플레이어의 캐릭터와 싸우게 될 때도 있다. 컴퓨터상의 캐릭터이지만 그것을 움직이고 있는 것은 어디에선가 그것을 조종하고 있는 누군가다. 별로 강해 보이지 않는 상대에게 일격을 당해 죽어버리고 모든 것을 잃어버리게 되면 그때는 실제로 내가 일격을 당한 듯 허탈감과 분노에 시달리게 된다. 함께 몬스터에 대항하자고 구조를 요청했는데 상대방이 오히려 배신을 때리고 나를 죽이기라도 하면 안 좋은 감정이 극대화될 수밖에 없다. 아이템 거래 사이트에 들어가 500만 원을 현찰로 주고라도 강력한 무기를 구입해서 나를 죽인 플레이어의 캐릭터를 찾아가서 속 시원하게 복수하고 싶어진다.

아이들에게 부모가 서운할 때가 언제인지를 묻는 설문조사 결과를 보면 자신을 누군가와 비교할 때가 상위에 있다. 누구는 이렇게 공부를 잘하는데 왜 너는 이것밖에 못하냐는 부모의 핀잔은 공부를 통해서 누구에게 졌다는 것을 의미한다. 이렇게 승부의 스트레스에 시달리는 우리나라 아이들이기에 게임에서 누군가에게 졌을 때 분해하고 다시 도전하게 되는 것이다. 부모는 아이가 게임이 아닌 실제 공부에서 승부욕을 펼치기를 바라지만 앞서 말했듯이 이미 공부에서는 승부가 나버린 상태이고 뒤집을 수 없기 때문에 게임의 승부를 통해서 분함을 푸는 것이다.

아이들은 어려서부터 높은 점수는 명문대 입학으로 이어지고 명문대 입학은 대기업 입사로 이어진다는 성공 공식을 세뇌당한다. 그러다 보니 우리나라 아이들처럼 온라인상에서도 점수에 중요성을 두는 이가 없다. 더 좋은 무기를 장착하고, 더 재미있는 다음 단계로 돌입하게 위해서는 점수를 따야 한다. 부모들은 아이들이 공부에서 그렇게 점수에 집착하기를 바라지만 현실에서는 점수를 딸 수 없기에 아이들은 인터넷 게임에 집착하게 되는 것이다.

절대 점수에 못지않게 중요한 것이 등수이다. 어려서부터 공부를 통해서 남을 이겨야 한다고 귀가 따갑게 들어온 아이들은, 게임을 할 때도 항상 경쟁 상대를 생각하면서 하게 된다. 그 경쟁 상대는 같은 학교 동료, 동네 친구같이 아는 경우도 있고 내가 모르는 온라인상의 누군가일 수도 있다. 예를 들어 특정 게임 커뮤니티에 가면 가장 높은 점수가 기록에 남아 있다. 그 점수가 현재도 게임을 하는 이의 점수건, 아니면 2년 전에 마지막 게임을 하고 중단한 이의 점수건 상관없이 그 점수를 뛰어넘고 싶어진다. 기록은 깨어지기 위해서 존재하는 것이기 때문이다. 그리고 그러한 마음은 내재화되어서 구체적이지도 않고 눈에 보이지도 않는 누군가를 상상하고 경쟁하면서 게임을 하게 된다. 더군다나 그 게임이 자기 자신만의 스타일, 전략, 방식을 만들 수 있도록 고안되어 있다면, 아이들은 이기기 위해서 더 많은 시간을 들여서 숙고하게 된다. 게임을 하지 않는 순간에도 이기는 방법에 대한 생각이 머리를 떠나지 않는다.

게임은 공부가 주지 않는 보상을 준다

아이들은 게임은 열심히 하면 나름 보답이 오는 반면 공부는 아무리 열심히 해도 소용없다고 느낀다. 공부든, 일이든, 예술이든, 운동이든 노력하면 성과가 있어야 한다. 키가 160센티미터가 안 되는 사람이 아무리 열심히 농구를 해도 그 성과는 한계가 있다. 반면 신장이 2미터가 넘는 이의 경우는 조금만 연습해도 금세 성과가 나타난다. 즉 노력과 결과 사이의 연관성이 분명할 때 그 일을 열심히 하게 된다. 그런데 대다수 인간에게 공부란 억지로 해야 하는 학습 행위다. 아이들에게는 공부하라고 하지만 막상 부모들 자신도 무언가 새로운 것을 익히기 위해서 억지로 외우는 것은 질색하는 것이 사실이다. 게다가 농구에서 키로 인한 실력의 차이만큼 공부 능력에도 개인 차이가 존재한다. 그 능력 차이를 노력으로 극복해서 우등생이 되라고 강요하는 것은 키가 160센티미터도 안 되는 사람에게 열심히 노력해서 덩크슛을 하라고 강요하는 것과 유사한 것이다.

동물들은 남이 하는 것을 보고 흉내 냄으로써 학습한다. 인간만이 글을 읽고 억지로 외우는 형태의 학습을 한다. 인간이 고개를 들어서 먼 곳을 바라보고, 직립 자세로 보행하는 것은 억지로 연습해서 이루어진 것이 아니다. 저절로 되는 것이다. 그러나 공부는 저절로 되지 않는다. 만약 앞으로 수만 년, 수십만 년, 수백만 년의 시간이 흐른다면 모두가 저절로 공부를 할 수 있을지 모르지만 지금은 그렇지 않다. 억지로 노력해야 겨우 중간 정도 가는 것이 현실이다. 극소수의 학생들을 제외하면 교과서를 읽고 외울 때 몸이 비비 틀어지는 것이 당연한 일이다.

거기에다 일부만이 승자가 되도록 사회의 규칙이 정해져 있다. 읽고 쓰고 덧셈 뺄셈을 하고 구구단을 외우는 것만으로도 일상생활을 하는 데 불편함이 없다. 하지만 서열이 매겨지는 현대사회에서는 그것만으로 충분하다는 이야기를 듣기는커녕 꼴찌의 위치에 놓이게 된다. 아무리 열심히 해도 서열이 매겨지게 되어 있다. 운전을 잘한다는 것은 절대평가인 데 반해 공부를 잘한다는 것은 상대평가이기 때문이다. 경쟁은 끝이 없고, 아이들은 결국 공부라면 지긋지긋해진다. 따라서 노력하는 것만큼 성과가 나오는 뭔가를 바라게 된다.

원래 학교는 성인이 된 후 사회생활을 하는데 필요한 것들을 학습시키기 위해서 존재했다. 하지만 지금의 학교는 대학 진학과 뗄 수 없는 관계이다. 특히 명문대나 의대 입학을 바라는 학부모와 학생들이 많다. 그러다 보니 평균에 해당되는 성적의 학생들은 주위에서 인정받을 수 없다. 성적이 중간인 학생은 중간으로 인정받는 것이 아니라 공부 잘하지 못하는 학생으로 분류된다.

성적이 '결과output'라면 공부하는 시간, 집중, 지루함을 참아내는 것, 하고 싶은 것을 하지 않고 참는 것 등은 '투입input'에 해당된다. 인터넷 게임의 경우 정도의 차이는 있지만 많은 시간을 투자하면 그에 상응해서 레벨이 올라가게 된다. 새로운 무기를 사용할 수 있게 되고 자신이 선택한 캐릭터도 더욱 풍성하게 꾸밀 수 있다. 캐릭터의 능력치도 올라간다. 공부에 재능을 타고나지 않았다면 아무리 억지로 자리에 앉아 있어도 성적은 오르지 않는다. 하지만 게임은 노력하는 만큼 보답이 있다. 아이들에게 있어서 게임은 공부보다 정직하다.

다양한 선택

중고등학교 학생들 중에서 지금 배우는 것을 어디에 쓰게 되냐는 질문을 던지는 이들이 많다. 사실 의과대학을 나온 필자는 고등학교를 졸업한 이후 미적분을 사용한 일이 한 번도 없다. 하지만 어떤 학과를 택할지에 관계없이 고등학교 때 모든 학생이 물리학도나 공학도가 사용할 만한 고등수학을 전부 공부해야 했다.

수의사가 꿈인 학생은 고등학교 때부터 동물 해부를 배울 수 있다면 자신의 목표와 관련되므로 더욱 열심히 할 것이다. 펀드 매니저가 꿈인 학생은 고등학교 때부터 회사의 가치를 평가하는 방법을 배운다면 열심히 할 것이다. 그런 개인의 목표와 관계없이 학교에서는 거의 같은 과목들을 공부해야 한다.

반면 게임에서는 다양한 선택이 가능하다. 어떤 캐릭터를 선택할지, 어떤 무기를 선택할지, 어떤 길을 선택할지 자신이 결정할 수 있다. 내가 결정한 것이기 때문에 결과에 대해서 내가 책임을 져야 한다. 물론 자신이 원해서 고액의 사교육을 선택하는 경우도 있겠지만 대개 부모가 학원을 결정한다. 학생들 본인은 그렇게 고액의 과외를 시켜달라고 부모에게 부탁한 적도 없다. 하지만 부모는 "너한테 과외비로 들어가는 돈이 얼마인데 성적이 이것밖에 나오지 않느냐"라며 유언무언의 압력을 가한다. 어린 학생들의 입장에서는 내가 선택하지도 않고 해달라고 한 적도 없는 것에 대해서 그 결과가 좋지 않으면 책임져야 하는 것이다. 하지만 게임에서는 모든 것을 내가 선택해서 내가 책임질 수 있다. 대한민국 수험생들의 인생은 선택할 수 있는 부분이 거의 없지만, MMORPG 안에서는 선택할 수 있다.

호기심과 의외성

일부 게임들은 모험과 직접적으로 관련이 있거나 미스터리를 추구하기도 한다. 숨겨진 레벨이 있는 게임도 있다. 사실 다음 단계로 돌입해서 여태까지와는 다른 수준의 플레이를 맛보고 싶다는 미지에 대한 도전은 모든 게임에 내포되어 있는 매력이다. 더군다나 게임 제작사들은 이러한 욕구를 충족시키기 위해서 계속적으로 업데이트된 버전을 선보인다. 기존의 게임을 모두 완수한 마니아들을 위해서 새로운 게임이 계속 출시된다. 영화가 다양한 장르를 선보이듯이 게임도 다양한 장르의 다양한 서사 구조를 선보인다. 호기심을 계속 자극하는 것이다.

거기에 의외성이 더해진다. 어른 중에서도 매주 혹시나 하는 생각에 로또 복권을 사는 이들이 있다. 삶에서 극적인 행운을 꿈꾸는 것이다. 게임에는 행운이라는 요소가 있다. 내가 막바지에 몰렸는데 우연히 강력한 무기를 주울 수도 있다. 패배에 대해서도 불운의 탓으로 돌릴 수 있는 부분이 있다. 공부는 성적이 안 좋았을 때 불운에 돌릴 수 있는 부분이 많지 않고 부모도 그 불운을 인정해주지 않는다. 객관적인 실력 차를 극복할 만한 행운을 기대하는 것도 힘들다. 물론 합격 불합격의 당락이 아주 미세한 차이로 결정되는 수도 있다. 그때는 어느 정도 행운과 불행이 존재한다. 하지만 10등 하던 사람이 행운으로 1등이 되기는 힘들고, 꼴찌를 하던 이가 행운으로 10등이 되기도 힘들다. 그런데 게임에서는 공부보다 더 많은 의외성이 존재한다. 그래서 이번의 실패를 불운의 탓으로 돌리면서 다음의 행운을 기대하게 된다.

환상을 투사할 수 있는 서사 구조와 주인공 역할

사회를 통해서 만난 사람들도 친해지게 되면 비즈니스 이메일이 아닌 개인 메일 주소를 주고받게 된다. 그럴 때 이메일 계정 ID를 보면 사람들의 개인적 측면을 들여다보는 듯한 느낌을 받게 될 때가 있다. 아름다워지고 싶은 소망을 가진 여성 중에는 보석이나 아름다움과 관계된 ID를 쓰는 이들이 적지 않다. 자신의 전공에 대해서 자부심이 강한 의사들 중에서는 'best' 다음에 전공을 넣어서 이메일 계정을 만든 이들이 적지 않다. 아바타 만들기가 유행했을 때도 그 사람이 가지는 환상을 느낄 수 있었다. 평소의 모습과는 다른 화려한 차림의 아바타가 블로그나 이메일에 항상 나타나도록 한 사람의 경우 그 아바타는 그 사람의 환상을 반영한다.

　드라마에 꼭 재벌, 상류층이 등장하고 결혼을 통해서 신분상승을 하는 내용이 포함되는 이유도, 한 남자를 두고 악한 여자와 착한 여자가 경쟁을 벌여서 착한 여자가 이기는 내용이 항상 나오는 이유도 결국은 현재와는 다른 나에 대한 환상을 자극하기 때문이다. 블록버스터 영화의 액션과 특수효과가 실제로는 가능하지 않다는 것을 알면서도 관객들은 몰입한다. 무의식 속의 환상을 만족시키기 때문이다. 사람들이 폭력물, 범죄수사물, 공포영화를 보는 이유도 고도 산업사회에서 억제되어야만 하는 우리의 공격성이 대리표출될 수 있기 때문이다.

　이러한 서사적 측면을 도입하면서 게임 산업은 비약적으로 성장했다. 더군다나 영화는 주인공을 바라보면서 감정을 이입하는 데 반해 게임은 실제로 주인공의 역할이 되어 무기를 사용해 적들을 처단하며 감정을 발산하게 된다. 따라서 서사 구조 속 주인공 역할을 통한 판타지의 충족 효과는 기존의 드라마, 영화, 소설 등에 비해서 훨씬 더 강렬하다.

게임을 통해서 형성되는 가상 인간관계

골프를 치는 이들은 남들과 만나기만 하면 골프 이야기다. 상대방이 골프에 대해서 관심이 없으면 골프를 쳐야 대인관계가 좋아진다면서 반 강요를 한다. 이처럼 어른들에게 골프가 있듯이 아이들에게는 온라인 게임이 있다. 게임을 좋아하는 아이들끼리는 어느 단계가 되어야만 서로 이야기가 통한다. 새로운 게임이 출시되고 대단한 인기를 끄는 경우, 친구들과 같은 단계에 자신도 빨리 진입해야 서로 말이 통한다. 만약 친구들은 상위 레벨로 넘어가는데 자신만 넘어가지 못하면 뒤처지고 소외된 것 같다. 그래서 돈을 주고 무기를 사서라도 다음 단계로 진입하고 싶어진다.

그리고 ID로만 통하고 서로 얼굴을 본 적도 없는 사이더라도 오랜 시간 함께 게임을 하다 보면 온라인상의 우정이 싹튼다. 우리가 실제 친구나 가족에게 뭔가 이야기할 때는 상대방이 나에 대해서 어떻게 판단할지 생각하게 된다. 하지만 익명성이 보장되는 온라인에서는 그런 것을 신경 쓸 필요가 없다. 또한 온라인상에서는 평소의 나와 다른 면을 표출해도 안전하다. 항상 모범생으로 행동해야 한다는 부담이 있는 이도 게임을 하면서 욕설을 쓸 수도 있고, 아이들은 어른인 척하기도 한다. 중년의 어른들은 젊은 척한다. 온라인이기 때문에 새로운 인간관계를 맺는다는 또 다른 환상을 충족할 수 있다.

따라서 온라인 게임이 제공해주는 '가상사회 virtual society'는 무시할 수 없는 매력이다. 십대 아이들의 생활 반경은 좁고 지루하다. 중학교, 고등학교를 한 동네에서 다니면 거의 다 아는 아이들, 아는 선생님이다. 학원에 가서 만나게 되는 아이들도 다 아는 아이들이다. 학교, 가족, 학원이라는 좁은 범위 안에서 다람쥐 쳇바퀴 돌듯 살아가는 것이 우리 십대들의 현실이다. 온라인 게임은 그 범위를 벗어나 뭔가 다른 사회에 속해 있다는 소속감을 준다. 그리고 ID만으로 소통하기 때문에 익명성이 보장된다. 그 커뮤니티에서 나는 지시와 감독을 받아야 하는 십대가 아니다. 나는 나일 뿐이다. 더군다나 수백, 수천 명의 게이머들이 네트워크를 통해 동시에 게임을 한다. 우리는 공통점이 있는 이들과 함께 모임에서 만날 때 소속감을 가진다. 대규모 집회에 나가면 평소에 몰랐고 앞으로도 개인적으로도 모를 사람들이라도 같은 뜻을 가졌다는 것에 동질감을 느끼듯이 게임 사회도 그런 역할을 한다.

포기하기에는 여태 해놓은 것이 아깝다

한 가지 게임을 오랫동안 하다 보면 무기, 방어구, 아이템이 늘게 되면서 캐릭터가 진화하게 된다. 옆에서 볼 때는 아무것도 아니지만 당사자에게는 피땀 흘려 모은 재산이다. 즉 지금까지 노력한 것이 아까워서 그만둘 수 없게 된다. 조금만 더 해서 한 단계 더 나아가고 싶은 마음이 들게 마련이다. 마치 이동통신사를 바꾼 후에 지금까지 쌓아놓은 통신사 포인트가 없어지면 아깝듯이 말이다. 내가 갖지 못한 강력한 무기와 방어구를 상대방이 가지고 있어서 당해내지 못할 때는 그 무기와 방어구가 너무나 갖고 싶어진다. 돈으로 현질을 하자니 학생들은 가진 돈이 아무것도 없다. 그래서 나름 힘들게 확보한 재산이 더욱 소중하다. 어떤 무기를 가졌고 어떤 방어구를 가졌는지가 게임 사회에서의 지위를 결정한다. 게임을 중단한다는 것은 어른들로 따지면 모든 재산과 지위를 포기하고 은퇴하는 것에 해당된다. 따라서 중간에 게임을 그만둔다는 것이 쉽지 않다.

이렇게 청소년들이 게임을 미치도록 좋아하는 이유들을 살펴보았다. 하나하나를 놓고 보면 우리 모두 마음속에 가지고 있는 측면이다. 흔히들 게임을 많이 하는 아이들은 친구도 없고, 운동도 안 하고, 책도 안 읽는다고 생각한다. 하지만 실제로 그런지에 대해 통계적으로 유의미하게 이루어진 연구는 거의 없다. 중독 수준인 일부 아이들은 사회적 고립을 동반할지 모르지만 대다수 게임을 즐기는 아이들은 다른 분야에 대해서도 관심이 많은 활동적인 아이들일 수 있다. 현재는 공부에 관심이 없고 온라인 게임에 그 에너지를 쏟아서 그렇지, 나중에 자기가 진정 하고 싶은 일이 생기면 최선을 다해 목표를 위해서 매진할 수도 있다.

스티븐 존슨Steven Johnson이 쓴 《바보상자의 역습》에서는 아이들이 게임을 통해서 의사결정 방법을 익히게 된다고 말하는 부분이 있다. 존 벡John C. Beck과 미첼 웨이드Mitchell J. Wade가 쓴 《게임 세대 회사를 점령하다》에서는 게임을 하다 보면 어쩔 수 없이 많은 실패를 겪게 되고 그것이 좋은 간접경험이 된다고 시사한다.

온라인 게임에서 성공하는 습관과 사회에서 성공하는 습관을 연관시켜 청소년들에게 사회생활을 대비하게끔 할 수도 있다. 굳이 그런 정도까지는 아니더라도 아이들이 좋아하는 온라인 게임에 대해 지식이 있다면 온라인 게임을 즐기는 아이와 좀 더 많은 대화를 즐겁게 할 수 있을 것이다. 그러다 보면 부모와 아이들이 서로의 입장을 이해하고, 서로가 좋아하는 것을 존중하게 될 것이다. 아이들이 게임을 하는 절대적 시간이 줄지는 않더라도 아이들이 얼마나 게임을 좋아하는지, 왜 게임을 좋아하는지 이해하는 것만으로도 부모의 주관적 불안, 걱정, 분노가 줄어들 것이다.

게임을 좋아하는 것은
뇌 때문이다

유난히 게임을 좋아하는 아이들은 타고나는 것이다. 그리고 그 타고난 점이 어려서부터 쭉 강화되는 경향이 있다. 게임을 어려서부터 많이 하는 아이들의 경우 시각과 관련된 뇌 영역이 강화된다. 따라서 시각적 자극에 대해서 훨씬 더 적극적으로 반응한다. 시각적 반응이 없으면 뭔가 허전하다고 생각한다. 그리고 뇌에는 지속적으로 자극을 요구하는 쾌락중추가 있다. 쾌락을 주는 자극이 중단되면 허탈하게 되고 다시 자극으로 채우고자 한다. 생각할 틈 없이 휘몰아치는 블록버스터 영화를 보고 극장을 나서게 되면 사람들은 허탈감을 느낀다. 잠 안 오는 밤에 TV 리모컨을 한번 손에 쥐게 되면 계속 채널을 돌리게 된다. 인터넷에서 재미있는 기사를 보게 되면 꼬리에 꼬리를 물고 검색하게 된다. 모두 쾌락중추에 자극이 중단될 때 느끼는 허전함 때문에 일어나는 현상이다. 이러한 쾌락 중추에 가장 큰 영향을 주는 물질이 도파민으로 알려져 있다. 도파민은 알코올이나 마약 등의 중독 현상을 설명하는 데도 유용하다. 유난히 게임을 접하게 되면 뇌에서 느끼는 쾌락의 강도가 큰 이가 있고, 이들은 게임이 중단되면 쾌락 자극이 중단된 데서 기인하는 허탈감도 더 크다. 따라서 시각적 자극을 계속 받고 손으로 마우스와 자판을 두들기고 싶다. 멈추고 싶지 않다.

스탠퍼드 의과대학의 앨런 라이스_{Allan L. Reiss}를 비롯한 연구진은 게임 하는 뇌를 fMRI로 촬영한 연구 결과를 2008년 발표했다

《Gender differences in the mesocorticolimbic system during computer game-play》). 전체 22명, 각각 11명의 남녀가 연구에 참가했다. 스탠퍼드 의과대학 정신과는 우선 그들이 게임을 할 때와 안 할 때의 뇌를 비교했다. 그리고 게임을 할 때 남녀의 뇌 역시 비교했다. 뇌 중에서도 그들이 가장 관심을 가진 부위는 '중격측좌핵nucleus accumbens', '편도체amygdala', '안와전두피질orbitofrontal cortex'이었다.

중격측좌핵은 행복과 관련된 뇌의 부위다. 예를 들어 우리가 좋은 음악을 들으면서 행복감을 느낄 때 중격측좌핵은 흥분한다. 충동구매를 할 때도 관여한다. 미인을 볼 때도 활성화된다. 게임을 할 때 역시 중격측좌핵이 활성화된다. 그리고 여성에 비해서 남성이 훨씬 더 많이 흥분했다.

편도체는 감정과 밀접한 관련이 있는 부위다. 편도체가 자극되면 불안과 흥분을 느끼게 된다. 게임을 하게 되면 몰입하면서 즐거움도 있지만 불안과 두려움도 동반하게 된다. 적이 몰려오는데 아무리 빨리 손가락을 눌러대도 적이 줄어들지 않아 내가 죽게 생겼을 때 편도체가 자극된다. 죽기 바로 직전에는 편도체의 흥분도 최고조에 달한다. 그리고 중격측좌핵과 편도체같이 감정과 관련이 있는 뇌 부위는 마치 연결된 시스템같이 서로 밀접하게 상호작용한다. 게임, 도박, 마약 등을 통해서 쾌락을 보상받고자 하는 욕구, 흥분하고자 욕구와도 관련이 있다. 이렇게 연결되어 있는 뇌의 부위를 '변연계limbic system'라고 칭한다.

안와전두피질은 한국말이지만 도저히 이해하기 힘들 수 있다. 정신과 의사인 필자 역시 한글로 안와전두피질을 외우기가 쉽지 않았다. 우선 안와라고 하니까 안구를 둘러싸고 있는 뇌인 것만 같다. 하

지만 해부학적 구조상 눈을 둘러싸고 있는 뇌는 없다. 단 눈의 시신
경은 뇌로 직접 연결이 된다. 이러한 시각 정보를 담당하는 부위를
'안와피질'이라고 한다. 그리고 뇌의 앞쪽에 위치한 전두엽에 시각정
보를 담당하는 부위가 있으므로 눈을 지칭하는 '안와眼窩'와 '전두前
頭'를 합쳐서 안와전두피질이라는 복잡한 용어로 표현하게 된다. 게
임은 가장 대표적인 시각적 자극이므로 안와전두피질이 활성화된다.

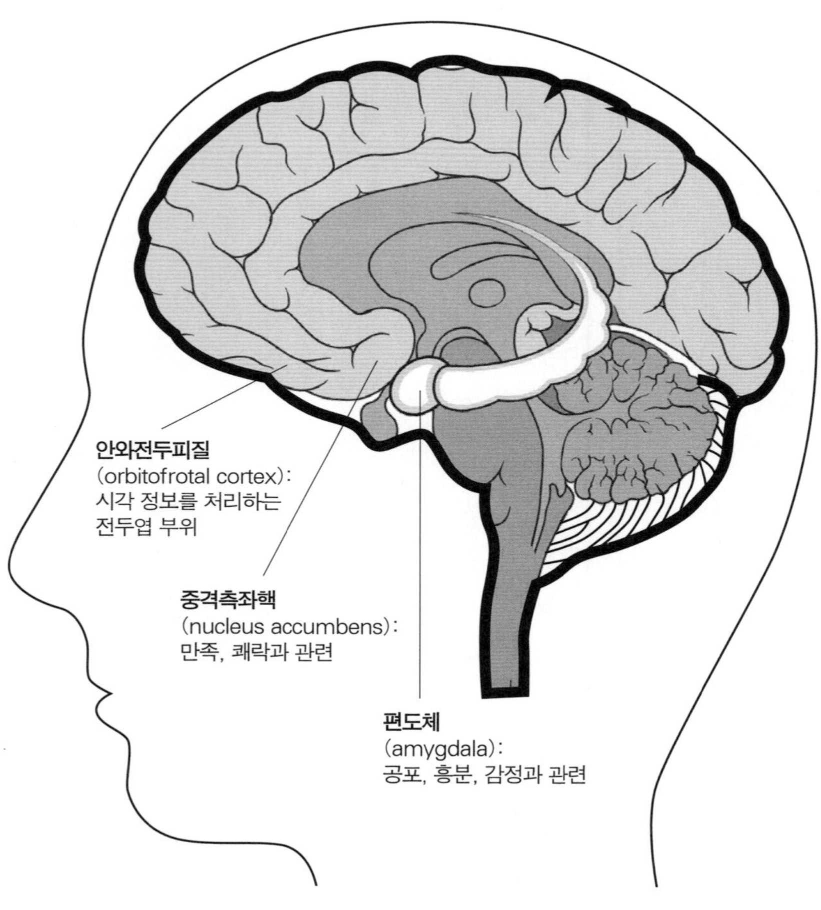

　뇌 연구자의 입장에서 게임이라는 것은 화면 속에 보이는 적을 마우스를 두들겨서 없애는 과정이다. 적을 죽여 없애는 행위는 인간에게는 매우 오래된 행동이다. 그리고 적을 죽여 없애는 역할은 대체로 남자의 역할이었다. 알프스에서 5천 년이 된 인간의 미라가 발견된 적이 있다. 냉동인간 수준으로 매우 보관이 잘되어 있었는데 그의 사인은 과다출혈이었다. 그리고 피를 많이 흘린 이유는 당연히 공격을 당해서였다. 살해당한 시체였던 것이다. 인간은 아무 이유 없이 사람을 죽이지 않는다. 나를 죽이려 하는 상대방을 죽이게 되면 나는 생명을 얻게 된다. 그리고 상대방을 죽이면서 식량을 빼앗든, 질투하는 라이벌을 제거하든 뭔가를 얻게 되고, 획득했다는 생각에 흥분하게 된다. 이러한 본능이 게임을 통해서 표출되는 것이다.

　아울러 게임은 사냥과 유사하다. 인간이 총을 쏘는 이유는 두 가지였다. 하나는 앞서 언급했듯이 적을 죽이기 위해서였고 또 다른 하나는 사냥 때문이었다. 인류학자 중에서는 먹이를 몰아서 사냥을 하는 행위가 축구와 유사하다는 점을 지적하는 이들이 있다. 공은 사냥감이다. 열 명이 사냥감을 몰아서 골대에 집어넣는 것이다. 만약 공이 토끼였다면 우리는 그물에 걸린 토끼의 껍질을 벗겨서 먹으면 된다. 게임을 통해서 우리는 뭔가를 공격한다. 그리고 공격의 대가는 점수다. 과거에는 공격을 해서 고기를 얻었지만 게임에서는 공격을 해서 점수를 얻는다. 사냥의 연장인 것이다.

　또한 게임은 공간 확보의 의미를 지닌다. 13평 집에 살다가 20평 집에 가면 처음에는 넓어 보인다. 하지만 시간이 지나면 좁게 느껴진다. 그러다가 30평 집에 가면 다시 넓어 보인다. 하지만 시간이 지나면 넓지 않게 느껴진다. 더군다나 누군가 계속 공간을 줄이면서 압박해오면 사람은 두려움을 느낀다. 곤충의 눈, 물고기의 눈, 사슴의 눈, 그리고 인간의 눈은 그 차이가 엄청나지만 무언가를 본다는 점에 있어서 공통점이 있다. 그래서 눈이 발생을 하는 데 관여하는 공통의 유전자가 있다. 곤충도, 물고기도, 사슴도, 인간도 자신을 해치려는 적이 갑자기 시야에 나타나면 공포를 느끼게 된다. 눈앞에 안전 공간을 확보하고자 하는 본능은 시각이 존재하는 모든 생물체에게 존재한다. 게임을 해서 모든 적을 다 없애면 나는 완벽한 공간을 확보하게 된다. 내 공간을 줄이려고 하는 것들을 없애야 뇌가 편안하다.

중격측좌핵과 편도체로 이루어진 변연계는 즐거움을 주는 자극이 없어지면 계속 찾는 본능이 있다. 도박을 하다가 끝나면 계속하고 싶다. 인터넷을 뒤지다가 재미있는 기사가 더 이상 없어도 혹시나 뭐 없을까 하고 뒤진다. 게임을 하다가 끝이 나도 또 하고 싶어진다. 계속 무언가 채워주기를 갈망하는 것이다. 신 나는 음악이 끝나면 또 다른 음악을 듣고 싶고, 섹스를 또 하고 싶고, 맛난 음식을 계속 먹고 싶다.

스탠퍼드 의대 팀의 연구에서는 게임을 하지 않는 상태의 뇌에 비해서 게임을 하는 상태의 뇌가 중격측좌핵, 편도체, 안와전두피질이 모두 더 흥분했다. 그리고 남자들이 여자들에 비해서 흥분하는 정도가 컸다. 남자들은 여자들에 비해서 안와전두피질과 중격측좌핵을 잇는 경로가 많이 활성화되었다. 안와전두피질과 편도체를 잇는 경로도 많이 활성화되었다. 시각적 자극이 중격측좌핵과 편도체로 가면, 중격측좌핵과 편도체는 더 많은 시각적 자극을 요구하고, 눈은 더 많은 시각적 자극을 발견해서 마우스를 두들기며 죽이게 된다.

물론 사람마다 중격측좌핵, 편도체, 안와전두피질이 흥분되는 정도가 다르고, 안와전두피질과 중격측좌핵, 안와전두피질과 편도체 사이가 활성화되는 정도도 다르다. 누군가는 게임에 빠져들기 쉬운 뇌를 가지고 태어나고, 누구는 게임에 잘 빠지지 않는 뇌를 가지고 태어난다. 누구는 게임이라고 하면 사족을 못 쓸 정도로 좋아하게 되고, 누구는 한두 번 하고 별로여서 그만두게 되는 것이다. 주로 남자가 여자보다 게임을 더 좋아하기는 하지만, 여자 중에도 남자 뇌의 특성을 지니고 있어서 게임을 미치도록 좋아하는 사람이 있다. 반면 남자 중에서도 여자 뇌의 특성을 지니고 있어 게임을 싫어하는 사람이 있다. 대다수 사람은 할 일이 없고 돈도 없으면 게임에 빠져 지내다가, 일도 생기고 돈도 생기면 게임을 멀리한다. 그런데 극히 일부의 어떤 사람은 게임에 빠져 일도 안 하고, 돈이 생겨도 다른 것에는 손도 대지 않고 게임방에 틀어박혀 돈이 떨어질 때까지 게임을 한다. 즉 전적으로는 아니지만 어느 정도는 게임에 빠지기 쉬운 뇌가 당사자를 게임에 빠져들게 하는 것이다.

게임에 중독되는 이유는 무엇일까

게임을 하지 않는 사람이 컴퓨터 앞에 앉아 게임을 하는 사람을 보면 다 똑같은 것처럼 보인다. 하지만 그 안을 자세히 들여다보면 게임을 하는 양상은 유저마다 제각각이다. 게임을 하면서 이것저것 인터넷도 하며 딴짓을 하는 유저가 있는 반면 일단 시작하면 게임에만 몰두하는 유저도 있다. 처치 곤란한 막강한 적이 있으면 남들과 함께 물리치는 유저가 있는가 하면 혼자서 해결하는 유저도 있다. 일대일 대결에서 이기는 데 목을 매는 이가 있는가 하면 어떻게 해서든 게임의 끝을 보는 것을 원하는 이도 있다. 길드에 가입하는 것을 좋아하는 사람도 있고 길드라고 하면 지긋지긋해하는 이도 있다. 길드에 들어갈 때도 그 목적이 순전히 게임을 잘하기 위해서인 경우도 있고, 온라인상에서 유저들과 어울리기 위해서인 경우도 있다. 실제 친구와 PC방에 가서 게임 하는 것을 즐기는 이도 있고, 게임 할 때는 혼자서만 하는 이도 있다. 현실에서는 할 수 없는 살인, 절도, 성폭력 같은 불법적이거나 잔인한 행동을 게임의 가상공간에서 하는 것을 즐기는 이가 있는가 하면, 그런 것을 혐오하는 이도 있다. 신사적으로 게임을 하는 이도 있고 지저분하게 게임을 하는 이도 있다. 예를 들어 다른 유저의 아이템을 가로채거나 아무 이유 없이 다른 유저를 공격하기도 하고 온라인상에서 함께 게임 하는 이를 욕하고 비난하고 비아냥거리는 이도 있다.

술꾼마다 술버릇이 다르듯이 게임을 하는 양상도 다른 것이다. 맥주를 좋아하는 사람이 있고 소주를 좋아하는 사람이 있듯이, 〈WoW〉나 〈리니지〉 같은 MMORPG를 좋아하는 이가 있고, 〈둠〉이나 〈서든어택〉 같은 FPS(총기류를 이용해 전투를 벌이는 1인칭 시점 슈팅 게임) 게임을 좋아하는 이가 있다. 사람들과 왁자지껄하게 어울리면서 술을 마시는 이가 있는 반면 혼자서 술을 마시는 이가 있듯이, 길드 멤버들과 함께 게임 하는 것을 좋아하는 이가 있는 반면 꼭 혼자서 게임을 하는 이도 있다. 주사 없이 얌전히 술을 마시는 이가 있는 반면

술만 마시면 사람들에게 시비를 거는 이가 있다. 마찬가지로 다른 유저들에게 피해를 주지 않고 게임을 하는 이가 있는 반면, 다른 이들이 게임을 하는 것을 훼방 놓고 남의 아이템을 가로채는 이가 있다. 알코올중독의 경우 음주량과 음주 횟수도 문제이지만 더 문제가 되는 것은 술로 인해 생활이 불규칙해지면서 직장도 못 다니고 사회생활이 붕괴되는 것이다. 그러다 보면 가정폭력으로 인해서 가정 역시 붕괴된다. 게임 중독의 경우도 성인이 되어서도 게임에만 몰두하느라 직장을 가지지 못하고 사람들과 고립되어 외톨이가 되는 것이 가장 심각한 문제다. 그래서 게임을 할 때 보이는 행동 중에서 게임 중독과 관련된 행동이 어떤 것인지 살펴볼 필요가 있다.

스탠퍼드 대학교 커뮤니케이션학과의 니컬러스 이Nicholas Yee 교수는 MMORPG를 하는 이들의 심리를 연구하는 데 선구자적인 역할을 했다. 그는 3년간 3만 명 이상의 MMORPG 유저들을 조사한 결과를 2006년 발표했다(〈The Psychology of Massively Multi-User Online Role-Playing Games〉). 그는 사람들이 MMORPG를 하는 가장 큰 다섯 가지 이유로 성취감, 관계 형성, 역할 몰입, 현실도피, 못된 짓 하기를 들었다.

성취감(achievement)

게임에서 파워를 강하게 하는 아이템을 축적해서 원하는 목표를 달성하고자 하는 것은 유저들이 게임을 하는 가장 기본적인 심리적 동기다. 즉 열심히 게임을 해서 좋은 결과를 얻고 싶은 욕망이다. 상대방을 이기는 데서 오는 기쁨, 게임을 끝내면서 느끼는 만족감 등이 포함된다. 좀 더 강한 상대를 이기고 싶은 욕망, 더 완벽하게 더 빨리 게임을 끝내고 싶은 욕망도 성취감에 포함된다.

관계 형성(relationship)

사람들은 게임을 하면서 다른 유저들과 관계를 맺고, 정도의 차이는 있지만 그러한 관계를 통해서 심리적 지지를 받고자 한다. 흔히 길드의 멤버들과 함께 게임을 하는 것만 게임에서 맺을 수 있는 관계라고 생각한다. 하지만 원래부터 알고 지내던 친구들과 함께 PC방에 가서 게임을 하는 경우도 게임과 연관된 사회적 관계다. 많은 경우 여성들은 남성 연인을 통해서 게임을 알게 되고 함께 즐기게 되기도 한다. 드물기는 하지만 온라인상에서 길드를 통해 알게 된 이들을 오프라인에서 만나게 되기도 한다. 길드 활동을 하는 목적도 제각각 다르다. 어떤 이는 작전을 수행하고 게임을 하는 데 필요한 정보를 얻고자 하는 것이 길드에 참여하는 이유다. 어떤 이는 길드 속에서 권력을 차지하고 지위를 확보하는 것이 목적이다. 집단에 속해서 채팅을 하고 의사소통을 하는 것 자체가 목적인 이도 있다.

역할 몰입(immersion)

판타지 속의 누군가가 되는 것도 게임을 하는 이유 중 하나다. 사람들은 게임의 캐릭터에 대리만족을 느낀다. 게임에서 승리하는 데 못지않게 캐릭터를 진화시키는 데 많은 노력과 시간을 기울인다. 강하고 완벽하고 아름다운 캐릭터와 자신을 동일시하는 것이다. 캐릭터의 외모, 액세서리, 스타일을 꾸미는 데 공을 많이 들이기도 한다.

현실도피 (escapism)

게임을 통해 잠시나마 현실에서 자신이 처한 곤경을 회피하고 골칫거리를 잊고자 하는 경우다. 이는 게임 유저가 취한 상황과 연관된다. 어쩔 수 없는 사정으로 학교를 쉬게 되거나 직장을 잃었을 때 게임에 몰두하게 되는 것은 게임이 시간을 때울 수 있는 가장 싼 도구이기도 하지만 힘든 현실을 잊고 싶기 때문이기도 하다. 누구는 술을 마시고, 누구는 폭식을 하고, 누구는 게임을 한다. 게임을 하면서라도 긴장을 풀고자 하는 것이다.

못된 짓 하기 (manipulation)

남을 골리고 훼방을 놓는 데서 즐거움을 얻는 이도 있다. 게임을 지저분하게 할 뿐 아니라 같이 게임을 하는 이들을 놀리고 무시하고 욕을 한다. 다른 유저들이 게임 하는 데 이유 없이 갑자기 공격하기도 하고, 남이 가져야 할 아이템을 가로채거나 다른 유저들을 욕하고 비난하는 것을 즐기는 것이다.

하와이 대학교 커뮤니케이션 대학원의 닐스 클라크 Neils L. Clark 는 니컬러스가 발표한 게임을 하게 되는 심리적 동기 중에서 게임 중독과 가장 연관이 있는 것은 무엇인지 연구해서 같은 해 발표했다(《Addiction and the structural characteristics of Massively Multiplayer Online Games》). 253명의 남성과 38명의 여성이 연구에 참가했다. 닐스는 게임을 많이 하는 이들을 '몰두단계 Engagement'와 '중독단계 Addiction'로 구분한다. 몰두단계에서는 게임을 하면 기분이 좋아지고 시간 가는 줄 모른다. 점점 게임을 하는 시간이 늘어난다. 하지만 아직 사회적·가정적 문제는 없다. 중독단계에서는 게임을 하느라고 직장도 그만두게 되고 학교도 그만두게 된다. 사회적으로도 고립된다. '이러면 안 돼' 하면서도 그런 생활이 반복된다. 닐스는 유저들이 게임을 하는 이유 중에서 어떤 특정 부분이 몰두 및 중독과 관계가 있는지 상관관계를 연구했다. 연구 결과는 다음과 같았다.

- 못된 짓 하기와 게임 중독은 연관성이 별로 없었다.
- 게임을 더 빨리 완벽하게 끝내기 위해서 하는 노력 정도와 게임 중독도 관련은 없었다.
- 전투에서의 일대일 대결에서 이기기 위한 노력은 몰두 및 중독과 관련이 있었다. 하지만 중독보다는 몰두와 연관성이 더 컸다.
- 역할에 대한 몰입이 강한 이들이라고 해서 중독이 더 많지는 않았다. 게임을 강하게 즐기는 몰두단계인 이들 역시 캐릭터를 진화시키는 데 다른 이들보다 더 많은 시간을 쓰지는 않았다.
- 혼자서 게임 하는 태도 역시 몰두나 중독과 관련이 없었다.
- 몰두단계인 이들은 사적 교류를 위해 사회적 길드에 참여하는 경향이 있었고, 중독단계인 이들은 게임에서 이기기 위해서 함께 작전을 수행하고 게임에 대한 정보를 얻기 위해서 길드에 가입하는 경향이 많았다.
- 현실에서의 친구들과 게임을 하는 경향은 몰두단계 집단에서 더 강했다.

그동안 사람들은 게임 중독이라고 하면 가상세계에서의 캐릭터와 현실을 혼동하며 혼자서 게임에 몰두하는 외톨이를 떠올렸다. 하지만 이 연구 결과는 그러한 우리의 고정관념과는 달랐다. 혼자서 게임을 한다고 해서 여럿이서 게임을 하는 이들에 비해 게임 중독이 더 많은 것도 아니다. 흔히들 게임과 폭력을 연관 짓지만 못된 짓을 즐기는 이들이 특별히 중독인 것도 아니었다.

결론적으로 유저의 심리 상태나 유저가 처한 사회적 상황이 아니라 타고난 뇌 생물학적 요인이 게임 중독 여부에 가장 큰 영향을 준다는 것을 이 연구는 시사한다. 게임을 할 때 안와전두피질, 중격측좌핵, 편도체 같은 뇌 부위가 활성화되는 정도가 심할수록 게임 중독에 빠질 확률이 크고 활성화되는 정도가 낮을수록 게임 중독에 빠질 확률이 줄어드는 것이다. 사회적 상황과 심리 상태는 부분적으로 기여를 할 뿐이다. 어떤 경우는 게임 중독이 1차적 원인이고 불안정한 심리 상태나 사회적 소외가 게임 중독으로 인한 2차 결과일 수도 있다.

따라서 다른 정신 질환이나 적응 문제가 없는 순수한 게임 중독의 경우는 상담을 비롯한 심리 치료의 효과가 제한적일 것이다. 어떻게 해서든지 게임 시간을 줄이는 것이 치료의 목적이 되어야 한다. 입원을 통해서 게임으로부터 환자를 분리하는 것도 나름 효과가 있을 수 있다. 하지만 재발을 막기 위해서는 게임이 아닌 다른 형태로 뇌에 대한 적절한 보상이 이루어져야 한다. 궁극적으로는 약물을 통해서든 뇌를 치료하는 의료 기계를 통해서든 뇌 자체를 치료하는 것이 가능해질 때 게임 중독의 치료 결과도 좋아질 것이다.

불안을 잠재우는
인터넷

게임은 하지 않는데도 인터넷 자체에 중독된 아이들을 볼 수 있다. 많은 게임이 인터넷으로 이루어지긴 하지만, 실제로는 게임이 아니라 쇼핑이나 도박, 포르노 같은 것에 중독된 경우가 있는 것이다. 이에 대해 살펴보자.

사람이 기계 앞에 앉아서 오랜 시간을 보내며 시간을 때우게 된 것이 컴퓨터와 인터넷이 처음은 아니었다. 20세기 초 사람들은 진공관 라디오 앞에서 음악을 듣고, 만담을 듣고, 라디오 드라마의 한 대목 한 대목에 가슴을 졸였다. 20세기 중반 TV가 등장했다. 영화를 보기 위해서는 극장에 가야 했는데 TV를 방에 사다 놓으면 극장까지 갈 필요가 없었다. 극장에서는 한 편의 영화가 끝나도 계속 영화를 볼 수는 없었지만 집에서는 채널만 돌리면 계속 뭔가를 볼 수 있다. TV는 영화와 라디오를 합쳐놓은 재미상자였다. 밖에 나가지 않아도 아침부터 밤늦게까지 무한정 볼거리를 제공해줬다.

20세기 말 개인용 컴퓨터가 등장했다. 사람들은 콘솔박스를 사용해서 컴퓨터 게임을 하기 시작했다. 그러다 1990년대 말부터 인터넷이 대중화되면서 컴퓨터로 거의 모든 것이 가능하게 되었다. 멀리 떨어진 낯선 사람과도 인터넷 채팅을 통해 종일 대화를 할 수 있다. 콘솔박스 없이도 마우스만 두드리면 인터넷으로 게임이 가능했고 카지노에 가지 않아도 앉아서 도박을 할 수 있었다. 가게에 가지 않아도 쇼핑을 할 수 있고 컴퓨터로 TV를 보고 음악을 들었다. 포르노를 찾았고 재미있는 읽을거리가 없나 뒤지고 댓글을 달면서 참견했다.

인터넷 탐닉은 전반적 탐닉과 유형별 탐닉으로 나눌 수 있다. 전반적 탐닉은 검색, 댓글 달기, 인터넷 대화 같은 일반적인 인터넷 사용과 관련이 있다. 반면에 유형별 탐닉은 인터넷 게임, 인터넷 쇼핑, 인터넷 도박, 인터넷 포르노 같은 상대적으로 좁은 영역이 속한다.

인터넷이 도입되었을 때 웹사이트와 페이지를 뒤지며 밤을 새우던 이들을 통해서 웹서핑이라는 용어가 알려졌다. 포털 사이트는 가입자를 늘리기 위해서 카페, 블로그, 커뮤니티 같은 공간을 만들었다. 사람들은 밤에 잠이 안 오면 끝없이 웹사이트를 뒤지면서 읽을거리, 볼거리를 찾았다. 밤새 케이블 채널을 돌리듯이 웹사이트, 카페, 블로그, 커뮤니티를 성지순례한다.

케이블과 다른 점은 다양성과 양방향성이다. 뉴스를 봤다가, TV 드라마 다시보기를 했다가, 음악을 들었다가, 쇼핑을 했다가, 채팅을 했다가 하면서 계속 시간을 보낸다. 그리고 댓글 형식으로 자신의 의견을 표현하고 거기에 의견을 피력하는 이에게 또 댓글을 달면서 시간을 보내게 된다. 이런 양상은 가장 일반적인 인터넷 탐닉이다. 하지만 중독의 레벨은 낮다. 온종일 TV 채널을 돌리다가도 더 재미있는 일이 생기면 뛰쳐나가듯이, 대부분의 유저들은 인터넷에 탐닉하면서 시간을 때우다가도 더 재미있는 일이 생기면 뛰쳐나간다.

인터넷 대화의 경우 지금은 스마트폰을 사용한 SNS로 진화해가고 있다. 그러면서 그 탐닉하는 정도가 더욱 심해졌다. 처음에는 하이텔에서 단말기를 지급하고 채팅을 하던 것이 인터넷이 본격화되면서부터는 메신저 중독이 생겨났다. 다음에는 페이스북, 트위터가 생겼다. 인터넷 대화는 꼭 아는 사람이 아닌 불특정 다수와 이루어질 수 있다는 것이 특징이다. 과거에 낯선 사람과 편지가 오가는 펜팔이라는 것이 한때 유행했었다. 상대방은 나를 모르고 나도 상대방을 모르기 때문에 거짓을 말할 수도 있고, 환상을 가지기도 했다. 인터넷을 통해서는 불특정 다수와 동시에 대화를 할 수 있다. 편지와는 달리 즉시 타인의 반응이 올라온다. 직장에서 일하다가도 카카오톡으로 새로운 메시지가 오지 않나 계속 신경 쓴다. 사람은 혼자 있으면 심심하고 불안해진다. 실제 공간과 사이버 공간은 동시에 존재한다. 내 바로 앞에서 누군가와 이야기를 하면 실제 공간은 사람으로 채워진다. 하지만 사이버 공간이 비어 있으면 뭔가 허전하다. 그래서 바로 내 앞의 실제 사람과 대화를 하면서도, 스마트폰의 사이버 공간에 새로운 메시지가 오지 않으면 불안해진다. 누군가와 얘기를 하면서도 사이버 공간의 허전함을 채우기 위해서 누군가에게 메시지를 날린다. 그러다 보면 실제 만남과 일에서 집중도가 떨어지고 손가락으로 문자를 날리는 데 드는 시간도 만만치 않다.

인터넷 검색과 댓글의 경우와 유사하게 인터넷 대화 탐닉도 당사자가 처한 사회적 상황, 스트레스에 크게 영향을 받는다. 이메일이 처음 도입이 되었을 때 사람들은 신기해하며 아는 사람들에게 안부 메일을 보내다가 곧 시들해졌고, 커뮤니티 사이트가 처음 생겼을 때에는 매일 게시판에 글을 남기다가 시들해졌다. 블로그가 처음 생겼을 때는 매일 조회수를 확인하고 글을 올렸지만 나중에는 관심이 없어져서 들어가보지도 않게 되었다. 메신저가 처음 도입되었을 때 계속 메시지를 주고받고 휴대폰 문자 서비스가 시작되었을 때 계속 문자를 주고받았듯, 스마트폰을 사용한 대화가 갓 시작된 지금 사람들은 몰두하고 있다. 하지만 나중에는 서서히 무관심해질 것이다.

인간은 호기심 덩어리 동물이다. 따라서 인터넷 검색이든 인터넷 대화든 처음 접하게 되면 신기하기 때문에 하고 싶어 한다. 인터넷이 비교적 새로운 테크놀로지였을 때는 성인이 되며 처음 인터넷을 접하게 된 이들이 많았다. 하지만 지금 자라나는 아이들은 어려서부터 인터넷에 노출된다. TV 시절에는 아이들이 크면서 〈뽀롱뽀롱 뽀로로〉에 중독되었다가, 그다음에는 만화에 중독되었고, 그다음에는 아이돌 가수에, 그다음에는 드라마에 중독되었다. 그래서 성인이 되어서도 집에 들어오면 일단 TV부터 틀어놓고 보게 된다. 인터넷도 마찬가지다. 어린 나이에 인터넷을 처음 접하면 호기심이 발동하면서 재미있다.

각자가 얼마나 인터넷에 몰두하게 되는지는 사회적 상황과 뇌의 생물학적 요인이 함께 작용을 한다. 아이의 뇌가 다른 아이에 비해서 컴퓨터가 주는 시각적 자극에 대한 몰입도가 강하면 더욱 탐닉하게 될 것이다. 나중에 커서도 항상 스마트폰을 지니고 다니면서 계속 무언가 검색하고, 누군가와 메시지로 대화하지 않으면 불안해한다. 개인이 처한 사회적 상황도 탐닉의 정도에 영향을 준다. 힘들고 외로워지면 우리는 불안해진다. 불안해지면 마음을 뭔가로 채우고 싶다. 그때 인터넷이 불안과 사념을 잊게 해주는 도구가 된다.

인간의 불안을 잠재우는 도구는 여러 가지다. 음주, 흡연, 섹스, 쇼핑, 도박 그리고 인터넷도 그중 하나다. 불안에 민감한 정도는 사람마다 다르다. 이때 각자가 불안에 민감한 정도를 한 개인의 '불안 레벨'이라고 표현한다. 보통의 뇌에, 보통의 불안 레벨을 지닌, 보통의 스트레스를 받고 있는 이는 할 일도 없고 심심할 때는 인터넷에 몰두했다가 바빠지게 되면 인터넷을 멀리하게 된다. 하지만 인터넷이 주는 시각적 자극에 민감하면서 불안 레벨이 높은 사람은 인터넷에 탐닉할 가능성이 높아진다. 실직, 왕따, 이혼, 실연 등으로 인해서 외로움을 느끼고 있다면 탐닉 가능성은 한 단계 더 올라간다. 게다가 음주, 흡연, 섹스, 가게에서의 직접 쇼핑, 카지노 도박에 별 취미가 없다면 인터넷에 더 많이 의존하게 될 것이다. 인터넷 검색과 대화를 밑바탕에 깔고 인터넷 게임, 인터넷 쇼핑, 인터넷 도박, 인터넷 포르노 등도 탐닉하게 된다.

지금까지는 전반적인 인터넷 탐닉에 대해서 살펴보았다. 이제부터는 유형별 인터넷 탐닉에 해당되는 ① 인터넷 게임, ② 인터넷 쇼핑, ③ 인터넷 도박, ④ 인터넷 포르노를 살펴보겠다.

인터넷 게임

인터넷 게임은 중독성이 있는 장르다. 인터넷 쇼핑, 인터넷 도박, 인터넷 포르노는 오프라인에서의 욕망 추구와 온라인 탐닉의 관련이 크다. 마트에서 '오늘만 세일'이라고 하면 사족을 못 쓰는 사람은 홈쇼핑에서도 '마감 임박'이라고 하면 안절부절못하고, 인터넷 쇼핑에서도 사용기한이 만료되어가는 할인 쿠폰이 있으면 뭐라도 사서 쓰고 만다. 반면 인터넷 게임은 오프라인과의 연관성이 상대적으로 약하다. 물론 인터넷 게임 중에서도 상대적으로 실제 세계와 관련이 강한 게임이 있고 약한 게임이 있다. 예를 들어 인터넷 스포츠 게임은 오프라인과의 연관성이 상대적으로 강하다. 야구 게임이나 축구 게임은 실제 유명 선수를 게임상에서 자신의 팀 선수로 기용한다. 야구나 축구 등 스포츠에 대한 관심이 없으면 게임도 재미가 덜하다. 맞고 게임은 대표적인 심심풀이용 게임이다.

반면 〈서든어택〉, 〈스타크래프트〉, 〈리니지〉, 〈둠〉에 몰두하는 유저들은 실제 생활에서 일탈하고자 하는 욕구가 게임을 하는 이유 중 하나다. 〈리니지〉로 대표되는 MMORPG나 〈둠〉으로 대표되는 FPS 게임은 그 자체로 중독이 될 가능성이 있다. 물론 MMORPG나 FPS를 많이 한다고 무조건 중독에 빠지게 되는 것은 아니다. 술을 많이 마신다고 해서 무조건 알코올에 중독되지 않는 것과 같은 이치다. 소주를 네다섯 병 마셔도 금단증상이 없고 마음만 먹으면 그만 마실 수 있는 사람이 있는 반면 주량은 한 병밖에 안 되지만 매일 술을 마시지 않으면 잠이 안 오는 중독 상태인 사람도 있다. 게임 중독으로 이어지기 위해서는 게임 중독에 빠지기 쉬운 뇌를 지니고 있어야 한다. MMORPG나 FPS 게임에 중독된 이들의 경우 가장 좋아하는 게임이 있지만 때때로 즐기는 세컨드 게임이 있는 경우가 많다. 술꾼이 가장 좋아하는 술은 소주이지만 입가심으로 맥주도 마시듯이 말이다. 〈리니지〉에 중독이 되었지만 심심풀이로 〈서든어택〉이나 야구, 축구 게임을 하는 식으로 말이다.

인터넷 쇼핑

흔히 쇼핑 중독이라고 하면 고가의 명품 옷, 구두, 백을 사는 데 중독되어 있는 이들을 떠올린다. 하지만 그러한 명품에 대한 쇼핑 중독 말고도 다양한 쇼핑 중독이 있다. 쇼핑 중독의 형태는 일반 타입과 마니아 타입으로 나눌 수 있다. 일반 타입의 쇼핑 중독은 본인이 생각하기에 좋은 물건을 싸게 구입을 할 기회가 생기면 참지 못한다. 물건을 사면서도 돈을 아꼈다고 생각을 하면서 합리화한다.

인터넷 쇼핑뿐 아니라 홈쇼핑에도 중독된 경우가 많다. 오프라인 매장에서도 파격 세일이라는 광고를 접하면 일단 해당 물건을 사고 싶은 욕구가 생긴다. 자신은 알뜰하다고 합리화하지만 쓰지도 못하는 물건이 쌓이게 되면서 경제적인 곤란을 겪게 된다. 사고 싶은 물건을 살 때의 기쁨은 우리가 먹고 싶은 음식을 먹을 때의 기쁨과 유사하다. 음식을 먹고 나서 배가 고파지면 또 먹고 싶어지듯이 물건을 사고 시간이 얼마 지나면 또 물건을 사고 싶어진다. 그 욕구를 채우지 않으면 불안해진다. 단 너무 비싼 물건을 사면 양심의 가책을 느낀다. 그래서 살림살이의 범주에서 벗어나지 않는 물건들을 알뜰 구매라는 명분으로 자주 구매하면서 욕망을 채운다. 6개월, 12개월 무이자 할부는 더 많은 쇼핑을 가능케 한다. 인터넷은 이러한 인터넷 쇼핑 중독을 더욱 용이하게 하는 역할을 한다.

마니아 타입은 특정 범주의 물건을 구입을 한다. tvN의 〈화성인 바이러스〉에 나오듯이 구두, 모자 등에 중독이 된 이들은 주로 오프라인 매장을 방문한다. 반면 서적, 음반 구입에 중독이 된 이들은 온라인 매장을 주로 이용한다. 구입은 하고 읽지 않은 책이 집에 쌓여가지만 계속 온라인 서점을 통해서 책을 구입하는 이들이 있다. 실제로 책을 읽는 시간보다 쇼핑을 위해서 쓰는 시간이 더 많다. 책을 검색하고 마일리지 적립과 쿠폰 적용을 위해서 고심하는 데 시간을 더 많이 쓴다. 책을 구입하면서 자신이 특정 지식을 마스터하고, 따라서 세상을 마스터했다는 환상을 가진다. 스트레스를 받으면 구입하는 책의 양도 늘어나고, 스트레스가 줄어들면 구입하는 책의 양도 줄어든다. 음반, 포스터, DVD, 게임 타이틀 등에 대한 마니아 중독도 유사하다. 마니아 중독은 만약 온라인 매장이 없었다 하더라도 오프라인 매장을 통해서 계속 유지되었을 것이다. 그러나 매장을 방문해서 쇼핑하는 데 따른 시간과 장소의 제약이 온라인 쇼핑에는 없다. 그리고 인터넷 쇼핑몰의 롱테일 마케팅(수요가 낮은 고객들을 대상으로 한 마케팅)은 마니아를 더욱 많이 양산한다.

인터넷 도박

인터넷 도박 중독은 그 규모가 날로 더 커지고 있다. 인터넷 도박에 빠진 사람들은 대체로 카지노나 파친코에도 빠져 있다. 한때 우리나라를 떠들썩하게 했던 바다이야기도 전자 게임기를 사용했다. 도박 중독에 빠진 이들도 각자가 좋아하는 도박 유형이 있다. 고스톱, 포커처럼 사람들과 함께 하는 도박을 좋아하는 이들이 있고, 경마나 스포츠 도박같이 게임 결과에 내기를 거는 것을 좋아하는 이도 있다. 파친코 기계를 좋아하는 이도 있고, 블랙잭이나 룰렛 같은 카지노를 좋아하는 이도 있다.

게임에 몰두하는 이들은 자신이 결과를 제어할 수 없는 도박과는 거리를 두는 경향이 있다. 게임은 열심히 하면 하는 만큼 성과가 있다고 느끼게끔 개발된 소프트웨어다. 보상이 주어지기 때문에 열심히 한다. 인터넷 도박을 로또 복권 구입에 비유한다면 인터넷 게임은 그래도 노동에 근접한다. 따라서 인터넷 게임을 많이 한다고 해서 인터넷 도박으로 넘어가지는 않는다. 인터넷 도박을 하는 이들은 대박을 꿈꾸는 오프라인 도박의 심리를 지니고 있다. 그들 중에는 카지노와 같은 오프라인 시설에 가고 싶은데 장소가 멀고 시간이 없어서 방문을 못 하기 때문에 차선책으로 인터넷 도박을 이용하는 이들도 있다. 자신이 결과에 영향을 줄 수 있다고 믿으면서 무한대 리스크를 감당하고 현실 불가능한 높은 결과를 기대한다. 거기에서 스릴을 느낀다.

이처럼 인터넷 도박자들은 일반적인 인터넷 게임 유저와는 다른 특성을 지닌다. 하지만 지금 자라나는 세대들의 경우는 컴퓨터와 인터넷에 익숙하기 때문에 향후에는 인터넷 도박이 카지노, 경마장, 파친코, 사설 도박장 등을 대치할 우려도 있다. 업자들이 인터넷 게임, 인터넷 도박, 인터넷 포르노, 인터넷 복권이 융합된 복합 상품을 개발해낼 수 있다. 그들은 인터넷 게임과 인터넷 도박의 경계를 불분명하게 하면서 게임을 즐기던 이들이 도박에 중독되도록 유도할 것이다. 일반적으로는 게임에 중독된다고 해서 도박에 중독될 확률도 현저히 높아지거나 하지는 않는다. 그러나 수없이 많은 게임 인구 중 일부는 도박에도 쉽게 중독되는 뇌를 지니고 있다. 이들은 이중 중독이 될 가능성이 있다. 또한 온라인 게임을 통해서 도박 사이트를 마케팅하는 것이 가능하다. 도박을 두려워하거나 멀리하는 게임 유저들에게 도박도 게임의 한 형태라는 식으로 친근하게 다가서면서 진입 장벽을 낮추고 유혹에 빠지게 할 수 있는 것이다. 이것이 현실화된다면 큰 사회적 문제가 될 것이다.

인터넷 포르노 중독

십대 남자아이를 둔 엄마들이 아이들에 대해서 가장 이해하지 못하고 난감해하는 부분이 포르노 중독이다. 쇼핑 중독에서 여성의 비율이 높듯이 포르노 중독은 압도적으로 남성의 비율이 높다. 과거에는 《플레이보이》,《허슬러》,《펜트하우스》로 대표되는 사진 잡지가 대표적인 포르노였다. 그러다가 비디오가 대중화되면서 포르노 영상물이 급격히 확대되었다.

현재는 아이들이 대개 인터넷에서 포르노를 접한다. 이전에는 유통 구조가 폐쇄적이었지만 지금은 인터넷을 통해서 포르노가 쉽게 유통된다. 대부분의 인터넷 포르노 중독은 오프라인에서의 성적 욕구와 관련이 있다. 성적 욕구는 있으나 성행위 가능성이 제한되어 있을 때 밤새 야동을 찾아 헤매는 인터넷 포르노 중독이 심해진다.

청소년들은 성적 욕구는 강하나 부모의 관리를 받기 때문에 성행위 기회가 제한된다. 따라서 인터넷, 스마트폰으로 몰래 포르노에 탐닉하는 경향이 있다. 대체로 그 시기가 지나고 나면 사라진다. 그러나 성인이 되어서도 포르노에 탐닉하는 경우 당사자는 성적인 것에 몰입한다고 생각하지만 그 밑바닥에는 삶에 대한 욕구불만과 불안이 깔려 있을 가능성이 크다. 스트레스를 받거나 외로움이 커지면 인터넷 포르노 탐닉도 커진다. 본인은 성적 욕구 때문에 밤마다 눈이 벌게지도록 야동에 몰두한다고 생각하지만 심리적 불안, 외로움, 무력감을 섹스에 대한 판타지를 통해서 위로받고 싶은 것이다.

내 아이는 게임에 중독되었을까

한국정보화진흥원 인터넷중독대응센터 www.iapc.or.kr 웹페이지에 있는 청소년 게임 중독 진단 기준과 아동 게임 중독 진단 기준은 환자들에게서 보이는 증상이 대부분 잘 표현되어 있다. 이 기준에 증상이 지속되는 기간, 증상으로

인한 사회적(경제적) 손실에 대한 부분이 포함되면 적절한 진단 기준이 만들어질 수 있다.

청소년의 게임 중독 진단

- 게임을 하는 것이 친한 친구들과 어울리는 것보다 더 좋다.
- 게임 공간에서의 생활이 실제 생활보다 더 좋다.
- 게임 속의 내가 실제의 나보다 더 좋다.
- 게임에서 사귄 친구들이 실제 친구들보다 나를 더 알아준다.
- 게임에서 사람을 사귀는 것이 더 편하고 자신 있다.
- 밤늦게까지 게임을 하느라 시간 가는 줄 모른다.
- 게임을 하느라 해야 할 일을 못 한다.
- 갈수록 게임을 하는 시간이 길어진다.
- 점점 더 오랜 시간 게임을 해야 만족하게 된다.
- 게임을 그만두어야 하는 경우에도 게임을 그만두는 것이 어렵다.
- 게임 하는 시간을 줄이려고 노력하지만 실패한다.
- 게임을 안 하겠다고 마음먹고도 다시 게임을 하게 된다.
- 게임 생각 때문에 공부에 집중하기 어렵다.
- 게임을 못 한다는 것은 견디기 힘든 일이다.
- 게임을 하지 않을 때에도 게임 생각을 하게 된다.
- 게임으로 인해 생활에 문제가 생기더라도 게임을 해야 한다.
- 게임을 하지 못하면 불안하고 초조하다.
- 다른 일 때문에 게임을 못 하게 될까 봐 걱정된다.
- 누가 게임을 못 하게 하면 신경질이 난다.
- 게임을 못 하게 되면 화가 난다.

아동의 게임 중독 진단

- 게임으로 인해 학교생활이 재미없게 느껴진다.
- 게임을 하는 것이 친한 친구와 노는 것보다 더 좋다.
- 게임 속의 내가 실제의 나보다 더 좋다.
- 게임에서 사귄 친구들이 나를 더 알아준다.
- 게임에서 사람을 사귀는 것이 더 편하다.
- 내 캐릭터가 다치거나 죽으면 실제로 내가 그렇게 된 것 같다.
- 게임을 하느라 학교 숙제를 할 시간이 없다.
- 게임을 하느라 해야 할 일을 못 한다.
- 게임 하는 시간이 점점 길어진다.
- 처음에 계획했던 게임 시간을 지키기 어렵다.
- 게임을 그만하라는 말을 듣고도 그만두기가 어렵다.
- 게임 하는 시간을 줄이려고 하지만 잘 안 된다.
- 게임을 안 하겠다고 마음먹고도 다시 게임을 하게 된다.
- 게임을 하면서 전보다 짜증이 늘었다.
- 다른 할 일이 많아도 게임을 먼저 한다.
- 게임을 못 하면 하루가 지루하고 재미없다.
- 게임을 안 할 때도 게임 생각이 난다.
- 야단을 맞더라도 게임을 하고 싶다.
- 게임을 하지 못하면 불안하다.
- 누가 게임을 못 하게 하면 화가 난다.

하지만 현재의 게임 중독 기준은 조사자 혹은 치료자마다 너무 주관적이다. 일단 그 기간에 대한 합의가 아직 도출되지 않았다. 게임에 몰두하는 기간이 6개월 이상이라고 할 때 중독이라고 할지, 1년

이상이라고 할 때 중독이라고 할지에 대한 기준이 없다. 그리고 현재 게임 중독의 기준은 너무 모호하고 넓다. 뉴스거리를 만들기 위해서 언론에서 연구 결과를 너무 부풀려 보도하는 경우도 있다. 대부분의 연구는 청소년 인터넷 사용자의 6~8% 정도가 인터넷 게임 중독이라고 생각을 하는데, 어떤 연구에서는 40%라고 통계를 발표한 적도 있다. 기간에 대한 부분이 언급이 없어서 그렇다.

알코올에 중독된 경우는 술로 인해 중독자의 인생이 엉망이 된다. 하지만 중독자들은 인생이 힘들어서 술을 마신다고 한다. 실제로는 술 때문에 인생이 힘들어지는 것인데, 그들은 인생이 힘들어서 술을 마신다고 반대로 인식한다. 다시 말해 병에 대한 인식이 없다. 하지만 게임 중독은 그 양상이 다르다. 신체적인 금단증상이 거의 없고 설혹 있다고 치더라도 알코올중독이나 약물중독에 비할 수 없이 약하다. 굳이 비유하자면 도박 중독이나 쇼핑 중독과 같다고 해야 할 듯하다. 신체적 금단증상은 상대적으로 적은 대신 심리적으로 계속 갈구하게 되는 효과가 크다. 따라서 게임 중독의 경우는 실직자가 직장을 찾게 되거나 독신인 이가 결혼을 하고 가족과 떨어져 지방에서 생활하다가 다시 가족과 생활하게 되는 등 사회적 상황의 변화에 의해 저절로 치유되는 경우가 많다. 중독이 계속 악순환의 고리를 만드는 경우는 알코올중독에 비해 극히 드물다는 생각이 든다.

그리고 현질을 하거나 사행성 인터넷 도박을 하는 등의 극히 일부를 제외하고는 게임 중독은 도박 중독이나 쇼핑 중독같이 심각한 금전적 문제를 일으키지는 않는다. 아이들이 게임에 빠져들 때는 아이 자신의 타고난 요소도 있지만 주위의 상황도 일정 부분 한몫한다. 그런데 대부분 부모들은 그러한 상황에 대해서는 관심을 예를 들어 아버지가 매일 술을 먹고 늦게 들어와서 부모가 매일 싸운다고 해보자. 그러다 이혼 문제가 서로 오가게 된다. 당연히 아이는 공부할 마음이 안 든다. 책상에 앉아 있지만 시간만 때우게 되고 아버지가 들어와 집안이 싸우는 소리로 시끄러우면 게임을 하게 된다. 부모가 심하게 싸운 날은 잠이 안 와 밤새워 게임을 하고 학교에 가서는 꾸벅꾸벅 존다. 부모는 아이가 게임 중독이라고 데려오지만 본인들의 문제에 대해서는 생각하지 않는다. 오히려 부모가 이렇게 힘드니 너라도 잘해야 되는 것 아니냐며 의사 앞에서 아이를 다그친다. 부모들은 아이만 정신 차리면 우리 집은 아무 걱정도 없고 문제도 없다고 생각하는 경우가 많다. 하지만 그렇게 문제가 없다고 단언하는 경우가 오히려 더 깊고 커다란 문제를 가지고 있을 때도 있다. 이런 경우 아이를 무조건 게임 중독이라고 진단하고 아이에게 어떻게 게임을 그만두게 할지에 집중하는 것은 도움이 안 된다. 그렇게 하면 그나마 아이가 감정을 방출할 수 있는 수단마저 앗아가는 것이다. 무조건 정신과에 데려가 "네가 게임 하는 양상은 중독 수준"이라며 윽박지르고 게임을 중단시키려 하면 상황만 더욱 악화될 뿐이다.

아울러 현재 게임 중독에 대한 진단을 보면 무조건 게임을 많이 하고 멈출 수 없으면 중독이라고 표현하는 경향이 있다. 프로게이머가 종일 게임을 하며 연습하는 것을 게임 중독이라고 할 수는 없다. 게임이 재미있는지 모니터하는 것이 직업인 사람이 종일 게임을 한다고 게임 중독이라고 할 수도 없다. 게임을 해서 얻는 이득이 게임을 해서 발생하는 손해보다 크기 때문이다. 즉 아이가 게임을 하는 시간이 많더라도 학생으로서 적절히 사회생활도 하고 학교에서도 원만한 교제와 생활을 한다면 무조건적으로 중독이라고 할 수는 없다. 부모의 입장에서는 '게임 할 시간에 공부를 더 한다면' 하는 생각에 어떻게 하면 게임을 줄일지 잔소리를 해보지만 그것이 부모 뜻대로 되는 것은 아니다.

일부 병원이나 임상심리센터 사이트를 보면 하루 일정 시간 게임을 하면 중독일 가능성이 커진다는 내용이 있다. 앞서 언급했듯이 이런 경우도 당사자가 처한 상황을 고려해서 판단해야 한다. 만약 어떤 사람이 석 달 정도 실직했는데, 특별히 할 일도 없고 제일 재미있어 하는 것이 게임이어서 실직 기간 중에 종일 게임만 한다고 그것이 중독일 수는 없다. 그리고 시간 때우기 중에서 PC방에서 게임을 하는 것은 만화방에서 시간을 때우는 것을 제외하고는 가장 비용이 적게 든다. 즉 그 사람이 사회적 상황에 의해서 게임을 많이 하게 되는 것인지 아니면 게임을 많이 해서 그 사람의 사회적 기능이 떨어지는지의 여부가 게임 중독 판단에 중요하다.

청소년의 경우 일부 병원이나 임상심리센터에서는 아이들이 하루에 6시간 이상 게임을 하고 중단하지 못하면 치료를 요한다고 주장한다. 아이들이 공부만 하기를 바라는 부모들은 이러한 주장에 혹해서 아이들을 데려간다. 아이들이 게임 때문에 공부도 안 하고 친구도 안 만난다는 것이다. 하지만 이것은 어떤 경우 아이를 더 힘들게 할 뿐이다. 상황을 듣다 보면 아이가 처한 상황에서 게임이라는 탈출구가 있어서 그나마 다행이라는 생각이 드는 경우도 있다. 게임 중독이 스트레스와 우울증과 같은 다른 원인이 표현되는 증상인지 아니면 게임 중독 자체가 문제인지를 구분하는 것이 중요하다.

게임 안 하는 시간에 공부하기를 원해서 치료받게 한다는 것은 난센스다. 실제로 하루에 한두 시간 정도 게임을 하는 경우 그것이 나름대로 긴장을 이완시키는 데 도움이 될 수도 있다. 슈팅 게임을 좋아하는 아이들의 경우는 게임에서 무기를 상대방에게 쏘면서 스트레스를 푼다. 살다 보면 아무 생각도 하지 않고 시간을 때우고 싶은 때가 있다. 어른들도 그럴 때 인터넷으로 바둑을 두거나 고스톱을 치면서 시간을 보낸다. 뇌도 쉬어야 할 때가 있는 것이다. 부모가 보기에 아이들이 게임 하는 것은 시간 낭비 같지만, 어느 정도 시간이 조절된다면 게임으로 인한 손해보다 이익이 더 클 수도 있다.

하지만 만약 아이 혹은 어른이 스스로 게임을 중단해야겠다고 생각하는데도 중단하지 못하는 경우, 즉 병에 대한 인식이 있음에도 벗어나지 못한다면 치료해서 도와줘야 한다. 게임 중독이 다른 중독과 다른 점은 대부분 당사자들이 문제를 인식한다는 사실이다. 게임 중독은 외부 물질에 중독이 되는 알코올중독이나 약물중독보다 행동과 습관이 굳어지게 되고 심리적으로 갈망이 커지는 도박 중독이나 쇼핑 중독에 가깝다고 할 수 있다. 따라서 진단에 있어서 심리학적·생물학적 부분이 모두 포함되어야 한다. 게임 중독 증상이 일정기간 지속되어야 한다는 점도 진단 기준에 명시되어야 할 것이다. 마지막으로 게임 중독 증상이 가족 및 친구 관계, 학교생활, 사회생활에 얼마나 심각한 문제를 야기하고 있는지도 진단을 내릴 때 고려해야만 한다.

효과적인 게임 중독
치료 전략

자녀가 게임 중독에 빠지면 게임을 금지했다 풀어줬다 반복하면서 부모 자녀 관계가 엉망이 되고 게임도 중단하지 못하는 경우가 비일비재하다. 사실 게임 중독에 대한 치료는 아직도 걸음마 단계다. 게임 중독 특효약 혹은 특효 치료란 존재하지 않는다. 전문가들 역시 다양한 방법을 동원하여 어떻게 해서든 게임 중독을 치료하고자 노력하고 있는 상황이다. 따라서 지금 소개하는 방법이 유일한 치료 전략, 치료법은 아니다. 하지만 자녀의 게임 중독으로 인해 혼돈에 빠진 부모님들이 판단하고 결정하는 데 지침이 되도록 게임 중독에 대한 2단계 접근법과 병원에서 전문가에 의해서 이루어지는 약물치료 등을 소개한다.

먼저 1단계는 인터넷 중독의 원인이 되는 ADHD, 우울증, 스트레스, 가정불화가 있는지를 파악하는 것이다. 병원에 올 때는 온라인 게임 중독을 이유로 오지만 많은 경우 우울증을 비롯한 정신 질환, 극심한 스트레스, 가족 간의 갈등이 원인일 때가 있다. 즉 게임과 인터넷을 과다하게 하는 것은 다른 질환의 증상인 것이다. 따라서 그 원인이 되는 우울증을 치료하면 온라인 게임을 하는 것도 감소한다. 환자에게 가장 문제가 되는 극심한 스트레스가 어떤 것인지 이야기를 듣고 공감하면서 해결 방법을 찾게 되면 인터넷 중독이나 게임 중독도 어느 정도 감소한다.

ADHD가 있는 경우는 게임을 많이 하는 경향이 있다. 주의가 유지되는 시간을 '주의지속시간attention span'이라고 하는데 아이들은 전반적으로 주의지속시간이 성인에 비해서 짧은데 ADHD 아이는 더욱 짧다. 그런데 게임은 순간순간 상황이 변하고 자극에 대해서 즉시 반응을 한다. 그래서 ADHD 아이들도 게임을 할 때는 오래 앉아 있을 수 있다. 흔히 부모님들은 아이가 게임을 할 때는 오래 앉아 있는데 공부할 때는 한시도 가만히 있지 못한다고 하면서 집중력은 있는데 공부에 흥미가 없는 것 같다고 생각한다. 그것은 오락을 하는 데 요하는 주의지속시간이 짧기 때문이다. 게임을 할 때는 오래 앉아 있기는 하지만 그 시간이 셀 수 없이 잘게 쪼개지는 것이다. 게임을 할 때 한 번 한 번의 주의집중시간은 초 단위를 요구하고 그 초 단위가 합쳐지다 보니 오래 앉아 있는 것처럼 보인다. ADHD 아이들은 게임을 제외한 나머지를 할 때는 오래 앉아 있지 못해서 잘하지 못하고 야단을 맞는다. 그래서 자신이 잘할 수 있는 게임에만 몰두한다. 이런 아이들은 ADHD를 약으로 치료하면 게임 중독도 호전이 된다.

부모들은 흔히 인터넷과 게임을 많이 해서 성적이 떨어진다고 말한다. 하지만 임상에서 보면 반대의 경우도 많다. 즉 성적이 떨어져서 인터넷이나 게임을 많이 하게 되는 것이다. 부모들은 성적이 떨어지는 마당에 더 열심히 공부해야 맞는 것이 아니냐고 한다. 하지만 어른들의 경우를 살펴보자. 가게 장사가 안 되면 주인은 더욱 열심히 해야 하지만, 실제로 장사가 안 되면 많은 주인들은 인터넷 검색이나 하면서 시간을 때운다. 사업이 어려워지면 더욱 열심히 일해야 하지만, 술 마시면서 푸념하는 이들도 적지 않다. 온라인 게임은 성적 저하의 원인이 되기도 하지만, 성적이 오르는 것이 한계에 부닥치거나 혹은 열심히 공부했지만 성적이 안 나올 때 온라인 게임으로 스트레스를 풀기도 하는 것이다.

중고등학생은 말하는 것만 보면 어른인 것 같지만, 내면적으로는 부모에 대한 의존도가 크고 감정적으로 미성숙하다. 부모가 자신을 조건 없이 사랑해준다는 것이 확인되어야 아이들은 안심한다. 부모가 존경받을 만할 때 아이들은 자기 스스로를 존중하게 되고 삶의 목표를 가지게 된다. 그런데 그런 부모가 서로 싸우게 되면 아이들은 혼란스럽다. 자신이 존경하고 싶고, 사랑받고 싶은 부모가 서로 다투고 어른답지 않은 모습을 보일 때 아이들은 인생의 목표를 잃는다. 따라서 인터넷 중독이나 온라인 중독인 학생들은 가정불화가 있는 경우가 많다. 이런 경우는 가정불화가 해결되지 않는 한 인터넷 중독은 치료되기 어렵다.

2단계는 아이가 감당할 수 있는 치료 전략을 결정하는 것이다. 부모의 입장에서는 자녀의 인터넷 사용을 완전히 중단하는 것이 가장 마음에 들 것이다. 대부분 학생들의 경우 줄어든 인터넷 게임 시간이 자유시간으로 주어지고 게임을 중단했을 때 다른 원하는 것을 할 수 있도록 부모가 보상을 준다면 중단하는 것이 가능하다. 하지만 이미 중독의 단계로 돌입한 학생들은 인터넷 사용을 완전히 중단한다는 것이 실제로 불가능하다. 그런 학생들에게 인터넷 사용을 완전히 중단하라고 강요하면 부모와 심한 갈등이 일어난다. 부모는 인터넷 사용을 중단한다고 했다가 아이를 이기지 못하고 또 사용하게 해준다. 그러다가 화가 나서 다시 중단시킨다. 아이가 다시는 안 하겠다고 빌거나 못 하게 하면 가출하겠다고 협박하면 부모는 조금만 하기로 약속을 받고 다시 하게 해준다. 이렇게 중단, 속개, 중단, 속개를 반복하면 부모와 아이는 서로 지치고 감정의 골만 깊어간다.

따라서 어떤 아이들에게는 인터넷 시간을 줄이거나 게임을 바꾸는 것이 더욱 현실적이다. 즉 좋은 방법과 나쁜 방법이 있는 것이 아니다. 각 아이와 부모에게 서로 맞는 방법을 찾아야 하는 것이다.

이상과 같은 점을 고려할 때 온라인 게임 중독에서 빠져나오는 데는 다음과 같은 네 가지 전략이 가능하다. ① 인터넷 사용을 완전히 중단하기 ② 약속을 하고 인터넷 사용 시간 줄이기 ③ 중독성이 강한 게임을 중독성이 약한 게임으로 바꾸기 ④ 약물치료이다. 이를 하나씩 살펴보자.

인터넷 사용을 완전히 중단하기

어떤 치료자는 한번 온라인 게임 중독에 빠지면 인터넷 사용을 완전히 중단하는 것 이외에는 방법이 없다고 주장한다. 이러한 주장의 근거는 알코올중독 치료의 경우 한번 중독 상태에 빠지면 완전히 단주해야만 술을 끊을 수 있다는 것에서 기인한다. 입원 위주로 인터넷을 치료하는 경우는 이런 이론적 근거에 기인한다. 이 경우 환자가 입원 초기에는 심리적 금단증상에 해당되는 공허함 등을 호소하지만 한 달 정도 지나면 심리적 금단증상이 사라지게 된다. 그런 시점에서 퇴원을 하고 최소 1년은 인터넷을 완전히 사용하지 않는 것을 권한다.

하지만 이 방법은 실제로 적용하기에는 어려움이 크다. 우선 최근에는 컴퓨터나 인터넷으로 해야만 하는 숙제가 적지 않다. 직장인도 컴퓨터로 보고서를 작성하고 자료를 검색한다. 따라서 일정 기간은 모르겠지만 인터넷을 완전히 사용하지 않고 세상을 살아간다는 것은 거의 불가능하다. 물론 인터넷 사용에 따른 온라인 게임 중독 재발의 리스크가 큰 것을 감안하면 온라인 게임 중독자는 일정 기간 인터넷을 사용하지 않는 것이 더 이득일 수도 있다. 하지만 인터넷은 이미 우리 생활 깊숙이 침투했기 때문에 장기적으로 볼 때 인터넷에 접근하지 못하는 데서 오는 손실은 너무나 크다. 청소년의 경우도 수능 대비 강좌가 인터넷을 통해서 이루어지고 어른들도 취업 정보를 인터넷을 통해서 얻는다. 장기적인 관점에서 컴퓨터나 인터넷을 완전히 사용하지 않는다는 것은 해결 방법이 되지 못한다.

말로 해서 안 되면 컴퓨터를 없애거나 전력선을 차단하는 경우가 있다. 그럴 때 아이들은 PC방에 가서 온라인 게임을 하게 된다. PC방에 못 가게 하려고 돈을 주지 않으면 어떤 아이들은 돈을 훔쳐서라도 PC방에 간다. 결국 절도가 문제되어 병원을 방문하게 되기도 한다. 따라서 일부 아이들에게는 게임 중단을 위해서 컴퓨터 사용을 중단하는 것이 방법이 될 수도 있겠지만, 대다수 아이들에게는 컴퓨터를 없애거나 인터넷을 차단하는 것은 실효도 없고 부모와의 갈등도 커질 뿐이다.

만약 컴퓨터를 없애거나 인터넷을 차단할 때는 그 기간을 분명히 해야 한다. 온라인 게임을 집 밖에서도 하지 않는다는 약속을 지키면, 일정 기간이 지난 후 다시 집에서 컴퓨터를 허락할 것이라고 말해줘야 한다. 그리고 컴퓨터를 다시 시작할 때는 시간제한 장치를 설치해야 한다.

무조건 인터넷을 중단시켜야겠다는 생각으로 아이를 정신병원에 입원시킨 가족이 있었다. 다시는 인터넷을 하지 않겠다는 약속을 믿고 아이를 퇴원시켰더니 퇴원 직후 아이가 가출을 해버렸다. 부모는 상황이 이렇게 되자 입원을 시킨 것이 과연 좋은 선택이었는지 고민하다가 심리센터를 찾아와서 상담을 요청했었다. 게임 중독을 치료하기 위해서 아이를 병원에 입원시키는 것에는 신중해야 한다. 만약 아이를 컴퓨터로부터 일정 기간 반드시 격리시켜야 한다면 병원보다는 인터넷 중독 치료 캠프를 우선 이용하는 것이 나을 수 있다.

약속을 하고 인터넷 사용 시간 줄이기

실질적으로 많은 전문가들이 권하는 방법이다. 인터넷 중독의 경우 신체적 금단증상은 거의 없다. 알코올중독의 경우 술에 취한 상태에서의 폭력이 문제가 되지만, 인터넷 중독의 경우 인터넷을 억지로 못 하게 하거나 컴퓨터를 망가뜨리지 않는 이상 폭력이 발생하지는 않는다. 현질을 해서 큰 금액으로 무기를 구입하지 않는 이상 도박 중독같이 심각한 금전적 문제를 만들지는 않는다. 인터넷 중독은 심각하기는 하지만 다른 중독에 비해서 조용한 중독이다. 따라서 인터넷을 무조건 사용하지 못하도록 하는 대신 조금씩 그 사용을 줄이는 방법이 더 현명할 수도 있다.

가장 간단하면서도 중요한 원칙은 아이가 감당할 수 있을 만큼의 현실적인 목표를 가지고 시간을 줄여야 한다는 것이다. 그리고 인터넷 시간을 줄이는 대신 다른 것으로 보상해주어야 한다. 하지만 인터넷 사용 시간을 줄이는 대신 그 시간에 공부를 하도록 강요하면 시간 줄이기는 백이면 백 실패한다. 인터넷 사용을 줄여서 아이가 얻은 시간은 가급적 아이가 원하는 것을 하도록 해야 한다.

일단 가장 중요한 것은 시간제한이 아이들이 감당할 만한 수준이어야 한다. 하루 다섯 시간을 온라인 게임을 하던 아이에게 하루 한 시간만 하라고 갑자기 줄이면 그것은 인터넷 사용을 완전 중단시키려 하는 것과 차이가 없다. 일관성을 가지고 장기적으로 접근해야 한다. 1주일에 10%~15% 정도씩 감소시키는 것이 바람직하다. 하루 8시간, 즉 하루에 480분을 인터넷을 하는 학생이 있다면, 첫째 주는 하루에 440분, 즉 7시간 20분 정도로 시간을 줄인다. 그 둘째 주에는 400분, 즉 6시간 40분 정도로 줄인다. 셋째 주에는 360분, 즉 6시간 정도로 줄인다. 이런 식으로 조금씩 줄여나가는 것에 대해서 그 보상이 뚜렷하다면 아이들이 참을 수 있다.

아이들에게 주는 보상은 장기적인 보상과 단기적인 보상으로 나누어야 한다. 그리고 보상은 심리적인 보상과 물질적인 보상이 병행되어야 한다. 나중에 인터넷 사용 시간이 세 시간 이하로 줄게 되면 그때부터는 더욱 조심해서 접근해야 한다. 세 시간을 두 시간으로 줄였으면 하지만 그때 아이가 실패하게 되면 다시 처음부터 해야 할 수도 있다. 10%~15%라는 범위를 끝까지 잊지 말아야 한다. 만약 두 시간 이내가 되었을 때는 너무 무리해서 줄이지 않는 것이 더 좋다.

예를 들어 매일 관심을 가져주고 사소한 것에 칭찬해주는 것은 심리적인 보상이면서 단기적이고 순간적인 보상이다. 일주일에 한 번 아이가 원하는 콘서트에 갈 수 있게 해주거나 놀이공원에 갈 수 있게 해주는 것은 매일 주는 보상에 비해서 장기적인 보상이고 물질적 보상에 해당된다. 만약 이렇게 인터넷 사용 시간을 줄이는 것이 1년 정도 지속되었을 때 온 가족이 해외여행을 간다면 이것은 가장 커다란 장기적인 보상이면서 동시에 심리적인 보상이다.

이렇게 장기적, 단기적, 물질적, 심리적 보상을 잘 섞어가면서 접근해야 한다. 그리고 보상의 값어치는 철저하게 아이의 입장에서 판단되어야 한다. 흔히들 '가족 간에 대화가 부족해서 인터넷 중독이 생긴다' 혹은 '가족끼리 가지는 시간이 많아져야 한다' 등 천편일률적인 내용을 믿고, 아이들의 인터넷 사용 시간이 줄었을 때 이리저리 데리고 다니는 경우가 있다. 아이들은 시무룩한 얼굴로 따라다닐 뿐 부모와 있는 것이 답답하고 재미없다. 아이가 원할 때 아이들과 함께 시간을 보내는 것이 최선이다. 아이가 원하지 않는다면 남는 시간을 아이들 스스로 사용하도록 해주어야 한다. 그리고 그 보상이 아이들이 원하는 것이어야 한다는 것을 잊지 말아야 한다. 인터넷을 하지 않는 대신 아이들에게 묻지도 않고 비싼 오페라 공연 티켓을 주었다고 가정하자. 아이들은 보고 싶지도 않은데 부모의 입장에서 일방적으로 보상이라고 주면 그것은 거부감만 불러일으킨다.

그리고 보상에 못지않게 중요한 것이 약속이 지켜지지 않았을 때의 불이익이다. 만약 아이가 몰래 PC방에서 인터넷을 하다 걸렸다고 가정하자. 그럴 때 부모를 속였다면서 지나치게 화를 내서는 안 된다. 그동안 들인 노력에 대해서는 한 번 더 칭찬해주고 다시 시작하자고 가급적 따뜻하게 대해야 한다. 그렇지만 처음에 계획을 짰을 때 약속한 대로 불이익을 주어야 한다. 불이익은 너무 과도해서는 안 되지만 그렇다고 아이가 본전이라고 느껴서도 안 된다. 아이가 밖에서 몰래 한 시간 정도 온라인 게임을 하고 왔다면 일단 일주일에 한 번 있게 되는 보상은 없어야 한다. 장기적인 보상도 제공되는 시기가 뒤로 미뤄져야 한다. 인터넷 사용 시간도 불이익이 있어야 한다. PC방에서 한 시간 게임을 하다가 들켰다면 한 시간보다는 더 많이 사용을 줄여야 한다. 그렇다고 아이가 부당하다고 느끼고 분노할 정도여서는 안 된다.

인터넷 시간을 제한하는 방법은 다음 세 가지가 있다.

- 컴퓨터 사용 시간제한 프로그램을 다운받는다.
- 컴퓨터에서 무선인터넷 혹은 와이파이 사용이 불가능하게 한 후 인터넷 공유기에 암호를 걸어서 사용 시간을 제한하고, 잠금장치 안에 공유기를 보관한다.
- 컴퓨터 사용 제한 장치를 하드웨어적으로 설치한다.

우선 컴퓨터 사용 시간 제한 프로그램을 다운받는 것은 간편하기는 하지만 아이가 프로그램을 무력화하는 소프트웨어를 웹상에서 다운받을 수도 있다. 특정 회사의 시간제한 프로그램이 널리 알려지게 되면 그것을 푸는 프로그램이 만들어지고 아이들은 이를 웹사이트로 유포한다. 이렇게 되면 행동치료적인 측면에서 가장 힘든 상황이 된다. 따라서 언제 무력화될지 모르는 소프트웨어 다운로드는 컴퓨터를 잘 아는 부모에게만 권하며 잘 모르는 부모에게는 권하고 싶지 않다. 무선인터넷 사용이 안 되도록 컴퓨터를 개조한 후 인터넷 공유기를 이용해서 시간제한을 걸어놓는 것은 추가로 돈을 지불하지 않으면서도 확실한 방법이다. 단 암호를 설정해야 하는데 만약 아이들이 암호를 알아내게 되면 이 방법도 소용없다. 따라서 암호도 설정하고 잠금장치 안에 두는 것이 완벽하다. 만약 공유기를 사용할 수 없는 경우 일정 시간이 지나면 컴퓨터 전력 공급을 중단시키는 별도의 시간제한 장치를 사용할 수도 있다.

중독성이 강한 게임을 중독성이 약한 게임으로 바꾸기

때로는 인터넷 사용을 줄인다는 것 자체를 환자가 받아들이지 못하는 경우가 있다. 단 1분이라도 사용 시간을 줄이는 것에 아이가 안절부절못한다. 금단증상이 심해서 인터넷을 할 수 없게 된다는 것만으로도 불안해진다. 이때는 앞서 말한 캠프나 병원 입원이 더 현실적일 수도 있다. 하지만 아이가 병원 입원, 캠프 입소 등을 자신에 대한 부당한 처벌로 간주한다면 아이와 부모의 감정의 골이 깊어질 수 있다. 이런 경우는 게임을 바꾸는 것도 방법의 하나일 수 있다.

2007년에 한국학술정보에서 《컴퓨터 게임: 중독증의 이해와 치료》라는 책이 출판되었다. 이 책의 저자는 "자기 목적적 게임은 몰입 효과가 있는 반면에 보상 강화 게임은 중독 효과가 있다"는 이론을 제시했다. 따라서 "보상 강화 게임에 중독되어 있는 환자에게 자기 목적적 게임을 하도록 유도하면 중독증에서 벗어나는 효과가 있다"고 한다.

컴퓨터 사용 시간을 줄인다면 기겁을 하는 아이들도, 게임을 다른 게임으로 바꾸고 사용 시간에 대해서는 터치하지 않겠다고 하면 받아들이는 경우가 있다. 하지만 다른 게임으로 바꿀 때 주의해야 하는 것은 아이들이 이미 달성한 성과를 어떻게 처리할 것인가이다. 아이들이 특정 게임을 중단할 때 희생해야 하는 것이 적지 않다. 순위가 높은 경우 그 순위를 포기해야 한다. 오랫동안 진화해온 캐릭터를 포기해야 한다. 무기의 경우 매매를 하면 상당한 금액을 받을 수도 있다. 이런 부분을 어떻게 처리할지가 중요하다. 특히 아이들이 게임을 중단하면서 금전적인 손해를 입었다고 생각하면서 보상해달라고 하는 경우가 있다. 부모는 말도 안 되는 소리라고 생각하지만 아이들은 심각하다. 따라서 무조건 중단이라고 하기에 앞서 무기, 방어구, 재산을 잘 처분할 수 있는 방법을 찾아야 할 수도 있다.

어떤 부모는 온라인 게임 중독 치료를 위해서 아이를 입원시킨 후 온라인 게임사에 연락해 회원에서 아이를 탈퇴시켰다. 자신이 몇 년간 이룩해놓은 모든 것이 다 사라졌다고 생각한 아이는 퇴원하자마자 금전적으로 보상해달라고 하면서 부모에게 폭력적인 행동을 했다. 게임을 바꿨을 때 아이들이 흥미를 잃는 이유 중 하나가 맨바닥에서 다시 시작해야 한다는 점 때문이다. 따라서 게임을 바꾸는 것은 인터넷 중독에서 벗어날 수 있는 가능성을 높일 수 있다. 단 게임을 바꾸는 과정에서 입은 아이의 손해에 대해서 어떻게 보상을 할지 그 방법과 금액을 잘 결정해야 한다.

약물치료

게임 중독을 치료하는 특효약이 있는 것은 아니다. 하지만 우울증 치료에 쓰이는 항우울제나 알코올중독 치료에 쓰이는 항갈망제를 사용해서 치료를 해서 효과를 보는 경우도 있다.

항우울제로 쓰이던 '부프로피온 Bupropion'을 게임 중독에 사용하는 경우 효과가 있다는 보고가 있다. 뇌 안에서 작용을 하는 신경전달물질은 뇌세포로 재흡수되어 분해된다. 부프로피온은 뇌에서 노에피네프린과 도파민이라는 신경전달물질이 뇌세포 내로 재흡수되는 것을 막는다. 우울증 치료 효과는 주로 노에피네프린의 수치를 올리는 데서 기인하는 것으로 사료된다.

부프로피온은 니코틴 수용체에도 차단제로 작용한다. 그래서 지금 국내에서는 우울증 치료보다도 금연을 위해서 더 많이 처방되고 있다. 그런데 중앙대학교 의대 정신건강의학과 한덕현 교수가 게임 중독 환자에게 부프로피온을 치료해서 효과를 봤다는 연구를 발표해서 주목을 받았다. 게임을 해 쾌감을 느끼는 데는 도파민이라는 신경전달물질 상승이 크게 작용한다. 그런데 게임을 하다가 중단하게 되면 도파민 레벨이 급속히 저하되면서 일종의 허전함, 허탈감이 생긴다. 그래서 다시 게임을 하게 된다. 부프로피온은 도파민이 뇌세포로 재흡수되어 분해되는 것을 막기 때문에 도파민 레벨을 높이게 된다. 이러한 기전이 게임 중독에 효과가 있을 수 있는 것으로 추정된다. 모든 환자에게 효과가 있는 것은 아니지만 약효가 있는 환자에서는 큰 도움이 된다. 웰부트린(글락소 스미스 클라인), 웰정(유니메드), 니코피온(한미)의 이름으로 출시되고 있고 의사의 처방을 필요로 하는 약이다.

신경전달물질 중 세로토닌의 재흡수만 선택적으로 막는 약을 'SSRI Selective Serotonin Reuptake Inhibitor'라고 부른다. 세로토닌이 저하되면 우울증에 걸릴 수 있다. 따라서 뇌내 세로토닌의 양이 증가하면 우울증 치료에 도움이 되는 것으로 알려져 있다. 세로토닌 역시 뇌세포 안으로 재흡수된 후 분해가 되는데 뇌세포로 재흡수되는 것을 막으면 세로토닌 수치가 상승하게 된다. 에시탈로프람, 시탈로프람, 플루옥세틴, 설트라린, 파록세틴 등이 대표적인 SSRI다. 그런데 SSRI는 공황장애 같은 불안장애에도 치료 효과가 있고 강박증에도 치료 효과가 있다. 게임 중독의 경우 게임을 하지 않으면 불안해지면서 안절부절못하고 불안을 없애기 위해서 다시 게임을 하는 양상을 보인다. 또 게임 중독 환자의 일부는 우울증을 동반하고 있다. 그래서 SSRI를 복용하고서 게임 중독의 호전을 보이는 환자도 있다.

'날트렉손 Naltrexone'은 알코올중독의 치료에 많이 쓰이는 약이다. 원래는 아편중독 치료에 사용하기 위해서 개발된 약제다. 아편을 사용하면 기분이 좋아지는데 이 기분이 좋아지는 효과를 차단한다. 이 약은 매일 복용해야 한다. 아편중독 환자의 경우 아편을 다시 복용하고 싶은 욕구가 대체로 굉장히 강하기 때문에 날트렉손으로 막을 수 없는 경우가 대부분이다. 지금은 주로 알코올중독 치료에 쓰인다. 술을 갈망하는 것을 감소시켜서 금주 기간을 연장하는 효과도 있고 설혹 술을 마시더라도 덜 마시게 하는 효과가 있다.

날트렉손의 작동 원리는 다음과 같다. 아편 수용체 관련 유전자 중 OPRM-1이라는 유전자가 있는데 이 OPRM-1 유전자의 G-상동형을 지닌 경우에 효과가 있다. 아시아인의 경우 60~70%가 이 유전자를 적어도 한 카피 지니고 있는 것으로 추정된다. 아편을 사용하거나 마약을 하게 되면 중뇌-변연로 mesolimbic pathway라는 뇌 구조에 도파민 활성도가 상승하는데 여기에 영향을 준다. 뇌에서는 아편과 유사한 물질을 스스로 만들기도 하는데 이런 뇌내 아편을 흔히 통칭해서 엔돌핀이라고도 부른다. 엔돌핀이 생성되면 기쁨을 느끼며, 술을 마시거나 게임을 할 때도 엔돌핀이 일부 상승한다. 엔돌핀의 효과를 차단하면 술을 마시거나 게임 할 때의 쾌감이 떨어지면서 의존도가 감소할 수 있다.

술을 마시거나 마약을 사용하는 경우는 물질을 사용해서 쾌감을 얻고자 하는 것이기 때문에 물질중독이라고 한다. 반면에 병적 도박, 도벽, 쇼핑 중독의 경우는 행위를 하면서 쾌감을 느끼기 때문에 행위중독이라고 한다. 날트렉손을 병적 도박에 사용해서 효과를 봤다는 연구는 꾸준히 있었다. 게임 중독도 행위 중독의 범주에 들어가며, 일부에서는 날트렉손을 처방해서 연구를 진행 중이며 일부 그 효과를 보고 있다. 국내에서는 트락손(명인), 날트렉손(환인), 레비아(제일), 날트렉신(영진)이라는 이름으로 출시되고 있고 의사의 처방이 필요한 처방약이다.

게임 중독에서 벗어난다고
무조건 좋아지는 것은 아니다

예후가 좋은 경우

앞에서도 말했지만 어떤 환자들은 삶의 환경이 바뀌면 게임 중독에서 벗어난다. 지방에서 혼자 근무할 때 거의 매일 밤새도록 게임을 하던 이가 있었는데 다시 서울에서 근무하고 가족들과 함께 지내면서 게임 하는 시간이 줄게 되었다. 외로움, 무료함과 달리 할 일이 없을 때 게임을 많이 하지만, 대부분 자신이 좋아하는 일이 생기거나 좋아하는 사람이 생기면 게임 하는 시간이 줄어든다. 한국에서는 청소년들에게 종일 공부만 하도록 강요한다. 공부하지 않으면 노는 것이라고 간주한다. 실제로 임상에서 보면 순수한 게임 중독은 많지 않다. 그 밑을 파고들면 우울증, ADHD, 가정불화에 따른 불안함 같은 문제가 내재되어 있을 때가 많다.

환자 중에서 게임에서 벗어나기 위해서 컴퓨터를 버렸는데 허전한 마음이 들어 우울증 치료를 받은 이가 있다. 지금은 직장을 구해서 성공적으로 적응하고 있다. 하지만 지금도 집에 컴퓨터를 놓지 않는다고 한다. 일단 본인의 의지가 중요하다. 병원에 가둔다고 해서 꼭 도움이 되는 것은 아니다. 게임 중독의 경우는 이렇게 무가치한 삶을 살아서는 안 되겠다는 자각이 생기는 것이 중요하다. 이러한 자각은 충고를 통해서 생기는 것도 아니고, 입원을 했다고 되는 것도 아니다. 각자 때가 있으며 의사의 임무는 일단 자각이 생긴 환자가 좀 더 확실히 그 의지를 실천에 옮기도록 도와주는 것이다.

예후가 나쁜 경우

사회적으로 스트레스를 받는 상황이 반복되면 환자가 벗어나기 쉽지 않을 것이다. 인간은 누구나 어려운 상황에 빠지면 회피하고 싶은 욕구가 있다. 그래서 우리는 직장에서 퇴근하면 드라마나 영화를 본다. 마찬가지로 직장에서도 해고되고 부인과 이혼하는 등의 스트레스가 계속되면 더욱 게임에 몰두하게 될 것이다.

아이들의 경우 ADHD가 있으면 게임에서 벗어나기가 힘들다. 어른들도 우울증이 있는 경우는 우울증이 치료가 돼서 다시 일상생활에 의욕을 느껴야 게임을 하는 시간이 줄어들 것이다.

아울러 아주 어려서부터 게임을 많이 한 경우 게임이라는 형태의 자극이 없으면 뇌 생물학적으로 갈망craving이 일어날 수 있다. 이런 경우는 치료가 쉽지 않다. 게임을 시작한 나이가 어릴수록 성인이 되어 게임 중독에 빠질 확률이 높은지, 어려서 게임을 많이 하면 게임 중독에 빠질 확률이 높은지에 대한 연구가 이루어져야 한다. 즉

어려서 게임에 노출되는 시기, 빈도, 시간과 성인이 되었을 때 예후
와 관련된 연구가 이루어졌으면 한다. 과거 한국에서는 청소년 본드
중독이 많았지만 지금은 줄어들었다. 대신 게임 중독이 늘어났다고
판단하는 의사들도 있다.

게임은 아이들의
스트레스 해소 방법

어려서 게임기를 사주는 것은 바람직하지 않다. 스마트폰
도 마찬가지다. 아이가 컴퓨터를 능숙하게 다룰 나이가 될
때까지는 인터넷 게임 프로그램을 컴퓨터에 다운받지 못
하게 해야 한다. 아직 객관적인 연구 결과가 발표된 것은
없지만 너무 어려서부터 게임을 접하면 나중에 게임에 과도하게 몰
두하게 될 가능성을 배제할 수 없다.

그리고 절대로 게임을 보상으로 이용하면 안 된다. 예를 들어 아
이들이 게임기를 사달라고 조를 때 시험을 잘 보면 게임기를 사주겠
다고 하는 부모가 있다. 하지만 그렇게 게임을 보상으로 사용하면
나중에 아이들은 게임을 못 하게 하면 공부를 안 하겠다고 부모를
협박할 수 있다. 행동치료적인 관점에서 게임과 관련된 것은 절대로
상으로 주지 말아야 한다. 게임에 대해서 아이들은 긍정적인 강화를
받게 된다. 벌로 게임을 못 하게 하는 것은 괜찮지만, 아이들이 공부
를 잘했다고 게임기나 프로그램을 사주는 것은 바람직하지 못하다.

그리고 아이들이 어떤 게임을 하는지 그 내용을 꼭 확인하고

게임에 대해 대화를 나누어서 게임을 파악하는 것이 필요하다. 가급적 컴퓨터가 거실과 같이 부모와 공유할 수 있는 곳에 있는 것이 좋다. 어려서부터 컴퓨터는 꼭 부모 허락을 받고, 30분이면 30분, 한 시간이면 한 시간 시간을 정하고 하는 습관을 들여야 한다. 아이가 커서 자기 방에 컴퓨터를 갖고 싶어 하고, 컴퓨터 사용 시간을 조절하지 못하는 것 같으면 무선 인터넷과 와이파이를 사용하지 못하도록 컴퓨터를 세팅한 후, 유선 공유기를 설치해서 아이들 손이 닿지 않는 곳에 두고 인터넷 접속 시간을 설정하도록 한다. 외부에 장착하는 기계인 컨트롤러를 사용하는 것도 가능하다. 그리고 스마트폰은 사용 시간을 제한하는 것이 거의 불가능하므로 부모가 관리를 소홀히 해서는 안 된다.

많은 부모들이 컴퓨터를 아이들 방에 놓아줄 때 처음부터 공유기로 인터넷 접속 시간을 설정하는 것이나 컨트롤러를 설치하는 것에 부정적이다. 만일 아이가 시간을 지키지 못하면 그때 가서 해도 된다고 생각한다. 하지만 아이가 중독된 후 시간을 제한하려고 하면 한바탕 소동을 벌여야 한다. 그리고 대부분의 아이들은 컴퓨터 사용 시간 약속을 지키지 못한다. 따라서 부모가 볼 수 없는 아이들 방에 컴퓨터를 설치하면 그때는 처음부터 공유기로 인터넷 접속 시간을 설정하거나 컨트롤러를 설치하는 것이 낫다. 소 잃고 외양간 고치는 격이 되지 않으려면 처음부터 기계적으로 시간제한을 해야 한다.

부모가 아이들과 함께 보내는 시간이 많으면 게임 중독에 빠질 확률이 줄어들 수 있다. 그러나 맞벌이 부부나 편친 가정의 경우는 아이 혼자 있는 시간이 많다. 따라서 게임 중독에 빠지는 경우가 많을 수 있다. 대부분의 가정에서 부모는 살아 있는 알람시계의 역할을 한다. 일부 아이들은 부모의 제지에도 불구하고 다양한 방법으로 게임을 계속하지만, 아직 한국 사회에서 부모는 아이들에게 무시할 수 없는 존재다. 아버지가 직장에서 늦게 퇴근하고 퇴근 후 모임이 많은 사회적 현실을 고려할 때 주로 엄마가 게임 시간을 조절하는 역할을 맡게 된다. 학원이 끝나고 PC방에 가는 자투리 시간도 엄마에 의해서 통제된다. 따라서 부모가 오기 전까지는 어쩔 수 없이 아이들이 TV를 보거나 게임을 하면서 혼자 시간을 보내게 되더라도, 부모가 있을 때는 가급적 게임을 하지 않게 하는 것이 낫다.

반대로 가족들 사이에 너무 경계가 없이 아이들의 영역이 확보되지 않아도 아이들이 게임에 빠질 수 있다. 특히나 공부에 대해 부모가 과도하게 스트레스를 주면서 아이들의 생활을 간섭하는 경우 아이들은 게임을 통해서나마 자신만의 몰입할 수 있는, 긴장을 풀 수 있는 시간을 가지고자 한다. 그러한 시간마저 부모가 과도하게 제한하려고 하면 아이가 반항하게 된다. 즉 게임이 성장기 아동과 부모 간의 주도권 다툼의 대상이 되는 것이다. 어린아이는 먹는 것을 가지고 엄마와 주도권 다툼을 하고 성인이 되면 경제적 문제로 부모와 주도권 다툼을 하게 되듯이, 십대 학생에게 있어서는 게임이 개인으로 독립하기 위해서 부모와 주도권을 다투는 대상이 된다. 즉 부모와 자식의 관계는 너무 소원해서도 안 되지만 너무 간섭하는 관계여서도 안 된다. 너무 소원하면 게임을 통해서 외로움을 벗어나고자 하게 되고 너무 간섭하면 게임을 통해서 자신만의 공간과 시간을 가지고자 하게 된다.

따라서 아이들이 게임으로 스트레스를 푸는 것을 어느 정도는 이해해주어야 한다. 아이들이 게임을 하고 싶다면 시간을 정하고, 그 시간 안에서는 마음껏 하게 하자. 하지만 시간이 넘으면 자동으로 컴퓨터가 꺼지게 하드웨어적인 장치를 해야 한다. 그래야 게임을 둘러싼 갈등이 가정불화로 이어지지 않는다.

셧다운제는 잘못된 정책이다

정부는 2011년 11월 20일 자정부터 게임 셧다운제를 도입했다. 밤 12시부터 새벽 6시까지 만 16세 미만 청소년은 온라인 게임을 이용하지 못하도록 온라인 게임 서비스 업체에서 강제로 중단시키는 제도다. 그런데 이런 게임셧다운제를 주도한 부처는 정보통신부가 아닌 여성가족부다. 게임셧다운제의 목적은 얼핏 보면 게임을 막는 것이지만 사실은 게임을 미워하는 많은 학부모들의 마음에 영합하는 제도다.

만약 셧다운제가 효과가 있었다면 게임 중독이 줄었다는 결과 보고가 있어야 하는데 그런 보고는 없다. 셧다운제는 개인정보를 수집하거나 유료 서비스를 운영하는 게임에 대해서만 효력이 있다. 개인정보를 수집하지 않는 게임에 대해서는 기술적으로 셧다운이 될 수 없기 때문이다. 게임을 하고 싶다는 아이들의 갈망이 있는 한 이런 제도는 진짜 게임 중독을 막지는 못한다. 일부 사이트는 무료 게임을 제공하고 광고료로 수익을 보전하기도 한다. 이미 많은 게임 중독 청소년들은 성인의 주민등록번호를 도용해서 게임을 하고 있다. 많은 아이들이 타인의 주민등록번호를 도용했다가 적발되어 경찰의 조사를 받기도 한다.

진짜 게임 중독자들은 어떻게 해서든 게임을 하고 만다. 알코올중독자들이 어떻게 해서든 술을 마시고, 도박 중독자들이 어떻게 해서든 도박을 하듯이 말이다. 미국에서 금주법을 시행했더니 밀주가 성행하면서 많은 사람들이 목숨을 잃었다. 도박을 법으로 금지하고 제약을 가할수록 사설 도박장이 더 난립한다. 셧다운제는 게임 산업의 상당 부분을 음성화시켜 산업 자체를 퇴보하게 만들 가능성이 크다. 게임에 빠진 아이들은 그 시간에 게임을 못 한다고 해서 잠을 자거나 공부를 하지는 않을 것이다. MMORPG에 빠져 살던 아이가 그 시간에 담배를 피우거나 술을 마시면서 거리를 배회한다면 오히려 게임 중독보다 더 안 좋은 결과를 가져오게 될 뿐이다.

2013년 1월 8일 손인춘 새누리당 의원은 자정부터 이튿날 오전 6시까지 만 16세 미만 청소년들에게 게임을 제한하는 현행 제도를 저녁 10시부터 다음 날 오전 7시까지로 세 시간 확대하는 셧다운제 강화를 담은 개정안을 대표 발의했다. 과거에 시행했던 셧다운제가 효과가 있어서 그것을 강화하는 것인지, 아니면 과거에 시행했던 셧다운제가 효과가 없어서 시간을 앞당기려는 것인지 불분명하다. 어머니들의 입장에서는 효과가 있든 없든 손해 보는 것이 없는 것처럼 보인다. 문제는 셧다운제 강화로 인해서 이미 게임 중독에 빠진 아이들은 주민등록번호를 도용할 것이라는 데 있다. 그리고 이미 게임에 중독된 아이들은 12시에서 10시로 셧다운 시간이 앞당겨졌다고 해서 두 시간 게임을 덜 하지 않는다. 부모에게 어떻게든 거짓말을 해서 줄어든 두 시간을 쥐어짜서 하게 된다. 어쩌면 게임을 하고자 학원을 땡땡

이치거나 심지어는 학교의 방과 후 수업을 부모 몰래 빼먹을 것이다.

섯다운제야말로 현실을 무시한 전형적인 보여주기식 정책이다. 차라리 정부가 해야 할 일은 게임 중독 치료 프로그램을 활성화하고 전문 치료 기관을 만드는 것이다. 그런 면에서 손인춘 의원이 인터넷게임중독치유센터를 설립하고 게임 회사에게 연간 매출의 1% 이하 범위에서 중독치유부담금을 부과하게 한 것은 합리적이다. 다만 무조건 치유센터의 수를 늘리는 전시행정이 아니라 진정 치료가 되는 프로그램을 운영하게끔 하는 것이 중요하다.

게임에 대한
부모들의 진짜 마음

이제 부모들의 입장도 생각해보자. 부모들은 게임 하는 아이들을 왜 그렇게 못마땅해 하는 것일까? 사실 부모들의 거부감에는 주관적인 감정이 많이 개입되어 있다. 공부할 시간에 게임을 한다는 생각 때문에 약간 더 게임 하는 정도를 마치 중독된 것처럼 과장되게 받아들이는 경우도 있다. 아이들이 게임 하는 것을 참지 못하는 이유를 세 가지로 나누어 살펴보자.

게임이 왜 재미있는지 모른다

우선 부모로서는 게임이 그렇게 재미있다는 것에 공감 가지 않는다. 만약 부모도 즐겨보는 TV 드라마를 아이들이 보고 싶다고 하면서 공부를 하지 않는다면 부모도 얼마나 보고 싶을까 하고 이해한다. 하지만 부모는 게임이 그렇게 재미있을 수 있다는 것 자체가 이해하지 못한다.

특히 게임을 즐겨하고 잘하는 데 있어서는 남녀 차가 존재한다. 프로게이머를 보면 남자들이 월등히 많고 성적도 더 좋다. 과학자들이 게임 중독의 뇌 생물학적 근거로 제시하는 것이 남자아이들이 여자아이들에 비해서 게임을 많이 하고 중독되는 빈도도 높다는 것이다. 물론 여자 중에서도 게임을 잘하고 중독되는 경우도 있지만 남자의 비율이 월등히 높다. 따라서 연애할 때도 여성은 남자 친구가 허구한 날 게임을 하면 한심하게 생각한다. 결혼을 했는데 남편이 신혼 초 주말에 게임을 하고 있으면 한심하게 생각한다. 여성의 입장에서는 그게 그렇게 재미있다는 것이 이해가 안 되는 것이다. 대부분 어머니들도 게임이 그렇게 재미있다는 것이 이해가 가지 않는다. TV에 빠진 아이에 대해서는 최소한의 공감이라도 할 수 있지만 게임에 대해서는 공감을 할 수 없는 어머니가 대부분이다.

아이가 종일 컴퓨터 앞에 앉아 있는 걸 참을 수 없다

남성은 활동적이어야 한다는 우리 사회의 남성관은 집에 틀어박혀 종일 게임만 하는 아이들을 더욱 한심하게 여기도록 만든다. 남자란 모름지기 나중에 가정을 책임져야 하고 밖에 나가서 일을 해야 하므로 남자아이는 사람도 많이 만나고 활동적이어야 한다고 생각한다. 그렇게 따지면 종일 책상에 앉아서 공부하는 것이나 종일 컴퓨터 앞에 앉아서 게임을 하는 것이나 남자답지 않기는 매한가지다. 그러나 공부하는 아이를 보고 남자답지 않다고 하면서 공부 그만두고 밖에 나가서 뛰어놀라고 하는 부모는 없다. 게임을 하는 아이들에게는 차라리 밖에 나가서 친구들과 놀기라도 하라고 하는 부모들이 대다수다. 이중 잣대가 작용하는 것이다. 더군다나 아이가 공부 안 하고 딴짓을 하더라도 눈앞에 보이지 않으면 그나마 나은데, 바로 코앞에서 눈치도 없이 계속 마우스만 미치도록 클릭하고 자판을 두들기는 것을 보고 있노라면 부모는 참을 수 없다.

자신이 못 이룬 꿈을 아이에게 바란다

부모들의 미래에 대한 불안 혹은 욕심도 한 부분을 차지한다. 중학생이나 고등학생을 둔 부모의 경우 대부분 그 나이가 빠르면 40대 초반, 늦은 경우 50대 중반일 것이다. 부모가 회사에서 어디까지 승진할지, 앞으로 얼마나 경제적으로 더 부를 축적할 수 있을지에 대한 기대치가 80~90%는 결정된 나이다. 이때 자식에 대한 부모의 기대치는 높아지고 자신이 못 이룬 꿈을 이뤄주기를 원한다.

중년의 부모가 생각하기에 꿈을 이루는 단계는 좋은 대학, 좋은 직장을 통해 사회의 인정을 받는 데서 시작한다. 따라서 부모는 아이들이 하루 10시간을 더 공부해서 성적이 단 1점 오르는 한이 있더라도 공부에 매달리기를 원한다.

공부도 어느 정도 적성과 재능이 있어야 한다고 가정한다면, 아무리 열심히 해도 성적이 오르지 않는 한계가 있기 마련이다. 아이가 혹시 게임 중독이 아닌지 상담을 원하는 부모들의 상당수는 아이가 온라인 게임에 빠져드는 것 자체도 싫지만, 그 시간에 게임만 하고 공부는 뒷전인 것을 바꾸고 싶어 한다. 게임을 못 하게 하고 공부를 시키려고 하는 데 아이들이 반항하는 것에 대해서 화를 내는 것이다. 그러나 게임 대신 공부를 시키려고 하면 아이들은 더욱더 반항하게 된다. 결국 게임 자체가 문제가 아니라 부모와 십대 자녀의 갈등이 문제가 되어 병원을 찾는 일도 생긴다.

이처럼 부모 입장에서 게임 하는 아이를 부정적으로만 바라볼 때 부모들이 놓치는 부분이 생긴다. 게임 산업은 날로 커지고 있다. 나름대로 게임에 재능이 있다고 생각하는 아이들은 프로게이머가 되겠다거나 게임을 만드는 사람이 되겠다는 꿈을 가진다. 이러한 소망이 부모들 입장에서는 황당한 이야기지만, 십대 본인의 입장에서는 나름 합리적일 수도 있다. 공부에 재능이 없는데 종일 책상에 앉아서 시간만 때우다 명문대에 갈 확률보다 게임을 열심히 해서 프로게이머가 될 확률이 더 높다는 십대 아이들의 판단을 무작정 틀렸다고만은 할 수 없다. 아이가 공부는 뒤떨어지거나 보통이고 게임은 다른 아이들보다 잘한다고 할 때, 게임을 잘하는 것에 대해 칭찬해주는 부모는 없다. 부모에게 있어서 게임은 쓸데없는 짓이고 설혹 재능이 있어 노력해서 프로게이머가 된다 한들 그것은 평생 일할 수 있는 제대로 된 직장이 아니기 때문이다. 운동을 잘해서 대학에 들어가면 자랑이라도 하는데, 게임을 잘해서 프로게임단에 들어갔다고는 어디 가서 자랑할 수도 없다.

그러나 십대들의 입장에서는 공부보다 게임을 잘하기 때문에 게임을 더 좋아하게 된다는 것을 어른들도 한번쯤은 생각해볼 필요가 있다. 아무리 열심히 해도 성적이 오르지 않는 공부에 대해서 부당하다고 느끼면서, 열심히 하면 성과가 있는 게임에 대해서 공정하다고 느끼는 마음에 대해서 어느 정도 이해할 필요도 있다.

그리고 게임을 끊고 싶으면서도 끊지 못하는 아이들의 경우 본인도 괴롭기는 매한가지라는 것을 고려해야 한다. 게임을 좋아하게 되는 이유 중 하나가 쾌락중추에 대한 자극과 그 자극이 중단될 때의 허탈감 때문이라는 것은 이견의 여지가 없다. 어떤 이들은 그 허탈감이 싫어서 게임을 즐겨하지 않지만, 어떤 이들은 그 허탈감을 채우고자 계속 게임을 하고자 하는 욕망을 느낀다.

따라서 게임을 하지 않으려고 마음먹지만, 계속 게임에 매달리게 되는 십대들도 자신이 자기 뜻대로 제어되지 않는다는 점에 있어서는 피해자인 것이다. 그러한 십대들에 대해 말로는 하지 않겠다고 하고 밤에 몰래 한다는 이유로 거짓말쟁이로 몰아간다면 상황은 더욱 악화될 것이다. 하지 않겠다고 마음먹으면서도 자꾸 게임을 하게 되는 십대 자녀들의 마음은 어떻겠는가? 부모에게도 미안하고 스스로도 한심하게 여겨지지 않겠는가?

그리고 중독 수준이 아니라 그냥 게임을 즐기는 아이들에게는 게임이 생활의 활력소가 되어서 오히려 아이에게 도움이 되고 있을 수도 있다. 게임 중독자는 전체 게임 이용자 중 극히 일부에 지나지 않는다. 그리고 대부분의 게임 중독자들도 시간이 지나면 중독에서 자연스럽게 벗어난다.

게임의 가장 큰 효과는 재미다. 영화, 소설, TV 모두 재미가 있다. 재미라는 것은 현대사회에서 가장 중요한 요소다. 게임을 좋아하는 이들에게 게임만큼 재미있는 일은 없다. 재미있는 대상이 있다는 것은 사람들에게 큰 도움을 준다. 대기업이나 투자은행에서 일하는 젊은이들이 일이 끝나고 함께 모여 네트워크 게임을 하면서 스트레스를 푸는 경우도 심심치 않게 본다. 게임이 주는 재미, 그 재미에서 사회가 받는 탄력도 경시되어서는 안 된다.

또 게임은 과거에 영화, 책, 드라마와는 달리 내가 직접 참가해서 상황을 변화시키는 역동적인 재미를 가지고 있다. 우리가 세상을 바꿀 수는 없다. 대통령과 국회의원을 뽑는 선거라는 과정이 있지만, 그것을 통해 내가 원하는 만큼 역동적으로 세상에 변화를 준다는 느낌을 받지는 못한다. 컴퓨터 게임의 세상은 한계가 있지만 내가 주체가 되어 결과를 바꿀 수 있다. 내가 무언가 다른 결과를 만들어낼 수 있는 자그마한 세상이 있다는 것은 커다란 재미이자 기쁨이다.

아이가 게임을 하고 있는 것을 보고 있자면 '그 시간에 공부를 한다면' 하는 생각이 들지만, 오히려 그 시간에 게임을 했기 때문에 공부에 더 집중할 수도 있다. 미국에서는 〈WoW〉에서 성공하는 습관과 실제 사회생활에서 성공하는 습관이 비슷하다고 하면서, 게임을 통해 사회에서 성공하는 법칙을 익힐 수 있다고 주장하는 이들도 있다. 사실 우리가 게임 중독이라고 하면 연상하게 되는 '게임에 몰두하는 외톨이' 이미지는 일종의 선입견일 수도 있다. 일부 연구에서는 게임을 잘하는 아이들이 머리도 좋고 사회성도 떨어지지 않는다고 주장한다. 친구들끼리 왁자지껄하게 떠들면서 게임을 하는 아이들에게 게임은 즐거움을 더해주는 도구다. 운동을 하면서 한 가지 동작만 하면 팔이 뻐근해지면서 나중에는 고통스러워 견딜 수 없다. 뇌도 마찬가지다. 한 가지 일만 하다 보면 지루해지면서 딴 생각을 하게 된다. 무한정 공부에 집중을 할 수 있는 뇌란 존재할 수 없다. 뇌는 가끔 딴전을 피우게 해줘야 일을 더 잘한다. 게임을 통해서 한바탕 뇌를 뒤흔들어놔야 지루함이 사라지며 공부가 더 잘될 수도 있다.

반항
게임
공부

04

왕따

　예진은 어린이집에 처음 갔을 때 친구들과 그다지 잘 지내지 못했다. 그러나 예진의 어머니는 사교적이고 싹싹했기 때문에 어머니의 친구들이 곧 예진의 친구들이었다. 예진 어머니에 따르면 유치원 때도 아이들은 재미있는 아이 혹은 아주 예쁜 아이들을 좋아하기 마련인데 예진은 그 둘 모두에 해당되지 않았다고 한다. 그리고 먼저 친절을 베푸는 쪽도 아니었고 약간 깍쟁이 같았다. 하지만 한번 친구가 되면 헌신적인 편이었다. 서너 명이 있을 때 함께 어울리기보다는 단짝에 집착을 하는 편이었다. 단짝인 친구가 인기가 있는 다른 아이와 주로 놀고 자신에게 신경을 쓰지 않는다고 우는 일도 있었다. 그럴 때마다 어머니가 개입을 해서 친구 관계를 도와주었다.

　예진의 그런 점을 알았기 때문에 어머니는 초등학교 때 더 신경을 많이 썼다. 엄마들끼리 친하다 보면 아이들끼리도 친할 수밖에 없다. 예진의 어머니는 다른 아이들의 어머니들에게 이런저런 정보도 주고 편의도 먼저 많이 제공했다. 그러다 보니 단짝도 그 모임의 아이가 되었다.

예진은 초등학교 고학년이 되어도 어린아이 같은 면이 있었다. 예를 들어 무거운 물건을 들고 가다 힘들다면서 친구들이 짐을 나눠 들어주기도 했다. 그런 태도 때문에 같은 무리에 속하지 않은 아이들은 예진을 밥맛으로 여기기도 했다. 이럴 때 예진은 미안해서 사과해야 한다고 생각했지만 오히려 어색해지면서 표현을 못 하고는 했다. 그것이 쌓이다 보니 어머니들끼리 친해서 모이는 친구들을 제외한 나머지 아이들에게서는 경원시되었다. 하지만 예진의 어머니는 자신이 만들어준 우정의 울타리 안에서 예진이 잘 지냈기 때문에 예진의 대인관계가 나쁘다고 생각하지 않았다.

중학교에 들어간 예진은 방학 동안에 체중이 늘어서 약간 뚱뚱해졌고 눈도 안 좋아 두꺼운 안경을 쓰게 되었다. 얼굴에도 뭐가 자꾸 났다. 초등학교 때 예진과 가장 친한 단짝 친구는 다른 반이었다. 같은 반에는 초등학교 때부터 안면 있던 아이가 있기는 했는데 그다지 친하지 않던 아이였다. 예진은 낯선 분위기에 위축되어 학기 초에 말이 별로 없었다. 그러면서 다른 반에 있는 단짝 친구하고만 붙어 다니려고 했다. 그 사이 반에 있는 아이들은 자연스럽게 파가 나뉘게 되었다. 예진은 반은 다르더라도 단짝인 친구가 있으니 어디에 속하건 상관없다고 여겼지만 믿었던 단짝은 그 반 아이들과 친해졌다. 그러면서 자꾸 다가오려고 하는 예진을 멀리하기 시작했다. 예진은 점점 과거 단짝이었던 친구에게 의존하는 것이 힘들어졌다.

이미 파가 전부 갈린 상태에서 예진에게는 선택의 여지가 없었다. 이러다 외톨이가 되거나 왕따가 되면 어떻게 하나 두려웠다. 하지만 다행히 자신이 받아들여질 수 있는 파에 속하게 되었다. 그 파에는 예진까지 네 명이 있었는데 잘난 아이가 하나도 없었다. 예진은 그 파에서 자기가 제일 나은 것 같았다. 전부 다 서열이 낮은 아이들이 있다 보니 반 아이들이 예진이 속한 파를 무시했다. 그 파에 속한 아이들이 인기가 없기 때문에 무시당했던 것인데 예진은 자신은 괜찮은 편이지만 단지 인기 없는 파에 속했기 때문에 무시당한다고 생각했다. 같은 파에 속한 애들은 하나같이 재미없는 애들이었다. 그 아이들을 보고 있으면 아무 장점도 없는 평범 그 자체를 보는 듯했다. 하지만 예진은 친구들을 통해서 자신을 보게 된다는 것은 인식하지 못했다. 그러면서 자기 파에 충실한 것도 아니고 다른 파에 속하는 것도 아닌 어중간한 상태로 학기를 마쳤다.

방학 동안에 방과 후 학습을 하고 학원을 다니면서 같은 반 친구를 사귀게 되었다. 그 친구의 이름은 수미였는데 인기가 있는 아이였고 만약 학기 중이었다면 예진이 넘볼 수 없는 아이였다. 얼굴도 예쁘고 공부도 잘하고 아이들에게도 친절했다. 그런데 방과 후 수업과 학원에서 같은 반이 예진밖에 없어서 친해지게 되었다. 1학기 초에 인기 없는 아이들이 모인 떨거지 파에 속해 힘들었던 예진은 수미에게 간식도 사주면서 공을 들였다. 그 결과 신학기가 되면서 수미가 속한 파로 옮기게 되었다. 자신이 속한 파가 바뀌면서 본인의 서열도 올라간 것 같아서 기분이 너무 좋았다.

　새로 들어가게 된 파에 이미 있던 네 명의 아이들은 나름대로 잘나가는 아이였다. 우선 수미는 예쁘고, 공부도 잘하고, 착해서 반에서 서열이 1위 아니면 2위였다. 나머지 세 명도 각각 공부를 잘하건, 집이 잘살건, 쿨한 분위기가 있건 나름 특징이 있었다. 예진은 아무 장점도 없었다. 그리고 서열도 낮았다. 더군다나 전부 다섯 명이다 보니 두 명씩 있으면 예진이 양쪽을 왔다 갔다 하면서 겉도는 느낌이었다. 아이들이 구체적으로 자신에게 뭐라고 한 것은 아니지만 왠지 자신이 뭔가 더 해야 하고 손해 보는 느낌이었다. 편의점에서 과자를 사거나 컵라면을 사도 왠지 자신이 더 많이 사는 듯했고 말로는 고맙다고 하지만 속으로는 당연히 여기는 것 같았다. 그런 느낌에 대해 확신을 가지게 된 것은 11월 초 생일 때였다. 9월과 10월 다른 아이 생일 때 모두 돈을 모아서 단체로 선물을 산 것 외에도 개인적으로 선물을 주었다. 그런데 자신의 생일 때에는 단체로만 선물을 주고 개인적으로 주는 아이가 없었다. 수미조차 선물을 주지 않았다. 게다가 일정을 핑계로 생일인데 노래방에도 가지도 않고 넘어갔다.

　그다음부터 예진은 민감해졌다. 과거에는 자신이 너무 깊이 생각한 것이라고 덮어두었던 일도 이제는 자꾸 곱씹게 되었다. 그러다 점심 후 아이들이 자신에게만 알리는 것을 빼먹고 자기들끼리 가버려서 외톨이가 된 일이 있었다. 화가 마구 솟구쳤다. 가만히 있으면 따돌림을 당할 것 같아서 아이들을 모두 불러서 따지고 들자 미안하다고 했다. 하지만 그 후에도 예진이 말하면 대꾸하지 않고 무시하는 경우가 있었다. 예진은 자신이 있어도 아이들이 마치 없는 것처럼 굴 때 마음이 아려왔다. 하지만 그 앞에서는 뭐라고 할 수 없었다.

집에 와서도 자꾸 생각이 나서 그 상황에 대해 문자를 보내면 처음에는 아이들이 미안하다고 답을 했다. 하지만 나중에는 문자를 보내도 아이들이 씹기 시작했다. 자신에게 미안해야 하는데 자꾸 나 몰라라 하는 것이었다. 한번은 파에서 자신을 가장 따돌리는 애 말고 세 명이 모여 있기에 "너희들 때문에 나 힘들어"라고 했다. 아이들이 미안해하거나 사과할 줄 알았지만, 갑자기 그중 한 명이 얼굴이 빨개지면서 "너는 자기중심적이고 이기적이야. 네가 왜 저번 파에서 떨어졌는지 알겠다. 우리가 네 엄마야? 우리가 너 버렸다고 하지 마. 네가 하던 것을 생각해봐"라며 도리어 화를 냈다. 예진이 울어도 위로해주는 아이가 한 명도 없었다.

그래서 반에서 그나마 자기편을 들어줄 것 같은 아이들에게 그런 일을 이야기했다. 아이 중 한 명이 나서 예진의 친구들에게 예진이 너무 속상해한다며 잘 지내라고 중재하려고 했지만 그것이 더 역효과를 불러일으켰다. 파에 속한 네 명이 예진을 보자고 했다. 예진은 혹시 다시 친구를 하자는 얘기인가 해서 갔지만 네 명의 얼굴은 싸늘했다. 예진은 가슴이 두근거렸다. "더 할 말 없고 너하고는 끝이야"라고 했다. 예진은 자신도 모르게 잘못했다, 미안했다 하면서 우리끼리 있었던 일을 고자질해서 미안하다고 사과했다. 그러자 아이들 중 한 명이 이제 됐다고 하면서 손을 잡아주었다. 그러면서 자신들도 생각해보겠다고 했다. 그런데 막상 그 자리를 빠져나오자 예진은 화가 났다. 잘못한 것은 지들인데 미안하다고 빈 자신의 모습이 떠올라 분하고 창피했다. 더군다나 아이들이 자신의 그런 모습에 대해서 소문을 퍼뜨릴지도 모른다고 생각하니 불안했다. 이러다가 그 아이들이 주동해서 자신을 반에서, 학년에서, 전교에서 왕따시킬지도 모른다고 생각하니 쓰러질 것 같았다.

그래서 선수를 쳐야겠다고 생각했다. 예진은 중재하려고 했던 친구에게 네 명이 자신을 불러서 일방적으로 화를 냈다고 했다. 그러면서 자신에게 사과하라고 강요했다는 이야기를 덧붙였다. 그러자 밤에 네 명의 아이들이 화가 나서 따지는 문자를 보내왔다. 겁이 나서 문자를 씹으니까 전화를 걸어왔다. 전화기를 끄고 잠을 잤다. 다음 날 학교에 갔는데 같은 파였던 아이들은 매서운 눈초리로 자신을 쳐다봤고 같은 반 아이들도 모두 자기만 쳐다보는 것 같았다. 자신을 비웃으면서 어떤 일이 생기나 궁금해하는 것 같았다. 양호실에 가서 아프다고 쉬다가 너무 힘들다고 집에 갔다.

다음 날 예진이 아프다는 핑계로 학교에 안 가려 하자 어머니는 학교에서 무슨 일이 있었냐고 물었다. 예진은 자신이 잘못한 부분은 빼고 왕따를 당해서 힘들다고 얘기했다. 화가 난 예진 어머니는 학교에 가서 담임 선생님에게 아이들이 왕따를 해서 예진이가 학교에 못 나오고 있다고 따졌다. 예진 어머니가 간 후 담임 선생님이 네 명의 아이들을 불러서 예진에게 사과하고 잘 지내라고 하자 이번에는 네 명의 아이들이 집단으로 울면서 억울하다고 했다. 그중 한 명이 자신들이 잘못한 것이 뭐가 있어서 사과를 하냐며 자신들이 예진이를 때린 것도 아니

고, 욕을 한 것도 아니고, 자신들을 너무 힘들게 해서 거리를
두려고 하는데 그것도 왕따냐고 했다. 그리고 자신도 어머니한
테 가서 예진에 대해서 말하겠다고 했다. 담임 선생님은 이러
지도 못하고 저러지도 못하는 상황이 되었다.

결국 예진은 겨울방학까지 학교에 나가지 않았다. 예진 어머
니는 전학을 가야 하나 대안학교에 가야 하나 고민했고 밤에
잠도 자지 못했다.

권력의 불균형에서
생기는 따돌림

따돌림이 형성되기 위해서는 가해자와 피해자가 있어야 한다. 즉 둘 사이에 권력의 불균형이 있을 때 따돌림이라고 할 수 있다. 서로 똑같이 치고받고 싸우는 경우는 따돌림이라 할 수 없다. 항상 잔소리를 하는 사장을 직원들이 피해다니는 경우, 직원의 승진, 임금, 고용을 좌지우지하는 사장이 따돌림을 당했다고 하면 말이 안 된다. 따돌림이라고 하기 위해서는 파워를 지닌 가해자와 힘없는 피해자가 존재해야 한다. 그리고 힘의 불균형에서 벌어진 부당한 일이 반복적으로 일어나야 한다. 어쩌다 한 번 생긴 일을 가지고 따돌림이라고 하기는 어렵다.

그리고 따돌림이 일어나기 위해서는 공간이 필요하다. 여기서 공간은 물리적 공간을 의미하기도 하지만 가해자와 피해자가 마주친다는 의미에서는 사회적 공간을 의미하기도 한다. 학생들 사이의 따돌림은 주로 학교에서 일어나고 군대에서의 따돌림은 숙소에서 주로 일어난다. 동호회 모임에서 다수가 한 사람을 따돌리는 경우는 특별한 공간이 없다. 하지만 누군가는 받는 연락을 특정인만 받지 못하고, 똑같은 행동을 해도 다른 사람에게는 문제 삼지 않고 한 사람에게만 계속 핀잔을 준다면 그 역시 따돌림이다. 한 공간을 쓰지 않는 경우에도 따돌림은 일어날 수 있다. 하지만 대체로 공간이 분명할 때 따돌림 역시 지독해진다. 달아날 구멍이 없고 가해자를 계속 마주쳐야 하기 때문이다.

가해자들은 대체로 권력, 서열, 인기에 대해서 매우 민감하다. 학교 따돌림의 경우 가해자가 인기가 많고 용모가 뛰어난 경우도 있지만 조금 불안하거나 모자란 경우도 있다. 그런 가해자 중에는 남을 따돌리면서 자신이 타인에 대해서 영향력을 행사할 수 있고 파워를 지니게 된다고 합리화하는 이들이 있다. 집단 내에서 따돌림받는 아이가 자기보다 권력의 서열이 낮은 아이를 또 따돌리기도 한다.

아이들 사이에서는 은근히 따돌림을 받으면 '은따'라고 한다. 그런데 따돌림이 진행되면서 피해자를 대놓고 따돌리게 되면 진짜 따돌림을 받는다고 해서 '진따'라고 한다. 이렇게 서열이 정해지게 되면 관망을 하던 아이들도 그 아이와 친하게 지내면 자신의 레벨도 떨어진다고 생각한다. 그러면서 따돌림을 당하던 아이가 친구라고 여기던 아이들도 태도를 바꾸게 된다. 심각한 경우는 가해자가 이간질을 해서 피해자를 '외따', 즉 외톨이 왕따로 만들기도 한다. 그나마 남아 있는 친구에게 가해자가 피해자에 대해서 흉을 보면서 일종의 협박을 하기도 한다. 그러면 자신도 왕따를 당할까 두려워서 왕따와 친분이 있던 아이도 따돌림을 당하는 친구를 버리게 된다.

어떤 아이가
왕따를 당할까

피해자들에 대해서 어떠한 유형이라고 말을 하기는 조심스럽다. 그러한 언급이 피해자를 이중으로 힘들게 하기 때문이다. 하지만 피해자가 문제를 유발한다는 의미가 아니라 왕따를 피하기 위해서는 어떻게 해야 하는지 생각해

본다는 의미에서 피해자가 되기 쉬운 유형이 있는가를 살펴볼 필요가 있다.

우선 청소년의 따돌림에서는 외모와 성격 두 요소가 매우 크게 작용한다. 어른들의 세상에서는 이해득실을 따진다. 나를 좌지우지할 수 있는 갑의 외모가 별 볼 일 없고 성격이 엉망이더라도 좋은 척할 수밖에 없다. 하지만 아이들 세상에서는 서로 이익을 주고 손해를 끼칠 부분이 많지 않다. 누군가가 기분 나쁘면 직설적으로 감정을 밝힌다. 어른들의 세상에서는 용모와 성격 말고도 자신의 존재를 드러내는 다른 부분이 존재한다. 얼굴이 못생기고 성격이 엉망이더라도 집안이 재벌이거나 서울대를 나왔다면 다르게 생각한다. 아이들 세상에서도 부모가 부자이거나 공부를 잘하면 인기 서열에서 다소 유리할 수 있지만 어른들 세상처럼 결정적 요인으로 작용하지는 않는다. 인간이 저마다 지닌 가치가 다르고 눈에 보이는 것이 다가 아니라는 것을 청소년들이 깨닫기는 쉽지 않다.

사실 성인들도 타인의 눈에 보이지 않는 가치에 대해서 존중해주는 경우는 많지 않다. 어른들은 아이들이 겉으로 보이는 것만 중요하게 여기고 약자를 무시한다고 하지만, 어른들 역시 상대방의 겉으로 보이는 모습을 중요시하고 사회의 소외된 이들에게 관심을 두지 않기는 마찬가지다. 대한민국의 엄청난 고급 외제 차와 명품 수요는 모두 어른들이 불러일으킨 것이다. 해외에 가서 멋있게 봉사할 생각은 해도 약자에게 동등한 기회를 부여하는 것에는 질색하는 것 역시 어른들이다. 우리나라 아이들 사회는 결국 어른 사회의 복사판인 것이다. 하지만 어른들은 그것을 부정하고 싶다. 아이들의 모습을 통해서 본인의 치부를 보는 것이 불쾌하기 때문이다. 그래서 자신은 그렇지 않은데 아이들이 이상하다고 생각한다.

아이들 세상에서는 외모와 스타일이 이상하고 남들이 싫어하는 성격과 태도를 지니면 왕따가 될 확률이 높다. 외모가 준수한 경우는 동성의 친구들로부터 따돌림을 받더라도 이성에게 인기 서열이 올라가기 때문에 상대적으로 완충지대가 있다. 여자아이가 예쁘면 남자아이들에게 인기가 있고, 남자아이가 잘생기면 여자애들에게 인기가 있기 때문에 완전 따돌림이 되지는 않는다.

단 남학생들과 여학생들은 다소의 차이가 있다. 예쁜 여자아이는 남자아이의 성격이 좋으면 조금 용모가 처져도 논다. 하지만 잘생긴 남자아이는 용모가 처지는 여학생과는 놀지 않으려고 한다. 아이들이 예쁜 여자아이나 잘생긴 남자아이를 자신의 집단에 넣어야 한다고 생각하는 이유는 그래야 자신의 집단에 다른 아이들이 들어오고 유지되기 때문이다. 예쁜 여학생의 경우 영화나 드라마에서 보듯이 무조건 잘난 척하는 경우는 많지 않고 대개 적절하게 처신하지만 자신이 예쁘다고 생각하고 너무 설치다가 왕따가 되는 애들도 종종 있다.

못생겼거나 뚱뚱하다고 다 왕따가 되는 것은 아니다. 그러나 왕따가 된 아이들 중에는 눈에 띄는 용모 혹은 신체 특징을 지니는 경우가 있는 것도 사실이다. 예를 들어 여드름이 잔뜩 있고 이빨이 돌출되었고 눈도 작고 주근깨가 있고 머리도 떡 져 있고 두꺼운 안경을 쓰고 뚱뚱하다면 학기 초에 어려움을 겪을 가능성이 있다.

성격 측면에서 아이들이 싫어하는 아이로는 얌체, 잘난 척 하며 나대는 아이, 너무 눈치가 없는 아이, 이해할 수 없는 말 또는 행동을 하는 아이, 지저분한 아이 등이 있다.

최근에는 앞서 언급한 외모 및 성격적인 요인을 갖추고 있다면 공부를 잘하더라도 따돌림당하기도 한다. 공부를 열심히 하는 모범생인데 막상 성적은 안 좋은 경우 놀림을 받으면서 따돌림을 당하기도한다. 게다가 여기저기 참견을 하고 남에게 싫은 말을 하고 다니면왕따의 대상이 될 가능성이 더욱 커진다. '우리 아이는 공부를 잘하니까 따돌림을 안 당할 것이다'라고 부모는 생각하지만 그런 아이들도 따돌림을 당할 수 있다. 그런 아이들이 따돌림을 당하고 힘들어할 때 부모는 아이들에게 "다 너보다 공부도 못하고 못난 것들이니까 무시해라"라든가 "너는 지금처럼 올바른 태도를 보이면 돼. 그런못된 것들 신경 쓰지 마"라고 하지만 아이들 마음은 그렇지 않다. 그것은 적절한 위로가 되지 못한다.

따돌림이라는 어려운 과제를 해결해야 하는 학교

요새는 학교에서 따돌림을 받았을 때 학교 밖에서 친구나지지 집단을 찾기가 쉽지 않다. 과거에는 학교와 상관없이 동네 친구가 있었다. 방과 후 동네에 가면 또 다른 유대감이 있었다. 같은 동네 출신은 학교에서 어느 정도 뭉쳐서 서로 돌봐주기도 했다. 형제가 같은 학교에 다니는 경우도 있었고 하다못해 먼 친척이더라도 한 학교에 있었다. 사촌 형제들끼리어울려 지내기도 했다. 그러나 지금은 그렇지 않다. 그래서 학교에서 따돌림을 당하면 위로받기가 쉽지 않다.

게다가 학급당 인원수가 줄어들면서 선택의 폭은 더욱 줄어들었다. 지금은 학급이 40명 정도로 이루어진다. 남자아이가 20명, 여자아이가 20명이다. 대개 4~5명이 어울려 다닌다. 몇백 명이 참가하는 모임에 가도 얘기를 나누는 무리는 보통 네 명 정도로 이루어진다. 그래서 식당의 테이블은 대개 4인 테이블에 의자 네 개로 이루어져 있다. 기본적으로 남자는 남자, 여자는 여자들끼리 무리를 이루게 된다. 남학생, 여학생도 서로 얘기하고, 놀리기도 하며 커뮤니케이션이 있지만 그것은 보조적인 역할을 할 뿐이다. 따라서 학기 초에 네 개 혹은 다섯 개의 모임이 만들어지는데 그 모임 중 어딘가에 속하지 않으면 대책이 없다.

그리고 학교 정원이 줄고 학생의 인권이 중시되다 보니 퇴학이 많이 줄었다. 폭력을 동반한 가해자가 시정되지 않는 경우 일단 가해자와 피해자를 분리해야 한다. 피해자는 한 명인데 가해자는 열 명이 넘는 경우도 있다. 한 명의 피해자를 위해서 열 명이 넘는 가해자를 퇴학시키거나 전학시키는 쪽으로 학교가 움직이지는 않는다. 아주 문제가 된 아이 한두 명을 퇴학시키거나 전학을 시켜도 남아 있는 아이들 중에서 다시 파워 서열의 상위를 점하고자 하는 아이가 나오게 되면 피해자가 또다시 따돌림 대상이 된다.

과거에는 학교의 절대적 권력이 문제였다. 문제의 소지가 있으면 일단 학교는 학생을 퇴학시켜 학교 밖으로 내몰았다. 그러면 학교는 평안해지지만, 그 학생이 사회에서 더 큰 문제를 일으키는 존재가 되는 경우 사회가 그 책임을 떠맡아야 했다. 학교를 졸업해야 그나마 사회에서 최소한 적응을 하는데, 불량 학생이 학교도 졸업 못 하고 사회에도 적응하지 못해 범죄인이 되면 사회의 피해가 더 커지는 것이다. 학교를 위해서는 문제 학생이 학교에 없는 것이 바람직하지만 사회 전체를 놓고 보면 문제 학생이 학교와 최소한의 끈을 유지하는 것이 바람직하다.

모든 시대의 모든 학교에는 따돌림이 있었다. 싫어도 억지로 가서 자리를 지켜야 하는 곳이기 때문이다. 만약 아이들이 마음대로 원하는 반에 가서 수업을 들을 수 있다고 하면 따돌림은 줄어들 것이다. 만약 아이들이 오늘은 이 학교, 내일은 저 학교 마음에 드는 학교를 골라서 들락날락할 수 있다면 따돌림이 줄어들 것이다. 가장 극단적으로 학교를 나오나 안 나오나 모두 졸업장을 받게 한다면 따돌림은 없을 것이다. 하지만 최소한의 교육이 이루어지기 위해서는 강제된 규정이 존재해야 한다. 그러므로 학교가 존재하는 한 따돌림도 완전히 사라지지는 않을 것이다.

그 안에서 따돌림으로 인한 피해가 조금이라도 줄어들게 하기 위해서는 학교가 학생의 의사를 최대한 존중하면서도 적극적으로 간섭하는 아주 어려운 이중 과제를 수행해야 한다. 왕따인 아이와 부모는 그나마 자신을 도와줄 가능성이 있다고 생각하는 아이와 한 학급에서 지낼 수 있기를 원한다. 그런데 문제는 왕따인 아이를 도와주도록 요청을 받은 아이와 부모의 입장에서는 원치 않는 짐을 떠맡는다고 느끼고 문제를 제기할 수도 있다. 한쪽의 의견을 존중해서 배려해주는 것이 누군가에게 원치 않은 역할을 맡는 것이 될 수도 있지만 그러한 어려운 과제를 수행하기 위해 학교와 선생님의 존재 이유가 있는 것이다.

그리고 폭력과 지속적인 학대가 동반하는 경우는 즉시 명확한 조처를 시행해야 한다. 대체로 이미 진행된 폭력형 왕따는 경고만으로 중단되지 않는다. 학교는 외부의 개입을 꺼려하는 경향이 있으나 수사를 의뢰하는 것이 바람직하다. 아울러 학교에서 이루어지는 왕따라는 현상은 결국 학교라는 폐쇄적 사회 안에서의 권력 서열의 문제라는 것을 잊지 말아야 한다. 학교가 변하기 위해서는 사회가 변해야 한다. 대한민국 사회가 무조건적으로 부와 권력을 지향하고 승자가 모든 것을 독식하는 한 대한민국 사회의 작은 일부인 학교에서 약자가 배려받기는 어렵다.

부모는 무조건
자식 편이어야 한다

왕따를 당하는 아이들의 가정에 문제가 있다는 것은 아주 나쁜 선입견이다. 따돌림 때문에 병원에 오는 아이들의 대부분은 가정에 큰 문제가 없다. 흔히 아이들이 따돌림을 당해서 자살이나 자해를 시도했다는 뉴스에 달린 인터넷 댓글을 보면 부모를 비난하는 경우가 많다. 자식이 그렇게 될 때까지 부모는 무엇을 했냐는 것이다. 하지만 대부분의 따돌림은 평범한 가정의 평범한 아이에게 일어난다.

문제는 따돌림당하는 아이들의 문제가 무관심한 가정에서 비롯된다는 편견 때문에 어떤 부모들은 아이들이 따돌림당했을 때 적절히 대응을 못한다는 것이다. 죄책감 때문에 가해 아동, 가해 아동의 가족, 그리고 학교에 지나치게 분노를 표출하는 경우도 있고 너무 슬픈 나머지 아이에게 짜증을 내기도 한다. 남의 아이가 따돌림을 당하고, 남의 아이가 부모에게 제대로 말을 하지 못할 때 우리 집은 저렇지 않을 것이라고 생각한다. 하지만 많은 평범한 집의 평범한 아이들은 부모에게 따돌림을 숨긴다. 그리고 많은 평범한 집의 평범한 부모는 아이들이 따돌림을 당했을 때 아이의 마음을 편하게 해주지 못한다.

따돌림이나 폭력을 당했을 때 대부분 아이들이 부모에게 이야기하지 않는 이유는 무엇일까? 부모에게 말해도 도움이 되지 않을 것이라고 믿기 때문이다. 부모가 평소에 아이를 대하던 태도에서 아이들은 부모가 자신을 어떻게 대할지 예상한다. 부모는 아이들의 중고등학교 때 성적을 가장 중요하게 여긴다. 아이들은 대체로 부모에게 칭찬을 받기보다는 야단을 맞는다. 공부를 잘한다는 것은 상대적이다. 공부를 잘하는 아이보다 공부를 못하는 아이가 더 많기 마련이다. 따라서 부모와 공부 얘기만 하고, 공부 못한다고 야단을 맞는 아이는 무슨 얘기를 해도 부모는 자신을 야단칠 것이라고 지레짐작하게 된다. 그래서 따돌림을 부모에게 감추는 경우가 많다. 만약 부모가 평소에 아이를 야단치지 않고 부모 자식 간에 공부 말고도 다른 재미있는 얘기가 항상 오고 갔다면 따돌림이 있을 때 아이가 더 쉽게 말을 꺼낼 것이다.

따돌림을 알아채고 부모가 개입할 때도 아이의 입장을 고려해야 한다. 부모가 아이 앞에서 가해자와 학교에 대한 격렬한 분노를 보이는 경우 결과적으로 아이는 자신이 부모를 화나게 하고 성가시게 하고 있다고 부적절한 죄책감을 가질 수 있다. 부모가 따돌림 가해자에게 부적절하다고 느껴질 정도로 분노하는 것은 이런 힘든 상황에 대한 분노, 아이에 대한 분노, 부모 자신의 해결되지 않는 분노가 모두 작용하기 때문이다. 따뜻한 위로 없이 분노만 보인다면 아이는 자신이 귀찮은 존재, 못난 존재 취급을 받는다고 생각하기도 한다. 그러면 다음에 따돌림이 계속되어도 부모에게 말하지 않는다. 따라서 화내기에 앞서 위로하고, 안아주고, 공감해주는 것이 우선이다.

부모가 보기에 아이가 제대로 대처하지 못하는 경우 부모는 이렇게 해라, 저렇게 해라 지시를 하게 된다. "따돌림하는 아이는 이렇게 대해야 한다", "이런 일이 있으면 선생님께 알려라", "친구를 사귀려면 이렇게 해야 한다" 등 충고를 하는데, 이미 따돌림으로 큰 고통을 받는 아이들의 귀에는 부모의 말이 들어오지 않는다. 그래서 묵묵부답으로 일관하는 경우가 있다. 그때 다그치거나 "네가 이런 태도를 취하니까 따돌림을 받는 것"이라고 질책하면 그것은 아이에게 이중의 고통을 안겨준다. 이미 따돌림으로 괴로워하는 아이를 두 번 죽이는 것이다. 따라서 부모는 일단은 무조건적으로 철저하게 아이의 편이 되어서 지지해야 한다. 아이가 숨기는 것이 있는 것 같다고 해서 꼬치꼬치 캐묻는 대신 아이가 마음을 열 수 있도록 충분히 위로해줘야 한다.

가해자와 학교를 대처할 때도 아이의 생각을 최대한 존중해야 한다. 어떤 부모는 같은 일이 되풀이되지 않기 위해서는 학교와 가해아동에게 책임을 물어야 한다고 생각한다. 반면 아이는 부모가 적극적으로 개입해주기를 원하는데 부모는 일단 학교와 가해자가 어떻게 나오나 지켜보자고 하는 경우도 있다. 부모의 생각과 아이의 생각이 엇박자로 움직여서는 안 된다. 대체로 따돌림을 당하고 그것이 학교에서 문제가 된 경우 어떻게 해야 할지 모르는 멍한 상태다. 화도 나고, 슬프고, 심지어 죽고 싶다는 생각도 든다. 어린 나이

에 그런 복잡한 감정에 사로잡히면 생각 자체가 이루어지지 않기 쉽
다. 부모가 자꾸 말할수록 아이는 짜증만 나고 혼란이 가중된다. 따
라서 아이가 스스로 생각을 정리해서 태도를 정하도록 부모가 도와
줘야 한다. 그리고 어느 정도는 아이의 태도를 존중해줘야 한다.

　부모는 피해자인 자신의 자식이 가해자인 아이와 한 교실, 한 학교
에 있다는 것이 끔찍할 것이다. 더군다나 폭력을 동반한 따돌림이라
면 가해자와 한 공간에 있는 한 피해자는 두려움에 떨게 된다. 부모
는 1인 시위를 해서라도 가해자를 학교에서 몰아내고 싶다. 학교의
미적지근한 태도를 이해할 수 없다. 하지만 학교 측은 확실한 증거
가 있어야만 가해자에게 책임을 물을 수 있다. 아주 드물기는 하지
만 사소한 일을 엄청난 따돌림으로 과장하는 아이도 있기 때문이다.
한쪽의 주장만 듣고 일을 진행하다 보면 학교와 선생님이 나중에 곤
란해질 수도 있다. 따라서 학교는 일단 분명하게 사태를 파악하고자
할 수밖에 없다. 가해 아동과 그 부모가 잘못을 인정하지 않고 발뺌
하면 피해 아동과 부모가 보기에는 학교가 비협조적인 것만 같다.
그러면 피해 아동의 부모는 화가 나서 가해 아동을 경찰에 고발하기
도 한다. 그런데 만약 증거가 불충분해서 무혐의 처분을 받는다면
오히려 가해 아동이 무고죄로 피해 아동의 부모를 고발할 수도 있
다. 따라서 지나치게 감정적으로 대처하는 것은 바람직하지 않다.

　민원을 제기하거나 고발하는 것은 어른들에게도 엄청난 스트레스
다. 하물며 청소년인 아이들에게는 얼마나 큰 스트레스가 되겠는가?
민원을 넣거나 고발을 하면 당사자인 피해 청소년들이 직접 반복해
서 증언을 해야 한다. 이런 과정이 아이에게 또 다른 스트레스로 작
용해서 자해나 자살을 부르기도 한다. 따라서 우리 아이가 그런 스

트레스를 얼마나 잘 견딜 수 있을지 섬세하게 판단하면서 차근차근 절차를 진행해야 한다. 책임을 따지고, 민원을 넣고, 고발을 했는데 막상 아무런 성과가 없는 경우 그것이 오히려 가해자에게 면죄부를 주면서 피해자인 우리 아이만 더 궁지에 몰리게 될 수도 있다는 것을 염두에 두어야만 한다.

아울러 가해자의 처벌에만 너무 관심을 기울이다 보면 피해자인 내 아이에 대해서 상대적으로 관심이 덜 가게 된다. 내 아이가 상처를 극복하기 위해서는 누구가의 도움을 받아야 한다. 단순한 상담이나 심리 치료만으로는 한계가 있을 수 있다. 어떤 경우는 약물치료도 받아야 한다. 하지만 무엇보다 아이에게는 숨 쉴 공간이 필요하다. 학교에서 따돌림 때문에 시달렸는데 집에서도 온통 따돌림에 대한 얘기만 반복되면 아이는 답답해서 견딜 수 없다. 부모는 문제를 해결하기 위해서 동분서주하는데 아이는 TV나 보고 게임이나 하고 있으면 부모가 보기에는 답답하고 화도 날 것이다. 하지만 이 상황에서 아이가 공부를 할 수 있겠는가? 뭐가 되었든 부모는 아이가 스트레스를 풀 수 있게 조금은 너그럽고 융통성 있는 태도로 자녀를 대해야 한다. 만약 부모가 그 역할을 못 하면 대신해줄 수 있는 누군가가 필요하다. 먼 친척이든 이웃이든 교회이든 다른 단체이든 그 역할을 해줄 이를 찾기 위해 부모는 노력해야 한다.

아이가 따돌림을 당할 때 부모는 무조건 아이 편이어야 한다. 충분히 위로해주고 공감해줘야 한다. 아이의 태도와 입장을 존중해줘야 한다. 이이에게 숨 쉴 공간을 마련해줘야 한다. 가해자와 학교의 책임을 물어야 할 부분은 물어야 하지만 그 과정과 결과가 아이에게 미치는 영향도 충분히 고려해야 한다.

남아서 견디느냐
떠나느냐의 문제

얼마 전 친구가 전화를 했다. 딸이 학교에 다니기 싫다고 하는데 어떻게 해야 할지 모르겠다는 것이다. 딸은 왕따 때문에 괴롭다고 친구에게 얘기를 했다고 한다. 아이들이 드러내놓고 조롱하는 것은 아니었고 폭력이 동반되는 것도 아니었다. 하지만 친구를 사귀려고 해도 친구가 되어주는 아이가 없다는 것이다. 한 반이 40명이면 남자아이들은 남자끼리 여자아이들은 여자끼리 4~5명씩 함께 몰려다니는 집단이 형성되기 마련이다. 인기 있는 아이들 위주로 3~4개의 무리가 형성되면 무리에 끼지 못하는 아이들이 생긴다. 무리에 끼지 못하는 아이들은 외로워하면서도 정작 무리에 끼지 못하는 다른 아이들과는 어울리기 싫어한다. 다들 나름 인기 있는 아이들과 어울리기를 원하지 인기 없는 아이들끼리 어울리는 것은 싫어하는 것이다. 만약 아이를 계속적으로 조롱하는 아이들이 있다면 조롱이 중단되지 않는 한 아이는 학교생활을 감당할 수 없다. 하지만 친구 딸의 경우는 뭐라고 딱 떨어지는 조언을 하기가 힘들었다. 더군다나 친구의 마음을 배려하다 보니 말이 더욱 조심스러웠다.

과연 남아서 견디어야 하는 것인지 아닌지 떠나야 하는 것인지에 대해 고민할 때는 가해자 요소, 피해자 요소, 학교 시스템 세 가지 측면을 모두 고려해야 한다. 학교 따돌림에서는 가해자 요소와 피해자 요소가 상호작용하면서 학교 시스템이 가해자-피해자 관계에 얼마나 효과적으로 개입하느냐가 중요하다.

가해자 요소

실제로 현장에서 일하는 선생님들은 가해자 요소가 가장 크다고 생각한다. 옛날에는 학교에서 퇴학을 시키거나 강제 전학을 시킬 수 있었지만 지금은 그러기가 쉽지 않다. 체벌도 어렵다. 그래서 가해자 요소를 지닌 아이들이 교사도 우습게 알고 학교도 우습게 안다. 만약 교사들의 파워가 강해지지 않는 한 가해자 요소에 해당되는 아이들을 제어할 수 없다고 생각한다.

피해자 요소

반면 학교 따돌림의 구경꾼에 해당되는 아이들은 피해자 요소가 가장 크다고 생각한다. 이상한 일을 하든 눈치 없이 나대든 왕따인 아이들이 문제라고 생각한다. 구경꾼에 해당되는 이 아이들은 피해자 아이는 세상 어디에 가도 왕따를 당할 것이라고 단정하며 죄책감을 느끼지 않는다. 아이들은 가해자에 해당되는 아이가 피해자인 아이보다 인기가 있다고 생각하면서 소위 잘난 아이가 못난 아이를 못 살게 구는 것을 말리지 않는다. 그러면서 따돌림 대상인 아이와 얽혔다가는 자신도 따돌림 대상이 될까 두려워하며 인기 있는 집단에 속하기 위해 전전긍긍한다. 하지만 1학년 때 심한 왕따를 당했던 아이가 2학년이 되어서는 왕따에서 벗어나는 경우도 있다. 전학 오기 전에는 왕따를 당했던 아이가 전학 후에 잘 적응하는 경우도 있다.

학교 시스템

왕따에 대한 언론의 분석 기사를 보면 경쟁적인 우리나라의 교육 시스템이 문제라는 쪽으로만 결론이 나온다. 사실 정부, 국회, 시민

단체도 왕따로 인해서 심각한 사고가 발생하면 교육 시스템을 문제 삼는다. 하지만 교육 시스템을 문제 삼는 이유는 그것이 제일 만만하기 때문이기도 하다. 국가의 교육 시스템에 따라서 왕따의 빈도, 강도의 차이는 있다. 하지만 전 세계 그 어떤 나라의 그 어떤 학교에서도 왕따는 존재한다.

사실 따돌림은 아이들의 사회이든 어른들의 사회이든 어르신들의 사회이든 어디서나 존재한다. 따돌림은 동호회, 동창회 같은 자발적인 집단이든 회사, 직장과 같이 특정 목적을 가진 집단이든 교회나 사찰 같은 종교 집단이든 모두 존재한다. 하다못해 온라인 집단에서도 왕따가 존재한다. 그런데 학교의 경우는 집단원이 미성년자라는 특성과 학교라는 집단에서 문제가 발생했을 때 학생이 자기 마음대로 집단을 벗어나거나 다른 집단을 선택할 수 없기 때문에 그 현상이 심해진다. 학교가 존재하는 한 따돌림도 존재할 수밖에 없다. 따라서 현실적인 목표는 학교 따돌림을 없앤다는 것이 아니라 극단적인 따돌림, 폭력이 동반하는 따돌림의 빈도를 줄이는 것이다.

만약 가해 학생의 문제가 심각해서 시정되지 않을 것 같다면 가해자가 다른 학교로 전학을 가거나 학교를 그만두지 않는 한 피해 학생을 계속 따돌리고 조롱할 가능성이 높다. 이 경우는 가해 학생이 학교를 떠나거나 아니면 피해 학생이 전학을 가서 가해 학생과의 접촉을 일단 없애야 한다. 만약 가해 학생의 성격과 인성이 어느 정도 변화가 가능하다고 생각이 되면 피해 학생이 학교에 남아서 해결을 하는 것도 방법 중 하나다.

피해 학생의 경우 대부분은 수동적 피해자다. 수동적 피해자는 외모로 인해서 따돌림의 대상이 되거나 자발적 반응이 없고 의존적이 기 때문에 따돌림의 대상이 되기도 한다. 대부분의 수동적 피해 학 생은 가해자의 따돌림이 중단되면 일정 시간이 지난 후 친구를 만들 어내고 스스로 변화하면서 적응한다. 부모가 너무 엄격해서 아이 가 또래들에 비해 옷 입는 것이나 꾸미는 것이 너무 부족하다 면, 외모에 대한 자신감을 갖도록 격려하고 학생의 신분에서 벗 어나지 않는 한에서 꾸미는 것도 허용해 옷도 조금 자유롭게 입도록 해주는 것이 바람직하다.

부모가 야단을 많이 치고 집에서 기가 죽어지내면 학교에서도 주 눅이 들어 있는 경우가 있다. 가정불화가 있거나 아이들이 자신의 부모, 가정에 대해서 심한 열등감이 있는 경우도 왕따의 대상이 되 기 쉬우며 아이는 왕따를 당하면서도 부모에게 얘기하지 않는다. 부 모에게 얘기를 하면 못난 자식이라고 욕만 먹고, 부모가 제대로 도 와주지 않을 것이라고 생각을 하기 때문이다. 부모가 학교에 가서 오히려 문제만 더 복잡하게 만들 것이라고 아이들이 지레짐작하는 수도 있다. 따라서 평소에 아이를 사랑하고, 자신감을 불어넣어주 고, 아이에게 부모가 어떤 상황에서도 도움이 될 것이라는 확신을 주는 것도 왕따 예방에 필요한 요소 중 하나다.

때때로 공격적인 행동으로 인해서 왕따의 대상이 되는 아이도 있 다. 사소한 일에도 싸움을 걸고 욕을 하고 상대방을 비난하는 경우 다. 그러면서 사소한 일을 왜곡해서 소문을 퍼뜨리기도 하고, 자신 에게 유리한 상황을 만들기 위해서 거짓말을 하기도 한다. 이런 경 우 동료 학생들이 피해를 당할지도 모른다는 우려로 거리를 두게 되 면서 따돌림이 발생한다. 그리고 많은 학생들이 미리 방어를 해야 한다는 생각에서 해당 아이를 집단적으로 무시하는 행동을 보이기도 한다. 이러한 유형은 감정적으로 기복이 심하기 때문에 극단적인 행동을 할 가능성도 있다. 따라서 이때는 부모와 학교가 협조하면서 전문가가 개입하는 것이 바람직하다. 또한 다른 학교로 옮기더라도 같은 문제가 반복될 가능성이 높다. 따라서 만약 지금 다니는 학교가 시스템적으로 협조가 잘된다면 현재 학교에 다니면서 문제를 해결하기 위해서 노력해야 하고, 학교가 협조가 안 되는 경우는 전학도 고려해야 한다. 그때는 전학을 가는 학교가 잘 협조가 되는지 확인하고 협조가 가능한 학교로 옮기는 것이 좋다. 만약 기존의 교육체계가 아이에게 잘 맞지 않는다면 대안학교도 고려해봐야 한다.

아이들의 수치심을 이해해야 한다

아이들이 뭔가 사달라고 조를 때 부모가 가장 싫어하는 말이 있다. "다른 아이들 다 가지고 있는데 나만 없단 말이야." 아이들은 다른 아이들이 가지고 있다는 이유만으로 필기도구같이 값싼 것부터 스마트폰이나 유명 브랜드 패딩처럼 비싼 것까지 요구한다. 부모는 어차피 시간이 지나면 질릴 텐데 자신만 없는 것이 창피하다고 하면서 요구하는 것이 이해되지 않는다.

하지만 부모는 어떠한지 생각해보자. 수입이 어느 정도 되면 개성을 살린답시고 너나 할 것 없이 외제 차를 모는 것이 유행이다. 어느 정도 여유가 된다면 전세를 살더라도 강남 3구의 중대형 아파트로 입성해야 한다는 것도 결국은 아이들의 수치심과 큰 차이가 없다. 아이들은 나만 없다고 하면서 사달라고 하는 것이 최신 스마트폰이나 유명 브랜드 패딩인데 어른들이 원하는 것은 차, 집, 학벌, 좋은 직장, 고액 연봉이다. 외모지상주의도 결국 어렸을 때 느꼈던 수치심에서 비롯된 것이다. 더 아름다워지기 위해서 성형수술을 하기도 하지만 못생겼다는 수치심에서 벗어나기 위해서 성형수술을 하기도 한다.

또래들과 비교하면서 아이들이 가지는 수치심에 대해서 대체로 부모는 무심한 반면 유독 한 측면에 대해서는 아이들이 수치심을 가지도록 강요한다. 그것은 공부에 대해서다. 아이들이 형편없는 성적표를 들고 오면 부모는 "이런 성적표 받으면 창피하지도 않니?"라면서 자극한다. 하지만 아이들은 공부에 대해서 별로 수치심을 가지지 않는다. 왜냐하면 공부 잘하는 아이들은 정해져 있기 때문이다. 어른들은 자신의 아이도 노력만 하면 좋은 성적을 거둘 수 있다는 환상을 가지고 있다. 하지만 공부 잘하는 아이와 공부 못하는 아이의 차이는 운동 잘하는 아이와 운동 못하는 아이의 차이보다 더 크다. 얼마나 머리가 효율적으로 돌아가느냐는 최소 50%가 타고난 뇌의 능력에 의해 좌우된다. 아이의 뇌는 부모로부터 물려받은 것이다. 아이들은 아무리 열심히 해도 어느 정도 이상 성적이 나오지 않을 것이라는 것을 안다. 따라서 공부 못한다고 별로 창피해하지 않는다. 공부 못하게 타고 태어난 것을 어쩌란 말인가. 하지만 부모들은 다르다. 아이들이 공부 못하는 이유가 부모들 자신의 두뇌가 우수하지 않아서라고 받아들이면 자신의 한계를 인정하는 것이 된다. 따라서 부모들은 아이들이 노력을 안 해서 성적이 안 나온다고 생각하는 것이 마음 편하다.

아이들에게는 수치심이라는 감정이 참 중요하다. 또래와 뭔가 비슷해야 한다. 또래들 대부분 가지고 싶은 것을 못 가지고 있으면 창피하다. 비슷하게는 가야 하는데 얼굴이 떨어지고 몸매가 떨어지면 그것이 창피하다. 아이들이 수치심을 가진다고 부모가 다 채워주는 것은 불가능하다. 모든 것을 다 채워줄 정도로 풍족한 부모는 거의 없다. 만약 그렇게 풍족한 부모를 두고 있는 아이들은 역설적으로 아이들이 다 가진 것 뭐 하나쯤 없어도 그다지 신경 쓰지 않는다. 그냥 '나는 저거 없어도 되니까' 하고 마음 편하게 생각한다.

하지만 자신이 뭔가 부족하다고 느끼는 아이들은 대다수에 끼지 못하면 수치심을 느낀다. 때때로 자신이 가진 수치심을 털어버리기 위해서 다른 아이들을 왕따시키기도 한다. 소속집단에 들어가고 소속인 또래와 어울리기 위해서 술도 일찍 마시고 담배도 일찍 피운다. 자기가 어른답다는 것을 증명하기 위해서 이른 나이에 성행위를 하고 주위에 어른들이 하는 것은 벌써 다 한다는 것을 알리기도 한다. 또는 사귀는 친구들이 대부분 술 마시고, 담배 피우고, 섹스를 하는데 나만 안 하면 왠지 창피하다. 그래서 친구 따라서 술도 마시고, 담배도 피고, 이성과 성행위도 한다. 때로는 그 과정 중에 무리로 몰려다니면서 다른 아이들을 왕따시키기도 한다.

품행장애에 해당하는 일부를 제외한 나머지 아이들은 주위 친구들이 다 하는데 나만 안 할 수 없다는 심리 때문에 이런 행동을 한다. 또래 집단과 다를 때 느끼게 되는 수치심 때문에 또래와 비슷해지려고 따라 하는 것이다. 특히 청소년 때는 부모보다 더 중요한 것이 또래 집단이다. 따라서 친구를 잘못 사귀어서 아이가 나쁜 길로 빠졌다는 부모들의 말도 어느 정도 일리가 있다.

왕따인 아이들이 왕따를 당하면서도 그것을 마음 깊숙이 간직하고 부모나 교사에게 알리지 못하는 것도 아이들 특유의 과장된 수치심 때문이다. 부모의 입장에서는 당장 알기만 하면 도와줄 테지만 아이들은 너무나 창피해서 다른 사람들에게 자신이 따돌림받으며 당한 일을 드러내지 못한다. 사실 공부도 못하고, 머리도 둔하고, 잘하는 것 하나 없는 아이가 왕따를 당하면 어떤 부모들은 가해자인 아이들이 밉고, 학교에 대해서 원망을 가지면서도 자기 자식에 대해 수치심을 느끼기도 한다. 학교에서 따돌림받는 아이들은 부모의 수치심이라는 마음을 읽는다. 부모마저 자신을 수치로 느낄까 두려워서 부모에게 말을 못하고 자살이나 자해로 이어지기도 한다.

정신과 의사들 중에서도 환청이나 망상 같은 환자의 증상을 잘 이끌어내는 이들이 있다. 반면 그러지 못하는 이들도 있다. 아무도 없는데 사람들의 목소리가 들리면 두렵다. 그런 사실을 밝히면 남들이 자신을 미쳤다고 볼지 모른다는 생각 때문에 환자들은 증상을 꼭꼭 숨긴다. 특히 조현병을 가진 청소년들은 부모에게 제대로 증상을 표현하지 못한다. 꼭꼭 숨겨둔 증상을 풀어놓게 하기 위해서는 환자가 느끼는 수치심이라는 감정을 이해해야 한다. 그래서 환자가 존중받고 있다고 느끼게 해야 한다.

이것은 단지 환자들만의 문제가 아니다. 일반 청소년들도 마찬가지다. 아이들이 또래 집단과 자신을 비교하면서 수치심을 느끼는 것을 잘 이해해주자. 그리고 수치심에서 벗어나기 위해 아이들이 하는 유치한 행동도 조금은 이해해주자. 아이들이 수치심을 벗어나게 하기 위해서는 제대로 존중받는다는 느낌이 들게끔 해야 한다. 아이들을 어른처럼 대해주자. 집에서만큼은 아이들이 창피하다고 느끼는 일이 없게끔 배려해주자.

따돌림의
반대는 우정

따돌림의 반대는 우정이다. 단 한 명이라도 친구가 있다면 따돌림이 아니기 때문이다. 바꿔 말하면 따돌림당하는 아이는 친구가 없는 아이다. 평소에는 친구를 사귄다는 것을 너무나 당연한 일로 여겼는데 막상 따돌림을 당하면 그 단 한 명의 친구를 만든다는 것이 너무나 힘들다. 요새는 아무리 공부를 잘해도 친구가 없으면 아이들이 무시한다. 옛날에 학교 다닐 때는 아무리 인간성이 더러워도 공부만 잘하면 되었다. 아이들이 싫어해도 선생님은 공부 잘하는 아이들 편이었고, 공부 잘하는 아이에게 반장 감투를 씌워서 권력을 주었다. 지금은 그렇지 않다. 공부 잘하는 아이들도 따돌림을 당한다.

학생일 때 친구를 잘 사귀는 것, 우정을 오래 간직한다는 것에 대해서 재능이라고 칭찬받는 경우는 많지 않다. 부모에게 중요한 것은 성적이다. 하지만 친구를 잘 만들 수 있다는 것, 지속적인 우정을 유지한다는 것은 대단한 능력이다. 조현병 환자들이 가장 힘들어하는 것이 새로운 친구를 사귀는 것이다. 아주 깊은 우정을 간직하고 표현하는 것이 환자들에게는 쉽지 않다.

사람들은 아주 짧은 순간에 상대방이 믿을 만한 사람인지 아닌지를 파악한다. 석기시대 때 인간은 100~200명이 부족 생활을 했다. 낯선 이를 만났을 때에는 그가 나쁜 사람인지 아닌지 순식간에 판단해야 했다. 나에게 위험이 될 사람을 알아채지 못하면 그 대가로 목숨이 날아가기도 했다. 이런 인류가 석기시대를 벗어나 인구 천만 명이 넘는 대도시를 이루고 살아가게 된 것은 상호 신뢰가 있었기 때문에 가능했다. 서로 믿지 않으면 은행이 있을 수 없고, 이렇게 많은 차가 사고 없이 다닐 수도 없다. 이런 상호 신뢰가 몇 명의 또래와 지속적으로 맺어질 때 그것을 우정이라고 칭한다. 우정이 없었다면 지금의 인류는 존재하지 않았을 것이다.

그래서 시중에는 사람을 끄는 법, 사람을 사귀는 법에 대한 비법을 담은 책이 나온다. 하지만 친구를 잘 사귀는 비법이란 없다. 만약 특정한 목적으로, 특정한 이유로 누군가에게 접근하여 사귄다면 이미 그것은 친구가 아니다. 친구는 그렇게 만들어지는 것이 아니라 저절로 만들어지는 것이다. 과거에는 한 동네에 살다 보면 친구가 저절로 생겼고, 그러한 동네 친구가 초등학교, 중학교, 고등학교로 이어지면서 동창이라는 관계로 이어졌다. 하지만 현대의 대도시에서는 동네 놀이터에서 몰려다니며 아이들끼리 친구를 사귀는 현상이 사라졌다. 그러면서 부모의 네트워크가 아이들의 네트워크가 되어버렸다.

각 아이들마다 타고 태어난 성격이 있다. 여러 명의 아이들과 관계를 가지는 것을 좋아하는 아이도 있고, 한두 명의 아이와 깊은 관계를 가지는 것을 좋아하는 아이도 있다. 아이들마다 좋아하는 것도 다르다. 과거 같으면 아이들은 어려서부터 자신에게 맞는 아이와 친구가 되어서 우정을 이어가는 것을 자연스럽게 터득했다. 하지만 지금은 동네에서 마주치는 아이들 중 자신에게 맞는 친구를 선택하는 것이 아니다. 엄마들끼리 어울리는 경우 아이들은 엄마를 따라다니면서 다른 엄마의 자식들과 어울려야 한다. 그러다 보니 자신과 어울리는 아이들과 자연스럽게 우정을 만드는 기회가 많지 않다. 그러나 초등학교 고학년이 되고 중학생이 되면 엄마의 네트워크가 소용이 없다. 아무리 엄마들끼리 친해서 친구로 지내라고 해도 아이들은 마음에 들지 않는다면서 함께 놀지 않는다.

어렸을 때는 숫기가 없는 아이도 엄마가 억지로 다른 아이와 어울리게 할 수 있었다. 아이들에게 항상 뭔가 부탁하고 자신을 배려해주도록 요구하는 공주 같은 아이도, 엄마들의 네트워크가 힘을 발휘하는 한 따돌림받지 않았다. 따돌림당하는 아이의 엄마들은 "우리애가 어렸을 때는 친구도 많고 괜찮은 아이였는데, 반을 잘못 만나서 나쁜 애들이 작당을 하고 따돌려요"라는 식의 말을 많이 한다. 하지만 어떻게 생각하면 어렸을 때 친구가 있었던 것은 아이가 붙임성 있고 인기 있어서가 아니었을 수 있다. 어울려 다니는 엄마들 때문에 다른 아이들이 그 애가 싫어도 그냥 함께 다녔던 것일 수도 있다. 그리고 엄마들의 영향력이 미미해지는 초등학교 고학년이나 중학교부터 아이들이 친구를 안 해주게 된 것이다.

부모 입장에서는 같은 반 혹은 같은 학교 애들이 자녀와 안 놀아주면 화가 난다. 하지만 아이들 입장에서는 재미없고, 피곤하고, 짜증 나는 애들과 억지로 놀아주게 되지는 않는다. 이왕이면 인기 있고, 친절하고, 영향력 있는 아이와 놀고 싶다. 다 큰 아이에게 엄마가 친구를 억지로 만들어줄 수도 없다. 그런 시도를 할수록 아이들

사회에서는 더욱 이상한 아이로 찍히게 된다. 이런 상태에서 아무리 아이가 억지로 친구를 만들려고 해도 뜻대로 되지 않는다. 아무리 친구라는 관계 자체에 집착하고 허우적대도 짧은 시간 안에 저절로 친구가 만들어지지는 않는다. 아이들이 싫어하는 면을 줄이면서, 최소한의 공감대를 형성할 수 있는 측면을 늘리고, 대등하게 뭔가를 주고받는 시도를 하면서 기다려야 한다. 그러다 보면 친구가 생긴다.

우정은 대등할 때 이루어질 수 있다. 항상 다른 아이를 지배하고 자신의 마음대로 하려고 하는 아이는 진정한 우정을 만들지 못한다. 반면에 항상 약한 척, 못하는 척 하면서 남에게 도움만 바라는 경우도 친구를 만들기 힘들다. 청소년들은 아직 미숙하며, 진정한 의미의 동정심이 형성되는 과정에 있다. 따라서 주는 만큼 받고, 받는 만큼 줄 수 있을 때 친구가 된다.

어른이 되어서도 약자에 대해서 막연한 동정심을 지닐 뿐 자기 회사, 자기 동네의 눈에 보이는 약자를 보호하기 위해서 직접 행동하는 이는 거의 없다. 성인이 되어 갈수록 자신과 비슷하거나 나은 처지의 사람들과만 어울리고자 한다. 그래서 어른들은 좋은 학교를 졸업해, 좋은 직장을 다니며, 좋은 동네에 살고자 하는 것으로 벽을 만든다. 그런데 아이들의 세상에는 그러한 벽이 아직 불완전한 상태다. 그래서 못난 아이와 잘난 아이가 섞여 있다. 그런 상황에서 친구를 만들기 위해서는 남과 주고받을 수 있어야 한다. 상대방이 내게 뭔가 물질적, 감정적으로 베풀어주었는데 답례를 못 하면 우정이 성립되지 않는다. 아이들이기에 주고받음에 대한 집착이 더하다. 단순하면서 잔인한 현실이지만 내 아이가 남에게 받은 만큼 베풀 수 있기 위해서는 용돈이 있어야 한다. 어른들만 품위 유지를 위해서 비용이 필요한 것이 아니다. 아이에게도 품위 유지를 위해서는 돈이 필요하다.

우정은 왕따로부터 아이를 지키는 소중한 힘이다. 흔히 왕따가 되어 친구가 없다고 생각하지만 친구가 없는 것이 왕따의 시작일 수가 있다. 하지만 왕따가 되면 친구를 사귀는 기회 자체가 박탈되는 비극이 벌어진다. 그렇다고 해서 친구를 사귀고자 매달려도 친구가 억지로 생기지는 않는다. 따돌림이 힘의 불균형을 전제로 하는 것에 반해 우정은 동등한 관계를 전제로 하기 때문이다. 잘나 보이는 아이가 못나 보이는 아이와 친구로 지내는 경우 곁에서 볼 때는 균형이 안 맞는 것 같다. 하지만 두 아이의 심리적 역동을 살펴보면 우월하게 보이는 아이도 열등하게 보이는 친구로부터 무언가 얻는 것이 있다.

적어도 아이들이 싫어하는 아이는 안 되어야 친구가 생긴다. 외형적으로 잘 씻지 않는 지저분한 아이가 되어서는 안 된다. 그리고 우정이 싹트기 위해서는 공감대를 형성할 수 있는 최소한의 공통점이 있어야 한다. 비슷한 음악을 듣고, 비슷한 옷을 입고, 비슷한 음식을 좋아해야 우정이 가능하다. 다른 아이들이 이해할 수 없고 종잡을 수 없는 말과 태도를 보여서는 곤란하다. 자기 잇속만 챙기려는 얌체, 잘난 척하면서 나대는 아이, 남들을 거북하게 하면서 자기만 눈치를 못 채는 경우도 다른 아이들이 친구가 되려고 하지 않는다. 더 나아가서는 남과 공감할 수 있어야 한다. '내가 이렇게 행동하면 남들이 이렇게 받아들이겠구나', '남들이 이런 행동을 할 때 그들은 이런 생각을 하겠구나' 같은 것을 인식할 수 있어야 한다.

또한 친구를 사귀고 우정을 쌓아나간다는 측면에서 바라보면 아이를 억지로 다르게 키우려고 하는 부모의 태도는 바람직하지 않다.

예를 들어 어렸을 때 아이가 예쁘다고 공주 옷을 입히는 경우 아이들 사회에서는 왕따가 되기도 한다. 청소년이 되어서는 부모의 윤리적 결벽성이 아이가 친구를 사귀는 것을 방해하기도 한다. TV를 못보게 하고 인터넷도 못 하게 하면 대화가 되지 않아서 친구를 사귀기 힘들다. 아이들이 모두 쌍시옷 들어가는 욕을 하는데 아이 혼자만 도덕 교과서처럼 바른 말, 바른 태도만 보이면 부모 입장에서는 대견하겠지만 또래에서는 밥맛인 애로 찍힐 수도 있다. 그리고 어려서 도덕 교과서처럼 지내던 아이가 커서 꼭 위인이 되는 것도 아니다. 위인의 어렸을 때를 봐도 남들만큼 적당히 불량했던 경우가 많다. 게다가 좋은 친구를 사귀어야 한다고 하면서 부모가 일일이 교우 관계를 간섭하는 경우도 친구 사귀기가 힘들다. 남들이 보기에는 갑갑해 보이더라도 부모 자신은 윤리적 결벽성을 가지고 살면서 우월감을 느껴도 좋다. 그것은 부모의 삶이다. 하지만 가정교육이라는 명목하에 그런 태도를 아이에게 강요하며 부모 이상을 아이에게 투사해서는 안 된다.

누가 나를 미워해도
괜찮다고 여기기

살다 보면 세상 사람들이 다 나를 좋아할 수는 없다. 있는 듯 없는 듯 살면 사람들의 주목도 받지 못하지만 반대로 욕먹을 일도 없다. 역으로 생각하면 대인관계의 폭이 넓어지다 보면 나를 미워하는 사람이 필연적으로 생기기 마런이다. 부모하고만 살 때는 세상에서 아이를 미워하는 이가 거의 없다. 하지만 학교에 가고 만나는 이가 늘어나게 되면 내가 싫어하는 사람도 생기고 나를 미워하는 사람도 생긴다. 그리고 정도의 차이는 있지만 누군가 나를 미워하고 싫어하는 것은 괴롭다. 인간은 내가 나를 어떻게 생각하느냐의 상당 부분이 남이 나를 어떻게 생각하느냐에 따라 결정되기 때문이다. 누군가 나를 미워하면 아무리 내가 잘못한 것이 없어도 내게 문제가 있는 것 같은 생각에 시달린다. 그리고 누군가 나를 미워할 때 나름대로 반응을 보이게 된다. 따돌림이라는 것은 아이들이 집단으로 나를 싫어하고 미워하는 것이지만 결국 집단 구성원 한 명 한 명의 태도가 모인 것이다. 따라서 또래 아이들의 행동에 대해서 아이들은 개별적인 반응을 보이게 된다.

우선 상대방을 달래려고 하는 아이가 있다. 나를 미워하는 이에게 가서 나를 싫어하지 않게 하고자 한다. 무슨 영문인지 얘기를 듣고 오해를 풀려고 한다. 어떤 경우는 일단 사과부터 하고 양보를 하기도 한다. 상대방이 원하는 것을 주기도 한다. 만약 내가 뭔가 잘못을 해서 미움을 산다면 합리적인 방법이다. 하지만 만약 내가 잘못한 것은 없고 상대방이 이상한 사람일 때는 상대방의 장단에 놀아나는 수도 있다.

다음으로는 상대방에게 잘못을 묻는 경우다. 나는 잘못한 게 없는데 나를 비난하니까 따지고 든다. 때로는 위협을 가하기도 한다. 상대방에게 직접 뭐라고 할 수 없는 경우는 마음속에서 나를 미워하는 이를 욕한다. 상대방의 잘못된 점, 열등한 점, 못난 점을 하나씩 찾아내서 나의 정당성을 확인한다. 만약 내가 잘못한 것이 없다면 마음으로라도 내가 옳다고 되뇌는 것은 나름대로 의미가 있다. 하지만

내가 잘못했는데 상대방의 탓으로 돌리는 경우는 상황이 점점 악화
될 뿐이다.

어떤 경우는 상대방의 마음을 풀려고 하는 것과 상대방을 탓하는
것이 번갈아 나타나기도 한다. 일단은 달래려고 했다가 그것이 뜻대
로 안 되면 비난을 하는 것이다. 죄책감과 투사 사이에서 오락가락
한다. 외로움과 분노, 수치심과 공격성이 수시로 오간다. 이런 경우
는 당사자도 힘들지만 상대방도 혼란스럽고 짜증난다. 아이들 중 일
부가 이렇게 혼란스러운 태도를 보이는 이유는 무엇일까? 바로 대인
관계에 대한 집착 때문이다.

누가 나를 미워할 때 가장 합리적인 방법은 거리 두기다. 내
가 잘못해서 관계가 이상해진 경우 상대방이 나를 용서하기까
지는 시간이 필요하다. 진솔하게 사과한 후 상대방이 마음이 풀어
질 때까지 시간을 줘야 한다. 상대방이 잘못해서 관계가 이상해진
경우 역시 마찬가지다. 잘못을 따져서 내가 옳다는 것을 증명한다
한들 상대의 마음은 더욱 멀어진다. 이때도 마음의 앙금이 가실 때까
지는 거리가 필요하다. 그런데 옆에 사람이 없으면 마음이 허전하고
견디기 어려운 경우는 대인관계에 집착을 하기 마련이다. 그래서 어
르고, 달래고, 화내면서 상대방을 어떻게 해보려고 한다. 하지만 그
럴수록 상대방은 더욱 질려서 달아난다.

누군가가 적극적으로 자신을 미워하는 것은 아니지만 그냥 거리
를 두고자 하는 것조차 견디기 어려워하는 아이들도 있다. 그런 아
이들을 보면 부모가 아이에게 계속 간섭하고 잔소리를 하는 경우가
있다. 자식이 크면 부모와 거리를 두려고 한다. 함께 있어도 할 얘기
가 없다. 그러나 부모는 자식과 멀어지고 싶지 않다. 이런 걱정, 저

런 걱정을 담아서 끝없이 잔소리를 한다. 자식은 부모의 잔소리가 싫어서 도리어 더 멀어지려고 하지만 달아날 수 없다. 그런 아이가 학교생활을 하면서 부모가 자신에게 하듯이 다른 아이들에게 계속 간섭하고, 잔소리를 하는 것이다. 그러면 다른 아이들은 잔소리가 듣기 싫어서 그 아이를 멀리하게 된다. 자신을 상대해주는 이가 없다 보니까 누구 한 명이라도 말할 상대방이 생기면 아이는 그동안 못 했던 말, 표현 못 했던 감정이 한번에 폭발하는데 그것이 상대방을 질리게 해서 거리를 두게 하는 악순환이 벌어진다.

다른 아이들이 자녀를 미워하거나 멀리한다고 얘기한다면 부모는 친구 관계 자체에 집착하기보다는 아이와 자기 자신을 살펴보는 것이 바람직하다. 만일 평소에 다른 사람과는 그러지 않는데 누군가와의 관계에서는 내가 영 이상하다고 하면 왜 유독 그 사람과는 제대로 된 거리를 두지 못하는 건지 살펴볼 필요가 있다. 그 사람이 나에게 어떤 의미를 지니는지 진지하게 고민해보는 것이다. 만약 그동안의 내 인간관계를 돌이켜봤을 때 전반적으로 누군가와의 관계에 지나친 집착을 보이며 스스로를 힘들게 하는 경향이 있다면 내 마음의 허전함, 불안감을 치유하는 것이 우선이다. 건강한 마음이 되면 굳이 집착하지 않아도 내 주위로 알아서 사람들이 몰려온다. 내 마음이 병들어 있으면 아무리 내가 노력해도 사람들은 내 주위에 오래 머무르지 않고 떠나게 된다. 부모가 이렇게 자신을 들여다본 후, 아이와 자신의 관계를 살펴보면 아이와 다른 아이들의 관계가 파악이 될 것이다. 이렇게 전체적으로 파악을 하면 아이의 문제를 더욱 현명하게 접근해서 해결할 수 있게 된다.

무의식이
미치는 영향

왕따를 당하는 아이들에게 왜 선생님께 도움을 청하지 않았는지 물어보면 막상 도움을 청해도 선생님이 별 도움이 되지 못했다거나 혹은 도움이 될 것 같지 않았다고 말하는 경우가 많다. 선생님이 그럴 것이라는 아이들의 선입견은 집에서 부모를 대하던 태도의 연장선에서 발생한 무의식적 추측인 경우가 있다. 그리고 선생님들 중 극히 일부는 겉으로 드러내놓고 표현하지는 않지만 왕따를 당하는 학생에 대해서 무의식적으로 거부감을 가지고 있는 경우도 있다. 그럴 때는 아이 역시 자신도 모르게 선생님의 무의식을 읽어내 도움을 청하는 데에 주춤하게 된다. 따라서 무의식에 대해서 간단히 살펴보고 무의식이 실제 교실에서 선생님과 학생 사이에 어떻게 작용할 수 있는지 설명해보고자 한다.

무의식이라고 하면 가장 먼저 떠오르는 이가 프로이트다. 프로이트는 원래 심리학자가 아니라 신경을 연구하는 의학도였다. 그러다 나중에 인간의 심리에 관심을 가지게 되면서 정신분석가로 변모했다. 그의 가장 커다란 업적 중 하나는 의식과 무의식으로 우리의 마음을 구분한 것이다. 의식은 내가 인식하고 있는 나 자신이며 얼핏 보면 매우 합리적이다. 다르게 표현하면 합리적이고자 하는, 합리적인 것처럼 보이는 마음이 의식에 해당된다. 반면 무의식은 내가 모르는 나의 부분이다. 존 F. 케네디의 아들인 존 F. 케네디 2세는 다친 다리로 보조 비행사도 없이 무리해서 자가용 비행기를 몰다 추락

해서 사망했다. 어려서 충격으로 아버지를 잃었기에 그 누구보다 조심하면서 살았어야 했을 것 같은데 그는 자가용 비행기 조종을 비롯한 위험한 스포츠에 몰두하고는 했다. 이러한 경우를 심리학자들은 '반동형성'이라고 한다. 너무 두렵기 때문에 그 두려움을 극복하기 위해서 위험에 자신을 내던지는 것이다.

무의식에는 우리가 인정하고 싶지 않은 공격성, 성적 욕구와 같은 본능이 자리 잡는다. 프로이트는 개인이 억제해야만 하는 본능을 '이드id'라고 불렀다. 이러한 본능을 억지로 억압하다 보면 그것인 무의식적인 말이나 행동으로 표출된다. 그리고 무의식의 한 부분에는 지나친 양심에 해당하는 '초자아super-ego'가 존재한다. 영화에서 보듯이 너무 엄격한 부모로부터 자라다 보면 야단치던 부모가 마음속 한 부분으로 자리 잡으면서 어떤 일을 할 때마다 무의식적으로나 자신을 위축시킨다.

무의식은 자신도 모르는 마음이다. 자신도 모르는 그러한 마음을 알아가는 과정이 정신분석이다. 정신분석가는 마음의 거울 같은 존재로 작용하게 된다. 인간이 자신의 얼굴을 거울에 비추면서 어떻게 생겼는지 깨닫게 되듯이, 자신의 마음을 정신분석가라는 거울에 비추면서 마음이 어떻게 생겼는지 알아채게 되는 것이다. 아울러 깨어 있을 때는 의식이 강하기 때문에 무의식을 스스로 인식하기 어렵다. 따라서 마음이 이완된 꿈꾸는 상태일 때 무의식이 많이 표현된다고 했으며 프로이트는 꿈을 무의식으로 이르는 왕도라고 칭했다.

그런데 프로이트의 '정신분석 이론'은 당시 터부시되는 성적인 부분에 너무 큰 비중을 두었기에 많은 비난을 받았다. 한때 프로이트의 수제자로 인정받던 융은 신화, 원형, 종교를 정신분석의 세계에

도입하면서 프로이트와 결별하고 융 학파라는 새로운 정신분석학파를 창설했다. 융은 남성 속에 있는 여성 마음을 아니무스, 여성 속에 있는 남성 마음을 아니마라고 표현하였고 남성과 여성의 마음이 융합될 때 보다 인간적으로 성숙될 수 있다고 했다. 그리고 우리가 보고 싶지 않은, 감추고자 하는 마음을 그림자라고 표현했다. 우리는 열등한 부분에 해당되는 그림자를 떼어내고 감추고 싶지만 그러한 그림자를 나의 한 부분으로 받아들일 때 보다 완성된 자아를 지닐 수 있다고 했다.

20세기 후반부터 뇌 과학이 발달하면서 전통적인 '무의식 이론'에 대한 반론이 많이 제기되었다. 19세기 말에서 20세기 초에 주류를 이룬 정신분석 이론에서는 우리 마음은 거의 전적으로 생후 양육에 의해서 결정된다고 보았다. 그러나 DNA 염기 서열이 밝혀지고 인간 유전자지도가 만들어지면서 우리의 육신이 그렇듯 우리의 마음도 상당 부분 태어나면서부터 결정된다는 것이 받아들여지고 있다. 뇌세포들 간에 흐르는 전기적 자극과 뇌세포들 사이를 오가는 신경전달물질로 인해 우리는 기억을 하고 감정을 느끼며 판단을 내린다. 따라서 인간이 생각을 바꾸기 어려운 이유는 뇌 속에 일종의 생각의 길이 만들어져 있기 때문이고, 생각 네트워크가 흐트러지면 엉뚱한 생각이 튀어나와서 엉뚱한 행동을 하게 된다는 것이 밝혀졌다.

하지만 이러한 과학적 발견이 있었지만 인간의 합리성에 대한 믿음을 뒤흔든 무의식 이론은 여전히 우리에게 큰 가치가 있다. 무의식을 받아들일 수 있을 때 '내가 하는 생각이 항상 정답이다', '내가 하는 행동이 항상 옳다' 같은 도그마를 벗어날 수 있기 때문이다. 무의식을 인정할 때 인간은 비로소 겸손해질 수 있다.

나의 무의식적인 감정을 상대방에게 덧씌우는 것을 투사라고 한다. 현재 두려움이 심한 이는 낯선 이가 조금이라도 화를 내면 괴물과 같은 존재로 여기며 무서워한다. 열등감이 심한 사람은 처음 만난 이를 내 모든 괴로움을 해결해줄 메시아나 백마 탄 왕자로 생각한다. 부모가 이혼하고 너무 외로운 아이들 가운데는 아이돌 스타를 자신에게 무한대의 사랑을 주는 존재로 여기고 쫓아다니는 경우도 있다.

이러한 투사에 기초한 환상이나 상상은 누구나 하는 것이다. 하지만 인간의 마음에는 현실과 상상을 구분하는 생각의 벽이 있어서 어느 정도 진행을 하다가 다시 현실로 돌아오게 된다. 그런데 그 벽이 무너지게 되는 대표적인 병이 조현병이다. 자신이 우주인이거나 텔레파시가 통한다는 황당한 망상을 표현하기도 하지만 어떤 경우는 처음 들으면 진짜인 것 같은 망상을 표현하기도 한다. 조현병에 걸린 고등학생들은 같은 반 학생들이 자신을 따돌리고 뒤에서 욕을 한다는 망상과 환청을 호소하는 경우가 많다. 누군가 욕하는 소리가 환자의 귀에는 실제로 들리지만 타인에게는 들리지 않는, 환자의 마음속에서만 존재하는 환청인 것이다. 따라서 환자는 같은 반 아이들이 자신이 볼 때는 욕을 하지 않고 뒤돌아서기만 하면 욕을 한다고 한다. 참다못한 환자가 같은 반 학생에게 가서 따지면 상대방 학생은 하지도 않은 일을 했다고 덮어씌운다면서 싸움이 벌어지게 된다. 혹시라도 주위 사람들이 자신을 욕하고 비난하면 어떻게 하나 하는 무의식적인 걱정이 조현병에 걸리면서 환청과 망상이라는 증상으로 현실화되어버리는 것이다.

평소에는 누구보다 아이들을 사랑하고 적극적인 선생님이 특정 학생에 대해서는 도저히 감정이 컨트롤되지 않는 경우도 있다. 아이들과 허물없이 지내고 농담도 주고받는 것을 허용하던 선생님이 있었다. 하지만 유독 한 학생에 대해서는 버릇없이 군다는 생각이 들어 종일 마음이 상하고는 했다. 감정이 가라앉고 다시 생각해보면 그 학생이 그다지 버릇없이 군 것도 아니었고, 다른 학생들과 비교하면 자신을 조심스럽게 대하는 편이었다. 그러나 막상 그 학생이 뭐라고 하면 또다시 마음이 상했다. 그러다 하루는 중학교 동창 모임에 갔는데 오랫동안 못 보던 동창이 나왔다. 중학교 때 자신을 심하게 괴롭혔던 녀석이었다. 한참을 잊고 지냈는데 그 녀석의 얼굴을 보자 그 기억이 떠올랐다. 그런데 자신이 못마땅하게 여기던 학생이 그 동창의 얼굴과 똑같이 닮은 것이다. 그제야 학생의 한마디 한마디에 자신이 민감하게 굴었던 이유가 설명되었다. 자신을 괴롭히던 중학교 때 동창에 대한 부정적 감정이 무의식적으로 작용했던 것이다.

학생들이 선생님을 대하는 태도 역시 무의식적인 생각에 의해서 크게 영향을 받는다. 우리는 흔히 집에서 오냐오냐 키운 아이가 버릇이 없다고 한다. 필자의 경험에 따르면 그 말은 반은 맞고 반은 틀린 것이다. 집에서 부모와 대화도 많이 하고 허물없이 지내던 아이는 선생님께 말을 잘 걸고 대답도 잘한다. 과거 권위주의적인 교육 환경에서는 이러한 태도가 버릇없다고 받아들여졌다. 하지만 지금은 선생님께 많이 물어보고 대답을 잘하는 아이를 적극적이라고 하지 버릇이 없다고 하지는 않는다. 부모와의 관계가 좋은 아이들은 대체로 학교 선생님에 대해서도 호의적이다. 집에서 어른인 부모와 긍정적인 관계를 맺어왔기 때문에 학교에서 어른인 선생님께도 긍정적인 감정을 지닌다. 선생님 마음에 들었으면 하는 무의식에서 선생님이 시키는 일은 뭐든지 열심히 하려고 한다. 자기 부모를 실망시키는 것이 싫듯이 학교 선생님을 실망시키기도 싫은 것이다.

반면에 부모에게 야단을 많이 맞아 억울하다는 생각을 지니고 있는 아이들은 선생님들에게도 부정적인 감정을 지닌다. 어려서 부모는 자식에게 절대적인 권한을 지닌다. 아이는 자신보다 키가 크고 힘도 센 부모를 항상 올려다봐야 한다. 부모가 뭐라고 한마디 야단치면 아이들은 두렵다. 부모가 먹을 것을 챙겨주지 않으면 혼자서 해먹을 수도 없다. 그러나 아이들도 커가면서 부모의 야단이 합리적인지 감정적인지 판단할 수 있게 된다. 자신이 화풀이 대상이 되었다고 느낄 때는 억울해지고 분노가 치민다. 그렇게 억울한 야단을 많이 맞다 보면 나중에 학교에서도 매사에 부정적으로 선생님을 대하게 된다. 일단 선생님이 부르면 눈부터 내리깔고 마주치지 않는다. 집에서 부모님과 눈이 마주치면 좋은 일은 없고 욕이나 주먹이 날아오곤 했기 때문에 무의식적으로 학교에서도 일단 선생님과 눈을 피하고 보는 것이다. 선생님이 좋은 뜻에서 충고해도 별것 아닌 것으로 트집을 잡아서 야단친다고 받아들인다. 선생님이 도와주려고 해도 언젠가는 자신에게 실망하고 포기할 것이라고 지레짐작하고 도움을 거부한다. 부모에 대한 태도가 무의식적으로 선생님에게 반복되는 것이다. 이러한 태도가 사회에 나가서도 반복된다면 이 학생은 어디에 가도 환영받지 못할 것이다.

무의식에 휘둘려 행동하는 것을 대부분 당사자는 합리적 근거에 의해서 행동한다고 믿는다. 하지만 그렇지 않다. 이러한 무의식을 대하는 전문가인 정신과 의사나 심리학자를 찾아가는 것이 좋다. 물론 바쁜 일상생활 속에서 이러한 전문가들을 찾아가서 일일이 자신의 문제를 의논하는 것은 시간적·경제적으로 쉽지 않을 것이다. 따라서 일단은 자신이 어떤 행동을 하면서 왜 이러는지 이상할 때는 주위 사람들의 조언을 구하는 것이 좋다. 꼭 정신과 의사나 심리학자가 아니더라도 당신의 행동이 상식적으로 이해가 되는 것인지 아니면 상식 밖의 행동인지는 구별해줄 수 있을 것이다. 그리고 자신의 문제를 드러내고 사람들과 얘기하는 것만으로도 문제의 상당 부분은 호전된다. 아울러 사례 위주의 쉬운 심리학 책을 사서 읽어보는 것도 도움이 된다. 사례를 읽다 보면 "아! 나와 똑같은데!" 하면서 무릎을 치는 순간이 있을 것이다. 그러다 보면 그 순간이 계기가 되어서 내가 받아왔던 트라우마도 치유가 되고 마음의 감옥에서도 서서히 벗어날 수 있게 될 것이다.

따돌림이 정신 질환을
유발할까

학교에서 따돌림을 받은 아이에게 우울증이나 조현병 등 정신 질환이 발생한 경우 가해자와 피해자 사이에 원인과 결과를 놓고 치열한 공방이 벌어진다. 피해 학생의 부모는 가해 학생으로 인해 우울증이 생기거나 조현병이 생겼다고 한다. 반면 가해 학생이나 학교 측은 아이가 원래 우울해서 다른 아이들과 말이 없었고 그러다 보니 멀어진 것이지 왕따는 아니었다고 한다. 조현병의 경우 따돌림을 당했다는 학생의 주장 자체가 피해망상이었다고 상대방 학생과 부모가 주장하기도 한다.

학교에 다니던 학생이 이러한 정신 질환에 걸리면 부모들은 학교

생활에 적응을 못해서 혹은 아이들이 따돌려서라고 생각한다. 하지만 그렇게 일방적으로 단정하기에는 문제가 복잡하다. 과거에는 건강한 몸을 가지고 태어나고 건강한 생활 습관만 가지면 병에 안 걸린다고 생각했다. 그래서 누가 몸이 약하면 평소 건강에 신경을 안 써서라고 생각했다. 하지만 지금은 유전자지도가 완성되면서 병의 상당 부분은 유전인자로 인해 결정된다고 받아들여지고 있다. 다만 증상이 얼마나 빨리 나타날지, 얼마나 심하게 나타날지는 개인의 생활 습관이 큰 영향을 준다.

정신 질환 역시 마찬가지다. ADHD, 우울증, 조울증, 조현병은 뇌의 병이다. 폭발 사고가 있기 위해서는 폭약이 있어야 한다. 그런데 폭약에 불을 붙이지 않으면 폭약이 있어도 폭발이 일어나지 않는다. 그 폭약에 불을 붙이는 누군가도 있어야 한다. 정신 질환을 일으키는 유전인자는 폭약에 해당한다. 그런데 누가 언제 폭약에 불을 붙이느냐가 폭발 사고에 있어서 다르듯이 아이가 언제 어떤 스트레스로 인해 처음 증상이 발현할지는 아이가 처한 상황에 따라 다르다. 학교생활, 친구 관계로 인한 스트레스가 청소년의 정신 질환 발생에 일정 부분 원인으로 작용하는 것은 사실이지만 한 인간이 평생을 살면서 스트레스를 받지 않고, 자신을 좋아하는 사람하고만 살 수는 없다. 평생 불행을 피해갈 수는 없다. 그런 점에서 왕따로 인해 정신 질환이 발생하느냐 아니면 정신 질환이 있어서 왕따가 되느냐는 '닭이 먼저냐 달걀이 먼저냐'와 유사한 문제이다.

물론 원인에 상관없이 가장 중요한 것은 정신 질환을 빠른 시간 내에 올바른 방법으로 치료하는 것이다. 책임 공방 속에 치료가 늦어지면서 정신병원에 입원해야 할 정도로 악화되거나 자해 또는 자살 시도로 인해서 후유증이 발생할 수도 있다.

ADHD (주의력결핍과잉행동장애)

ADHD는 초등학교 때부터 중학교 저학년 때까지 왕따의 원인이
된다. 부모와 선생님 들에게 자주 야단맞게 된다. 부모는 공부를 못
하고 자꾸 잊어버린다는 것을 이유로 야단치고 아이는 야단맞다 보
면 소심해지고 자신감이 떨어진다. 선생님들은 아이가 산만하고 충
동적이어서 자리에 앉아 있지 못하고 규칙을 지키지 못하는 것을 야
단친다. 선생님으로부터 자꾸 야단을 맞다 보니 아이에 대한 다른 아
이들의 평가 역시 점점 낮아지고 아이의 권력 서열은 바닥이 된다.

ADHD 아이의 경우 순서를 잘 지키지 않고 이랬다저랬다 하기 때
문에 아이들도 멀리하게 된다. 그리고 가만히 있는 것을 불안해하기
에 이런저런 장난을 치는데 초등학교 고학년이 되면 그런 장난에 대
해서 아이들이 귀찮아하고 불쾌해한다. 그러다 보면 아이들이 드러
내놓고 따돌리게 되기도 한다.

초등학교 때 진단이 내려지고 약물치료에 대한 반응도 좋다면 증
상이 호전되면서 다른 아이들이 따돌리는 것도 줄고 친구 관계도 좋
아진다. 그러나 치료를 해도 효과가 없거나 부작용 또는 틱장애 tic
disorder 등으로 충분한 약을 먹을 수 없는 경우는 나이가 들어 초등학
교 고학년이 되고 중학생이 되면서 문제가 점점 악화된다. 산만함,
과다행동, 지나친 장난 같은 증상은 대개 중고등학교 때 사라지지만
그 이전에 왕따로 찍히게 되면 증상이 사라져도 따돌림이 계속될 수
도 있다. 그리고 증상이 개선되어도 내면적인 불안함, 소심함이 남
아 있다면 따돌림이 있을 때 제대로 대처하지 못한다. 그것이 우울

증으로 이어져 우울증에 대한 치료가 필요하게 될 수도 있다.

우울증

살면서 여성의 경우는 10명 중 4명, 남성의 경우는 10명 중 2명이 치료를 요하는 심한 우울증을 겪는다. 과거에는 아이들은 우울증에 걸리지 않는다고 생각했지만 지금은 청소년뿐 아니라 초등학생도 우울증에 걸린다고 한다. 원인이야 어찌 되었든 자살을 시도하는 학생들의 경우 자살 시도 직전은 결과적으로 우울증에 빠진 상태라고 할 수 있다.

우울증이라는 말 때문에 사람들은 흔히 우울하고 의욕이 없는 마음의 질환이라고 추측한다. 하지만 우울증은 이러한 심리적 증상 이외에 불면증, 체중 감소, 식욕부진, 심한 피곤함, 변비, 성욕 감퇴, 생리 불순과 같은 다양한 신체적 증상을 동반한다. 특히 청소년 가운데에서는 평소 쾌활하고 성격 좋은 아이인데 갑자기 짜증과 화를 내는 것으로 증상이 나타나기도 한다. 부모와 눈도 안 마주치려고 하고, 아이들과 노는 것도 싫어하고 집에 틀어박혀 컴퓨터만 하려고 하는 경우도 있다. 얼핏 보면 다른 아이들이 자녀를 왕따시키는 것 같지만 사실은 우울증에 걸린 자녀가 얘기도 안 하고 대꾸도 안 하기 때문에 다른 아이들이 접근하지 않는 것이다. 실제로 아이가 기운도 없고 몸이 이곳저곳 아픈데 진단은 나오지 않아서 여러 임상과를 전전하다가 정신과에서 우울증 치료를 받고 호전되는 경우도 있다.

하지만 위와 같은 증상이 있다고 해서 모두 우울증이라는 진단에 해당되는 것은 아니다. 우울증은 주기가 있는 병이기 때문에 위에 열거한 심리적·신체적 증상이 2주 이상 지속될 때 성립된다. 흔히 부모들은 집에도 문제가 없고, 학교에서도 별 문제가 없는 아이가 병원이나 심리센터를 방문했는데 우울증이라는 얘기를 듣게 되면, 우울증에 걸릴 이유가 없다면서 부정한다.

그러나 우울증은 특별한 사연이 있어야 걸리는 병이 아니라는 것을 명심해야 한다. 고혈압이나 당뇨병에 걸리듯 우울증에 걸리는 것이다. 나이가 어려서부터 고혈압이나 당뇨병에 걸리는 청소년이 있듯이 나이가 어려서부터 우울증에 걸리는 청소년이 있다. 치료받지 않는 경우 우울증은 수 주, 수개월 혹은 수년까지 지속될 수도 있다. 대체로 6개월 이전에 증상이 호전된다. 그러나 치료하지 않고 방치하는 경우에 우울증 증세가 심해지면 아이들이 학교에 다니지 못하게 되거나 가출을 하기도 한다. 어떤 경우에는 괴로운 나머지 자살을 시도해서 불구가 되거나 사망하는 수도 있다.

하지만 치료를 받으면 10명 중 7~8명은 한 달 이내에 어느 정도 학교에 적응할 정도로 회복된다. 많은 부모들은 자녀의 우울증이 약으로 치료될 수 있다는 것을 신뢰하지 못한다. 우울증이 스트레스를 주는 사건 발생 이후에 나타난 경우 그 사건이 해결되어야만 아이가 원래대로 돌아올 수 있다고 생각하면서, 치료는 멀리하고 사건에만 집착하는 경우가 있다. 하지만 사실은 아이가 우울해져서 적응에 어려움이 있다는 것을 인식해야 한다. 불이 났을 때 불이 난 원인을 알지 못하더라도 빨리 물을 뿌리고 소화기를 사용해서 불을 꺼야 하듯이, 우울증이라는 병이 생기면 일단 항우울제를 써서 우울증세 자체를 치료해야 한다. 이러한 치료를 통해 다시 마음이 굳건해지고 의지를 회복하면, 아이는 어려운 상황도 스스로 극복할 수 있게 된다. 항우울제를 사용하고 6개월 이전에 중단하면 재발하는 경우가 많다. 따라서 적어도 6개월은 지속적으로 투약해야 한다. 우울증은 주기를 가지고 재발할 수 있는 병이기 때문에 다시 증상이 나타나는 듯하면 빨리 투약을 시작하는 것이 중요하다.

필자가 처음 의과대학을 졸업하고 인턴으로 근무를 시작하던 1992년만 해도 소위 삼환계 항우울제tricyclic antidepressants라는, 입도 많이 마르고 어지럽고 몸도 많이 처지는 항우울제를 주로 사용했다. 하지만 레지던트를 다시 시작하던 1996년에는 이미 한국에서도 부작용이 훨씬 적은 프로작이라는 항우울제가 널리 쓰이기 시작했다. 이후 많은 종류의 항우울제가 경쟁적으로 제약사에 의해서 출시되어 지금은 선택의 폭이 넓어졌다.

항우울제가 효과를 나타내기까지는 대개 2주에서 한 달 정도가 걸리기 때문에 그 사이에는 불면증, 불안, 초조 등의 증상을 조절하는 항불안제제를 사용하게 된다. 많은 부모들은 이러한 항불안제제가 습관성이 되거나 중독이 되지 않는지 걱정한다. 하지만 치료 용량 내에서 중독이 되는 경우는 매우 드물다. 항우울제가 효과를 발휘하는 대로 항불안제제를 서서히 감량하기 시작하면 큰 문제 없이 항불안제제를 중단할 수 있다.

약물치료는 우울증에 대한 가장 확실한 치료 방법이다. 대부분의 환자는 한 달 이내에 어느 정도 효과를 볼 수 있고, 효과가 없는 경우에도 다른 약제로 바꾸면 대부분 증세가 호전된다. 약제를 선택할 때에는 좋은 약과 나쁜 약이 있는 것이 아니다. 아이에게 잘 맞는 약과 잘 맞지 않는 약이 있을 뿐이다. 만약 약을 먹고 아이가 많이 졸려서 힘들어한다면 졸린 부작용이 적은 약제를 사용하고, 약제를 투약받고 속이 거북하다면 속이 거북한 부작용이 적은 약제를 투약하면 된다. 그리고 증세가 안 낫는 것은 꼭 약이 나빠서는 아니다. 시간이 지나고 증상이 호전될 수도 있기 때문에 이 병원 저 병원 옮기는 것보다는 한 의사에게 꾸준히 치료를 받는 것이 도움이 된다. 이때 심리 치료를 병행하는 것도 바람직하다.

조울증(양극성기분장애)

흔히 기분이 며칠 사이에 좋았다 나빴다 하면 "나는 조울증인가 봐"라고 말하고는 한다. 기분의 변동이라는 점에 있어서는 조울증과 일맥상통하기는 하지만 정신과에서 말하는 조울증은 그와는 약간 다르다. 조울증은 조증과 우울증이 번갈아가면서 오는 질환이다. 한마디로 표현하자면 조증은 기분이 붕 뜨는 상태이고 우울증은 아무 것도 하지 않고 매우 우울한 상태다. 그래서 조증과 우울증이라는 극단의 감정 상태가 번갈아 온다는 의미에서 정식 질환명은 양극성 기분장애이다.

먼저 조증의 주된 증상은 다음과 같다. 자신감이 넘치고, 하루 두세 시간만 자도 거뜬하다. 평소보다 말이 많고 한번 말을 하면 삼십 분이고 한 시간이고 혼자 말하기도 한다. 누가 끼어들거나 말을 멈추게 하려고 해도 소용없다. 생각의 주제가 꼬리에 꼬리를 물고 이어진다. 돈도 많이 쓰게 되고 사람들을 만나는 것도 갑자기 늘어난다. 빚까지 지면서 위험한 투자를 하기도 한다. 평소에는 가정에 충실했던 사람이 바람이 나기도 한다. 그런데 어쩌다 하루 이틀 그런다고 해서 조증이라고 하지는 않는다. 만약 로또 복권에 당첨되는 행운을 맞이한다면 누구라도 잠깐은 이런 상태가 될 것이다. 조증이라고 하기 위해서는 적어도 일주일 이상 이런 증상이 지속되어야 한다. 치료받지 않으면 대체로 6개월에서 1년 정도 조증이 지속된다.

아이들의 경우에는 갑자기 밤새워 공부를 하고 자신이 엄청난 인물이 될 것이라고 한다. 부모가 보기에는 아이가 의욕이 생긴 것 같다. 주변 아이들도 처음에는 그저 아이가 성격이 변하고 어떤 점에서는 재미있어졌다고 생각한다. 그런데 도가 지나치기 시작한다. 엉뚱한 행동을 하고 자신의 뜻대로 안 되면 계속 싸운다. 그리고 집에서도 부모와 다툼이 끊이지 않고 옆에서 보기에는 황당한 꿈을 이루겠다면서 가출하기도 한다.

조울증 증상을 보면 조증이 오기 전이나 조증 후에 우울증이 있다. 대부분의 우울증 환자는 조증을 동반하지 않는데, 조울증 환자는 우울증이 끝나면서 조증이 생기기도 하고, 조증이 끝나고 우울증이 따라오기도 한다. 조울증의 경우 우울 증상은 일반적인 우울증에서의 우울 증상보다 정도가 심하다. 거의 6개월에서 1년 동안 집 밖으로 꼼짝도 하지 않고, 씻지도 않고, 먹지 않는 경우도 있다. 아이가 몇 달은 붕 떠서 지내는 것 같다가 두문불출하면서 말도 안 하고 꼼짝도 안 하는 경우는 양극성기분장애의 우울증 증상일 수도 있다.

우울증의 증상으로 죽고 싶은 생각이 들기도 하지만, 평생 모은 재산을 날리고, 안정된 직장에서 쫓겨나고, 가정이 깨지게 되는 상황이 당사자를 자살로 몰고 가는 경우도 적지 않다. 학생의 경우는 정상적으로 학교에 다닐 수 없기 때문에 휴학을 하기도 하고, 한 학년 밑의 후배들과 함께 공부하게 되기도 한다. 전학을 하거나 대안학교로 갈 수밖에 없는 사정이 되기도 한다. 그런데 문제는 조울증 치료를 하지 않으면 같은 상황이 내년 혹은 내후년에 또다시 반복된다는 것이다.

조증의 경우 함께 사는 가족의 고통이 당사자 못지않게 크다. 조증 환자는 남이 자기 뜻대로 하지 않으면 쉽게 화를 내고 싸우기 일쑤다. 자녀가 조증 상태에서 황당한 일을 벌이거나 범죄라도 저지르면 그 뒷감당을 해야 하는 것은 가족이다. 조증 상태에서 밤잠을 안 자고 일을 한다며 계속 뭔가를 하는데 가족들은 잠을 못 자니 그것도 환장할 노릇이다.

조울증 환자의 상당수는 기분을 일정하게 유지시켜주는 약을 꾸준히 먹으면 재발하지 않는다. 그러나 투약을 거부하는 환자가 대부분이다. 우선 조증일 때는 자신이 최고이기 때문에 굳이 약을 먹을 필요가 없다고 느낀다. 기분이 최고조에 달했을 때 약을 먹어 억지로 행복을 사라지게 하고 싶지 않은 것이다. 따라서 한번 조증으로 돌입하면 스스로 치료를 받게 하기가 쉽지 않다. 그리고 조울증 환자의 우울증은 항우울제에 대한 반응이 더딜뿐더러 항우울제를 사용하는 경우 몇 달간의 우울증이 끝날 때쯤 갑자기 조증이 다시 발생하고는 한다. 그래서 정신과 의사들은 조증 환자가 우울증일 때는 항우울제가 아닌 기분을 일정하게 유지시켜주는 약을 사용한다. 그러나 환자들은 "우울한데 왜 조증 치료제를 우울증일 때도 주냐"라면서 투약을 중단한다. 기분을 일정하게 유지시켜주는 약이 조증일 때는 기분을 끌어내려 정상에 근접하게 하고, 우울증일 때는 더 이상 우울증이 악화되지 않게 하는 효과가 있다고 아무리 설득해도 소용없다. 그래서 일부 환자들은 자신이 조울증이라는 것을 속이고 낯선 의사에게 가서 우울증 환자인 것처럼 이야기하고 우울증 약만 처방받기도 한다. 그러다 보면 우울증, 조증, 우울증, 조증이 계속 반복된다.

이렇게 우울증과 조증이 계속 반복되다 보면 인생이 마치 롤러코스터처럼 되어버린다. 과거 좋아했던 정상적인 기분이라는 것을 잃게 된다. 조증으로 인한 극도의 자신감과 행복 상태가 정상이고, 정상적인 기분은 상대적으로 우울하다고 인식하게 될 수도 있다. 그러다 보면 평범한 행복이 더 이상 행복으로 여겨지지 않고 조증 상태의 극단적 행복만이 행복으로 느껴진다. 조울증 자녀를 둔 부모의 삶 역시 롤러코스터같이 되어버린다. 인생이 갈피를 잡을 수 없게 되지만 그럴수록 부모가 중심을 잘 잡아서 아이의 버팀목이 되어줘야 한다. 그 무엇보다 중요한 것은 자녀가 꾸준히 약을 복용하도록 설득하는 것이다.

꾸준히 약을 복용하던 조울증 환자가 이제는 괜찮겠거니 약을 그만 먹어도 되지 않느냐고 물을 때 필자가 많이 하는 말이 있다. "재발하게 되면 지난 몇 년간 꾸준히 쌓아온 인생의 공든 탑이 와르르 무너진다. 이제 보통의 기분, 보통의 삶에 익숙해지고, 극도로 좋은 상태가 아닌 보통의 좋은 상태에서도 나름대로의 행복이 있다는 것을 느끼기 시작했는데 여기에서 모든 것을 다 잃지 말자." 이번에 삶이 송두리째 망가지게 되면 다시는 온전한 삶을 찾지 못할지도 모르기 때문에 지겹고 힘들더라도 약을 먹자고 설득한다.

조현병(정신분열병)

조현병은 20대 초반에 흔히 발생하는 병이다. 예전에는 정신분열병이라고 불렀다. 흔하지는 않지만 중고등학생도 발병한다. 같은 반아이들이 자신을 욕한다고 자녀가 호소하는데 막상 확인해보면 선생님이나 같은 반 학생들은 그런 일이 없다고 한다. 환청의 경우 환자인 청소년은 아이들이 욕을 하기는 하는데 자신의 앞에서는 언제 그런 일이 있었냐는 듯이 잡아뗀다고 한다. 길을 다니면 사람들이 자신에 대해 수군대고 험담한다는 피해망상을 보이기도 한다. 청소년기에 조현병이 처음 발병하면 그 증상이 부모가 보기에는 진짜인 듯하다. 하지만 누군가 자신을 죽일 것이다, 누군가 자신을 항상 감시한다는 등 아이의 망상이 점점 심해지면 부모도 반신반의하게 된다. 아이는 자기 자신의 망상과 환청에 몰입하면서 성적도 떨어지고 다른 아이들과도 잘 못 지내게 된다. 조현병 때문에 친구들과 멀어진 것인데 부모는 그것을 다른 아이들이 자녀를 왕따시킨 것으로 생각하기도 한다. 아이가 자꾸 아이들에게 "네가 나를 욕했지?" 하면서 환청에 근거해서 따지는 경우 아이들이 따돌리고 싸우다가 폭력이 오가는 경우도 있다. 이런 경우는 왕따와 조현병의 증상이 공존하면서 혼동을 일으키기도 한다.

조현병의 가장 흔한 증상은 환청이다. 환청은 환자의 귀에는 누군가 이야기하는 소리가 들리는데 뒤를 돌아보면 아무도 이야기하는 이가 없는 현상이다.

가까운 사람의 목소리일 수도 있고 한 번도 본 적 없는 낯선 이의 목소리일 수도 있다. 때로 많은 사람들이 웅성거리거나 머릿속에서 자기들끼리 떠들기도 한다. 조현병에 걸린 자녀는 가끔씩 혼잣말을 하기도 하는데 실제로는 혼잣말이 아니라 환청과 대화를 하는 것이다.

환자들은 자신을 칭찬하는 환청을 듣고서는 혼자서 키득키득 웃기도 한다. 계속 죽으라는 환청이 들리거나 자신을 비난하는 환청이 들려서 자살을 시도하는 환자도 있다. 어떤 경우에는 환청에 의해서 특정 장소에 가거나 특정 행동을 하기도 한다. 환청에 의해서 행동이 지배당하는 것이다.

환청은 대체로 사람의 목소리이기도 하지만 때로는 새소리, 짐승의 소리 혹은 그냥 무언지 알아듣기 힘든 웅성거리는 소리가 들리기도 한다. 이러한 웅성거리는 환청만으로도 아이들은 공포에 사로잡힌다. 아이가 귀에 이상한 소리가 들린다고 하여 이비인후과에 갔다가 뒤늦게 정신과에 방문하기도 한다.

환청을 듣게 되면 엄청난 공포에 사로잡힌다. 공포영화를 보면 형체는 없으나 목소리만 들리는 유령의 존재를 느낄 때 주인공들은 엄청난 공포에 시달린다. 조현병에 걸린 청소년들도 그러한 공포를 매일매일 경험한다. 따라서 환청, 환시와 같은 환각에 대해서 실제로는 없는데 너에게만 들리고 보이는 것이라고 하면서 무시하라고 충고하는 것은 소용없는 짓이다. 아이는 자신의 이야기를 가족들이 믿지 않는다고 생각하면서 더욱 방어적으로 변한다. 따라서 일단 있는 그대로 아이가 얘기할 수 있도록 잘 들어주면서 괴로움에 공감해주는 것이 바람직하다. 환청은 약물치료를 통해서만 감소할 수 있다.

망상은 환청과 더불어 조현병의 대표적인 증상이다. 망상이란 사실에 근거하지 않으면서 환자의 생활을 지배하여 일상생활을 힘들게 하는 생각들이다.

망상에는 여러 가지 형태가 있다. 자신이 신이고 미래를 예언하는 힘을 가졌다고 믿는 종교적 망상, 자신의 친부모는 한국의 대표적인 재벌 총수인데 어렸을 때 친부모와 헤어졌으며 지금의 부모는 어려서부터 자신을 키운 양부모라고 하면서 조금 있으면 친부모가 자신을 찾아와 엄청난 유산을 줄 것이라는 과대망상, 정부의 음모 때문에 정부 요원이 자신을 쫓아다니면서 죽이려고 한다는 피해망상, 현재 방영 중인 TV 연속극이 자신의 이야기를 허락도 받지 않고 드라마 소재로 사용했다고 느끼는 관계망상, 누군가 자신의 마음을 읽는다는 독심술과 관계된 망상, 자신의 생각이 머리카락 안테나를 통해서 온 세상으로 전파된다는 사고방송망상, 컴퓨터의 해킹이 가능하듯이 누군가 자신의 마음속에 들어와서 생각을 읽어서 조정하고 있다는 사고조정망상 등 여러 가지 형태의 망상이 존재한다.

망상은 때때로 환청과 연관되기도 한다. 같은 반 아이들이 자꾸만 수군대면서 자신에게 욕을 한다며 싸우는 학생의 망상은 환청에 의한 피해망상이다. 이러한 망상은 비현실적이지 않고 나름대로 현실적이다. 그래서 처음에 부모는 자녀가 하는 얘기가 전부 사실이라고 믿고 '어떻게 이런 일이 있을 수 있지' 하는 생각에 학교에 가서 따지기도 한다. 하지만 주변 상황을 종합해보고는 아이의 말이 부적절하다는 것을 받아들이게 된다.

망상은 아무리 말로 반복해서 이야기해도 설득되지 않는다. 설득이 가능하다고 믿고 환자와 논쟁하면 환자들은 상대방이 자신의 말을 거짓이라고 여긴다고 생각하고 마음의 문을 닫는다. 그렇다고 환자의 망상에 긍정하면 환자는 상대방이 자신과 같은 생각을 한다고 여기고 망상이 더욱 고착화된다. 자녀가 망상을 이야기하면 긍정도 부정도 하지 않으면서 망상 때문에 자녀가 느끼는 마음의 고통 그 자체에 대해서 공감하는 태도를 보여야 한다.

조현병은 의욕의 저하 및 대인관계 기피를 야기한다. 환청, 망상과 같은 증상이 약으로 어느 정도 치유된 뒤에도 자녀가 과거와 다른 사람으로 변했다고 느껴지는 수가 있다. 과거에는 매사 적극적이었던 아이가 재미있는 것이 하나도 없다고 하면서 종일 방에서 잠만 자는 수도 있다. 이런 경우 부모는 자녀가 보이는 의욕 저하가 약의 부작용 때문에 일어난 것이 아닌가 의심하게 된다. 하지만 그렇지 않다. 이러한 의욕 저하는 약의 부작용이 아닌 조현병 증상 중 일부다. 조현병에 걸린 환자들 중 일부는 대인관계를 기피하고 아주 제한적인 삶을 살 수도 있다. 아이들은 정신과 환자라는 사실이 자신감을 잃게 한다고 주장하면서 정신과 환자라는 것을 스스로 부정하기 위해서 투약을 거부하기도 한다. 사회생활이나 대인관계에서 자신이 원하는 것을 성취하는 데 필요한 기술이나 반응을 '사회 기술social skill'이라 하는데, 이러한 사회 기술의 저하는 조현병의 증상 중하나일 뿐이다.

의욕 저하, 대인관계 기피, 사회 기술의 저하는 환청 및 망상에 대응하는 동전의 앞뒷면 같은 관계를 가진다. 그래서 환청 및 망상과 같이 두드러지는 증상은 '양성증상'이라고 표현하고 의욕 저하, 대인관계 기피, 사회 기술의 저하는 '음성증상'이라고 표현한다. 양성증상만큼 음성증상도 투약을 필요로 한다. 흔히 음성증상을 약의 부작용으로 오해하고 투약을 중단하여 재발하는 경우가 많다. 음성증상도 투약을 요구한다는 점을 부모들은 꼭 기억해야 한다.

이러한 음성증상을 대할 때 가족들이 가져야 하는 가장 기본적인 태도는 기대치를 낮추고 환자의 눈높이에 맞추는 것이다. 정해진 시간에 일어나서 정해진 시간에 세수를 하고, 하루 세끼 식사를 하고, 몸에서 냄새가 나지 않도록 목욕하고 머리를 감는 것이 일반인에게는 너무나 당연한 것이지만 조현병 환자에게는 일일이 일러주지 않으면 행하기 힘든 일일 수 있다. 종일 무의미하게 TV를 틀어놓고 어떤 프로인지에 상관하지 않고 그냥 장면이 지나가는 것을 보는 것이 가족들의 입장에서는 답답할 수 있지만, 조현병 환자에게는 유일한 삶의 방식일 수도 있다는 것을 병에 걸린 자녀의 입장에서 이해하고 받아들이는 것이 필요하다.

때때로 부모님들이 조현병에 걸린 환자에 대해 이야기하면서 너무 똑똑해서 병에 걸리게 되었다고 말할 때가 있다. 하지만 실제로 조현병에 걸린 환자들을 대상으로 지능을 측정한 연구를 보면 환자들의 지능이 정상보다 높지는 않다. 오히려 조현병에 걸리면 인지기능장애를 가져오게 된다.

조현병에 의해서 특히 손상을 많이 받는 부분이 '작업기억working memory'이다. 작업기억 능력이란 뇌가 여러 정보를 머릿속에 동시에 입력하여 처리하는 능력이다. 어떤 일을 하기 위해서는 주위의 지시사항, 물건을 어디 두었는지, 어디까지 작업을 했는지 순간순간 기억해야 한다. 그런데 조현병 환자에게는 그것이 힘들다. 그래서 조현병 환자들 중 일부는 조현병을 앓은 이후에 공부하는 것이 힘들어졌다고 호소한다. 잘 잊어버리고, 한 이야기를 반복할 수도 있다. 따라서 친구를 사귀기가 쉽지 않다. 흔히 환자와 부모가 작업기억 능력이 감소한 것은 약의 부작용 때문이라고 억측하면서 투약을 중단하는 경우가 있다. 하지만 조현병 치료제는 오히려 작업기억을 유지시켜주는 효과가 있다.

환자가 조현병을 앓은 후 마치 어린아이처럼 유치하고 단순해졌다고 가족들이 호소하는 수도 있다. 사회적 · 윤리적 판단 능력이 떨어지기도 한다. 조현병에 의해서 종합적으로 생각하고 판단하는 능력이 손상되었기 때문이다. 환자는 약 때문에 자신이 바보가 되었다고 호소하지만, 실제로는 투약을 중단할 때마다 이러한 종합적 사고 능력 손상은 더욱 심각해진다.

발병 전에 학교나 가정에서 겪은 심한 스트레스가 발병과 완전히 관계없다고 할 수는 없다. 하지만 많은 연구에서 스트레스를 주는 상황보다는 뇌의 신경생물학적인 변화가 조현병의 주된 원인이라는 것이 밝혀졌다. 도시에서 교통이 정체되지 않기 위해서는 길도 적절히 잘 뚫려 있어야 하고, 차가 한쪽 길로만 너무 몰리지 말아야 한다. 도시에 도로가 있듯이 뇌 안에도 생각의 흐름을 보장해주는 통로들이 있다. 도로에 다양한 자동차들이 다니면서 사람과 화물을 운송하듯이, 뇌에서는 자동차에 해당되는 여러 가지 신경전달물질들이 화물에 해당되는 다양한 생각을 전달해준다. 조현병 환자의 뇌에는 이러한 통로가 제대로 형성되어 있지 않다. 혹은 살아가는 과정에서 망가지는 수도 있다. 신경전달물질의 균형이 맞지 않아서 어떤 통로는 정체가 되는 반면 어떤 통로는 통행량이 없어져서 비정상적으로 폐쇄된다. 이러한 뇌의 생물학적 문제들이 조현병을 야기한다. 하지만 이러한 변화는 세포 단위로 일어나는 변화이기 때문에 일반적인 CT나 MRI로는 특이 소견을 관찰하기 어렵다.

조현병 치료에서 가장 중요한 것은 적절한 투약이다. 적기에 적절한 투약이 이루어지는 경우, 초발 환자의 경우 할로페리돌haloperidol, 리스페리돈risperidone, 설피딘sulpride, 쿠에타핀quetapine 등의 조현병 치료약제 중 한 가지를 투여하면 3~8주 안에 80~90%가 환청이나 망상이 현저히 감소한다. 하지만 많은 부모 및 환자들은 투약을 하다가 중단하거나 의사의 동의 없이 임의로 약을 줄여 먹는다. 멀쩡하게 잘 자라던 아이가 중고등학교 때 갑자기 엉뚱한 소리를 하고 부적절한 행동을 하면 부모는 절망하며 병 자체를 부정하고 싶다. 그래서 설마 하고 약을 중단하거나 줄이는 것이다.

투약을 중단하면 당장 그다음 날부터 증상이 나빠지는 것은 아니다. 하지만 수일에서 수개월 사이 대부분의 환자들은 재발한다. 재발은 환자에게 있어서 크나큰 충격이다. 그나마 힘들게 적응했던 학교생활이 망가지게 되고 음성증상도 재발할 때마다 악화된다. 환자의 주위에 자신을 이해해주는 친구가 아무도 남지 않게 되고 학교생활은 더욱 힘들게 된다.

청소년들의 왕따와 관련해서 ADHD, 우울증, 조울증, 조현병을 살펴보았다. 어린 나이에 자녀가 정신 질환을 앓게 되면 어떤 부모는 아이의 행동이 병이라는 것을 부정하고 싶어진다. 그러다 보면 원인을 밖에서 찾는다. 학교가, 나쁜 학생들이 아이를 힘들게 해서 생겼다는 것이다. 그렇게라도 해서 괴로운 마음을 달래고 싶은 심정이 충분히 이해간다. 하지만 아이가 병에 걸렸다는 것을 인정하지 않으면 올바른 치료를 받지 못하는 것 또한 사실이다.

부모님들이 흔히 걱정하는 것 중 하나가 정신과에서 약을 먹으면 기록이 남지 않느냐는 것이다. 그런데 아이가 바로 지금 약을 먹고 치료를 받지 않으면 제대로 학교생활을 할 수 없는 경우 기록이 남느냐 안 남느냐는 중요한 문제가 아니다. 약을 먹지 않아서 학교를 졸업하지 못하는 경우 정신과 치료 기록이 남지는 않겠지만 사회에 적응하지 못하게 된다. 결국은 성인이 되어 뒤늦게 약을 먹게 되고 정신과 치료 기록도 남아 사회생활도 제대로 하지 못한다. 따라서 일단 적극적으로 치료를 받는 것이 중요하다.

그리고 만약 정신과 의원이나 병원에서 약을 먹는 경우는 가급적 건강보험으로 할 것을 권한다. 흔히 치료 기록을 안 남기기 위해서 혹은 나중에 민간 의료보험으로 처리하기 위해 일반으로 치료를 받는 경우가 있다. 정신과 치료는 꾸준히 받아야 하기 때문에 일반으로 치료를 받는 것은 장기적으로 상당한 경제적 부담이 된다. 그리고 건강보험공단에 청구를 안 한다고 해서 병원에서 치료받은 사실이 없어지는 것이 아니다. 또한 민간 의료보험에 가입할 때 기존 병력을 숨기고 하면 나중에 보상을 전혀 못 받게 된다. 처음에 정직하게 병력을 알린 후 가입하고 만약 가입이 안 되면 포기하는 것이 바람직하다.

대안학교가
대안이 될까

얼마 전 친구가 와서 고등학생인 아이를 기숙형 대안학교에 보낼까 생각을 한다면서 내게 어떻게 생각하는지 물었다. 왜 보내려고 하는지 묻자 친구는 아이가 학교에 가기 싫다고 하기 때문이라고 했다. 그러면서 학교 분위기에 대해서 이런저런 얘기를 했다. 그런데 쭉 얘기를 듣다 보니 더 중요한 문제가 있었다. 아이가 학교에 가기 싫다고 하면서 엄마와 싸운다는 것이다. 엄마와 원래 사이가 어땠냐고 물어보자 어렸을 때는 시키는 대로 했는데 지금은 다 컸다고 대든다고 했다. 친구는 아이 엄마와 아이 사이에서 샌드위치가 되어 있었다. 그래서인지 집에서 통학이 가능한 대안학교가 아닌 지방의 기숙형 대안학교를 구하고 있었다. 아이가 적응하기 힘들지도 모르니 집에서 통학하는 대안학교를 권했지만, 친구는 아이가 집에 있으면 자꾸 엄마와 다툴 뿐이라고 하면서 지방으로 가야 한다며 속내를 드러냈다.

과거에는 대안학교라고 하면 학교에 적응 못하는 아이들이 가는 학교라고 했지만 지금은 그렇지 않다. 교육과학기술부가 낸 〈위기학생 실태조사 및 지원방안 연구〉(2009)에 의하면, 전국 초중고교생의 24%(178만 명)가 학교생활에 적응하지 못해 교육 목표를 달성하기 어려운 '위기 상태'다. 이 중 가출, 학교 중단 등 고위험군은 33만 명이다. 정확한 통계는 없지만 전국적으로 대안학교는 200여 곳이 넘고 총 학생 수는 최소 만여 명은 넘는 것으로 추정된다.

흔히 대안학교라고 통칭해 부르지만 대안학교는 미인가 대안학교와 인가 대안학교로 나눌 수 있다. 과거에는 대안학교 설립 인가와 학력 인정 절차가 분리되어 있어서 정식으로 설립을 인가받은 학교를 졸업하고도 학력을 인정받지 못하는 경우가 있었다. 그런데 2009년 법이 바뀌면서 대안학교 설립인가 심의 시 교육과정을 심의하도록 하여 설립 인가를 받았을 때 학력 인정을 받은 것으로 하고 국어 및 사회 과목(국사 또는 역사 포함)을 교육과정에 필수적으로 포함하도록 했다. 따라서 이제는 인가를 받지 않고 대안학교의 형태로 교육 시설을 운영하면 법적으로는 대안학교가 아닌 비인가 대안교육 시설에 속한다. 그러나 오래전부터 운영을 하던 경우 대안학교의 설립 기준을 충족하지 못해도 설립자, 학생, 학부모는 통상적으로 대안학교라는 명칭을 사용한다.

인가형은 일반 초중고교를 졸업한 것과 같은 학력을 인정받는다.

검정고시를 보지 않아도 된다. 대안교육 특성화 학교의 경우 교과과정의 절반은 국민 공통 교과를 가르치고 나머지 50%는 학교의 특성을 살린 과목을 선택한다. 정규 교육과정에서 배워야 하는 국민 공통 과목을 이수하면서도 일반 학교에 비해 체험 학습과 특기 적성 수업의 비중이 높다. 대안교육 특성화 학교로 지정되면 시도 교육청으로부터 인건비나 운영비 등 재정을 지원받는다.

그런데 기존의 인가 혹은 비인가 대안학교의 상당수는 특성화 학교 지정을 추구하지 않는다. 특성화 학교 지정을 포기하는 데는 몇 가지 이유가 있다. 우선 추구하는 가치관이 다르다. 특성화 학교의 경우 교과과정의 절반은 정해진 과목을 가르쳐야 한다. 어떻게 생각하면 '절반만'이지만 다르게 생각하면 '절반이나' 가르치는 것이다. 학교에 적응하는 데 어려움이 있는 아이들이 가는 곳이 대안학교인데 특성화 학교는 기존 학교보다 느슨하기는 하지만 결국은 또 다른 제도권 교육에 불과하다는 것이다.

그래서 옛날부터 아이들을 받아왔던 대안학교는 부모가 학업에 대해서는 일정 부분 포기하기를 원하기도 한다. 어려운 사연이 있는 아이들이 함께 모여 괴로움을 나누면서 올바른 사회인으로 성장하는 것 자체를 목표로 삼고자 한다. 부모는 어쩔 수 없이 대안학교에 오면서도 고민을 할 수밖에 없다. '대학 진학은 포기할 수 있지만 최소한 고등학교 졸업장은 있어야 하는 것이 아닌가? 그게 아니라면 대입 검정고시라도 봐서 고등학교 졸업에 준하는 학력은 있어야 하지 않나?' 하지만 전통적인 대안학교에서는 그런 것을 강요하지 않는 것이 제대로 된 교육이라고 생각한다. 그래서 아이들에게 검정고시를 보도록 강요하지 않는다. 아이들은 자신이 진정 원하는 일을 하면서 살아가면 그것이 성공이라고 생각하지만, 부모가 보기에는 적응에 실패했다는 불안감 때문에 최소한의 시도도 하지 않는 것으로 본다. 대안학교에서 지내는 동안에는 잘 지내도 나중에 사회에 나가면 다시 적응하지 못하고 아이가 더 큰 불행을 당할까 봐 걱정한다.

그러다 보니 상처받은 아이를 보듬는 대안학교 본질의 가치를 추구하는 대신 부모의 요구를 주로 반영하는 변종 대안학교가 점점 늘어나고 있다. 이 중에는 시설이 미비하여 인가를 포기한 곳도 있지만 정식으로 인가를 받은 곳도 있고 일부는 특성화 학교를 신청해서 정부의 지원을 받는 곳도 있다. 그러나 이러한 변종 대안학교는 국민 공통 교과를 제외한 나머지 교육과정이 아이의 행복 혹은 인성과는 관련없는 프로그램으로 구성되어 있다. 원래는 제도권 교육의 대안이라는 의미로 대안학교인데 학교에서 적응을 못한 아이들에게 일반 중고등학교보다 더 강도 높게 공부를 시키는 경우가 흔하다. 아이가 학교에 적응을 못 하는 경우 종교 활동을 열심히 해야 좋아진다면서 특정 종교를 강요하는 대안학교도 있다. 글로벌한 시각을 넓힌다는 명분으로 대학교 등록금 수준의 돈을 받으면서 1~2년의 해외 유학 프로그램까지 낀 대안학교도 있다.

이러한 변종 대안학교의 문제는 아이들에 대한 배려가 없다는 점이다. 앞서 전형적인 대안학교가 부모로 하여금 아이의 공부를 포기하는 대신 아이가 대안학교라는 집단에서 함께 지내는 것에 의미를 두도록 하는 데 반해, 변종 대안학교는 아이가 적응을 하든 못하든 대안학교의 책임이 아닌 아이 자질의 문제라고 하면서 나중에 아이가 적응을 못 하더라도 문제 삼지 말도록 대놓고 부모에게 강요한다. 아이가 학교를 그만두고 나서도 아이에 대한 공부를 포기하지 못하는 부모의 심리를 이용하는 것이다. 부모는 나쁜 아이들만 없으면 된다는 생각에 TV도 못 보고, 휴대폰도 못 쓰는 지방의 대안학교로 보낸다. 그러다 보니 문제 학생을 주로 받던 산속에 위치한 대안학교에서 아이들이 교사의 차를 훔쳐서 집단 탈출을 한 경우도 있다.

그런 대안학교에서는 아이들이 그만둬도 상관하지 않는다. 자신들의 학교에 적응을 못 해서 아이들이 그만둬도 아이들이 문제라는 식으로 말하며 책임감을 느끼지 못한다. 대안학교의 취지에 맞지 않게 공교육 기관보다 더 아이를 공부시키고 더 아이를 구속하는 학교를 정부가 대안학교로 인가한다는 것은 난센스다. 그러한 학교가 대안교육 특성화 학교로 지정받아 정부의 지원을 받는다는 것도 대안교육을 활성화하는 취지에 역행하는 처사다.

최근에는 아이보다 부모가 먼저 대안학교를 알아보는 경우도 있다. 아이가 학교에서도 아주 못 지내는 것은 아닌데 아이의 적성과 소질을 계발하고 싶거나 입시 위주 교육이 싫어서 나름대로 일반 중고등학교를 잘 다니고 있는 아이를 대안학교로 유도하는 것이다. 아이가 왕따당하거나 경쟁을 힘들어할까 걱정이 되어 초등학교부터 대안학교를 선택하는 부모도 있다. 어떤 점에서 아이보다 부모가 더 불안해한다. 경쟁 자체로부터 멀리 떨어뜨려놓으면 아이가 나중에 천재가 될 것이라는 기이한 논리를 앞세우는 부모도 본 적이 있다.

일반 중고등학교에서 하기 싫은 공부도 억지로 하고, 성적에 의해서 비교당하는 경험도 어떻게 생각하면 소중한 경험일 수 있다. 아이가 일반 학교를 다니며 어려움을 겪어 요청하면 대안교육을 받게 하는 것은 합리적이다. 그러나 일반 학교 경험 자체를 아이로부터 박탈하는 것은 부모의 월권일 수도 있다.

　그리고 문제는 대안학교의 교육비가 만만치 않다는 것이다. 사실 공교육의 교육비가 상대적으로 낮은 이유는 급식비를 제외한 나머지를 모두 세금에서 충당하기 때문이다. 특성화 학교가 아니어서 정부의 재정 지원을 받지 못하는 경우 설립자가 알아서 건물도 짓고 교사에 대한 인건비도 지불해야 한다. 일반 중고교 정도의 시설을 유지하기란 불가능하다. 학생이 20명인 대안학교에 교사가 5명이라고 가정하자. 교사 1인당 인건비를 월 200만 원 잡으면 교사 인건비만 월 천만 원이다. 그리고 아이들이 한 달에 쓰는 식비만 해도 점심만 최소 10만 원은 될테니 20명이면 200만 원이다. 전기세, 수도세, 난방비를 비롯한 유지비도 최소한 월 200만 원은 될 것이다. 이것만 해도 1400만 원인데 그 외에 이것저것 들어가는 비용을 합치면 기본적으로 월 2천만 원은 필요하다. 20명의 아이가 나눠 부담을 한다고 했을 때 월 100만 원 내외의 수업료를 내야 한다. 실제로 대부분 대안학교에서 최소 월 100만 원 정도의 비용을 부모가 부담하는 것이 현실이다.

　사실 우리나라에서는 대안교육보다 더 큰돈이 들어가는 것이 바로 유학이다. 중산층 이상을 보면 학교나 집에서 아이가 문제 있으면 유학을 선택하는 경우가 적지 않다. 우리나라에 있을 때는 지독하게 성적에 매달리던 부모들도 아이들이 외국에서 공부하면 훨씬 관대해진다. 한국에 있을 때는 모르는 것이 없고 자신감이 충만하여 아이들을 압도하던 엄마도 외국에 가면 위축된다. 한국에 있었다면 중고등학생 자녀에게 사사건건 간섭했겠지만 외국에서는 그러지 못한다. 그러면서 갈등이 해소가 되기도 한다. 그런데 필자는 이런 생각을 해본다. 만약 한국에 있었을 때도 그렇게 성적에 관대하고, 아이의 의견을 존중했더라면 아마 외국까지 갈 이유도 없지 않았을까?

대안학교는 존재해야만 한다. 모든 인간은 친구가 필요하고 동료가 필요하다. 청소년 시기에는 특히 또래가 있어야 한다. 중학교, 고등학교를 다니지 못하게 되면 외톨이가 된다. 더군다나 왕따를 당해 다니지 못하게 되면 더 슬프고 서럽다. 부모가 아무리 잘해주더라도 외로운 아이들에게는 벗이 필요하다. 그것이 대안학교가 필요한 가장 큰 이유다. 아울러 내가 어떻게 하든 나 자신을 있는 그대로 인정해주는 교사들도 아이들에게는 큰 용기를 준다.

이러한 대안학교의 원래 취지에서 벗어난 짝퉁 대안학교에 아이를 보낼 때는 심각하게 고민하고 또 고민해야 한다. 일반 학교보다 더 지독하게 공부를 시키는 대안학교, 일반 학교보다 더 엄한 대안학교는 피하는 것이 낫다. 그리고 외국의 기숙학교를 아이와 떨어져 있기 위한, 아이의 버릇을 고치기 위한 일종의 변종 대안학교로 이용해서도 안 된다.

대안학교는 부모가 변화를 위해서 모든 노력을 기울인 다음에 고려해야 하는 마지막 선택이다. 가족의 갈등으로 인해서 아이가 학교에서 문제를 일으키거나 왕따가 되는 경우 일단 가족의 갈등을 치유하는 것이 우선이다. 가족의 상처가 낫지 않으면 아이가 제아무리 훌륭한 대안학교에 가더라도 적응하지 못하고 성난 외톨이로 남을 수 있기 때문이다.

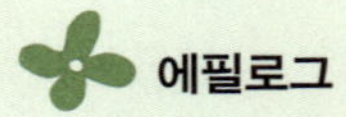

공감하고, 위로하고, 용기를 주고, 희망을 살리자

일전에 심리학과 대학원에 다니는 분을 만난 적이 있었다. 내담자를 한 명 상담하고 있는데 치료가 제대로 되고 있는 것인지 알 수 없다는 것이다. 심리 치료라고 하면 뭔가 진행이 되어야 하는데 내담자는 그냥 자신의 이런저런 얘기를 하기 위해서 오는 것 같고 자신은 그저 얘기를 들어주기만 하는 존재인 것 같다고 했다. 그래서 필자는 이런 얘기를 해주었다. 우리가 물을 마실 때는 한 모금씩 들이키고 한 컵씩 마시게 되듯이 그분에게는 심리 치료 시간에 와서 얘기하는 것이 한 모금의 물을 들이키고, 한 컵의 물을 마시는 것과 같은 것이라고. 애정, 사랑, 관심에 목마른 사람에게 한 컵의 물을 주는 것보다 더 소중한 일이 어디 있겠냐고. 공감, 위로, 관심은 치료자가 내담자에게 줄 수 있는 한 컵의 물이라고.

레지던트 때 심리 치료 시간에 환자가 감기가 걸려 심하게 아프다는 말을 했다. 그런데 필자는 환자가 아픈 것에 대해 얼마나 아픈지, 언제부터 아픈지 물어보거나 힘들 텐데 치료 때문에 병원까지 와줘서 고맙다고 얘기하는 대신 심리 치료를 빨리 진행하고자 환자를 재촉했다. 교수님들은 매정하게 비추어질 수 있는 그런 태도를 지적했다. 교과서에는 틀림없이 정신분석적 심리 치료에서는 감정 표현을 삼가라고 써 있었지만 그것이 전부가 아니었던 것이다.

이런 태도가 고쳐지기는 쉽지 않았다. 어려서부터 아버지에게 골프채로 위협당하고 쇠사슬로 묶어버리겠다는 협박을 받았던 여성을 진료한 적이 있었다. 대학교 4학년 때 죽고 싶다는 생각이 들어 우울증 치료를 위해 입원하였고 다행히도 우울증이 치료되어 퇴원했다. 입원이 계기가 되어 절망을 극복하고 열심히 노력해서 원하던 명문대 대학원에 진학도 했다. 그 환자는 일자를 당겨서 병원을 방문했다. 그날이 합격 사실을 알게 된 날이었다. 환자는 누구보다도 나한테 그 사실을 가장 먼저 알리고자 했던 것이다. 그러나 필자의 축하 리액션은 환자의 예상에 비해서 너무나 담담했다. 환자는 실망했고 두세 번 더 치료를 받다가 중단했다.

과거에 비해서 환자의 고통에 더 많이 공감을 하고 더 큰 위로를 해주게 된 것은 레지던트를 마치고 나서 겪게 된 인생 경험 때문이다. 레지던트가 끝나자마자 미국에 가서 낯선 영어로 경영학을 처음 배웠고, 생각지도 못한 엉망인 성적을 받은 적도 있었다. 처음 1년을 가족과 떨어져 혼자 있었는데 너무 외로워서 힘들게 간 학교를 때려치우고 다시 한국으로 돌아오려고 했을 정도였다. 비즈니스 스쿨을 마치고는 미국 병원에서 행정 경험을 쌓아보고 싶어 20군데 넘게 원서를 넣었지만 채용되지 못했다. 이후 병원을 운영해오면서도 잊을 만하면 이런저런 골치 아픈 일들이 생겼다. 그러다 보니 지금은 예능 프로그램에 출연하는 연예인들 정도는 아니더라도 리액션이 꽤 좋아진 편이다.

레지던트 때는 환자의 무의식을 파악해서 핵심갈등에 도달한 후,

지혜로운 해석으로 환자를 깨닫게 해 삶의 변화를 일으키는 것이 심리 치료의 목적이라고 생각했다. 하지만 지금은 그렇게 생각하지 않는다. 매일 결심을 하고, 매일 노력을 하고, 매일 최선을 다했음에도 욕망, 습관, 두려움에 굴복하는 환자들을 계속 위로하고, 용기를 주고, 희망을 살리는 것이 가장 중요한 것 같다. 그렇게 함께 오래 버텨내다 보면, 그렇게 함께 세월이 흐르다 보면, 환자의 마음이 성장하고, 필자의 공감, 위로, 용기, 희망이 없이도 살아가게 되는 것 같다. 또 그러다 보면 환자들은 사랑을 나누고, 서로 아픔을 달래고, 미래를 함께할 현실 속의 누군가를 찾게 되고 만나게 되는 것 같다. 그러면서 필자는 잊히지만 환자의 삶은 더욱 세상에 뿌리내리게 되는 것 같다.

만약 이 글을 읽는 당신이 아이의 고통에 공감하고, 아이를 위로하고, 아이에게 용기를 주고, 아이의 희망을 살리고 있다면 이미 자녀의 심리 치료자이자 정신과 의사인 것이다. 우리는 아이와 영원히 살 수 없다. 언젠가 헤어져야 한다. 자녀를 볼 날이 1년 밖에 남지 않았다고 가정해보자. 하루 혹은 한 달과 비교하면 긴 시간이지만 자녀를 야단치고 모범생으로 바꾸기 위해 갈등을 빚는 부모는 드물 것이다. 우리는 기껏해야 60~80년 더 자녀를 만날 수 있을 뿐이다. 엄청나게 긴 시간인 것 같지만 인생은 일장춘몽이다. 마지막 순간에 다시 삶을 돌이켜보면 그 수많은 갈등의 시간이 얼마나 헛되게 느껴지고 후회되겠는가? 그러니 자녀와 함께할 수 있는 소중한 시간을 원치 않는 것을 요구하고 불가능한 것을 추구하는 데 쓰지 말고, 서로 원하는 것을 하면서 가능한 행복을 추구하면서 살자.

이 책의 독자에게 드립니다
청담하버드심리센터 1회 상담 이용권(10만 원 상당)

쿠폰 No.467023-679846

| 사용 방법 |

1. 청담하버드심리센터 www.365mind.net에 접속합니다.
2. [좋은부모콤플렉스]를 클릭하여 쿠폰 번호와 이름, 연락처를 입력합니다.
3. 청담하버드심리센터에서 일주일 이내에 예약 관련하여 전화를 드립니다.

• 본 쿠폰은 1인 1회만 사용 가능합니다.
• 사용 기간: 2013년 4월 15일~2014년 4월 10일